地图研究

第 3 辑（2023）

《地图研究》编委会　编

中国地图出版社

·北京·

图书在版编目（CIP）数据

地图研究. 第3辑. 2023 / 《地图研究》编委会编
. -- 北京 ： 中国地图出版社，2024.3
ISBN 978-7-5204-4023-3

I. ①地… II. ①地… III. ①地图学－文集 IV.
① P28-53

中国版本图书馆CIP数据核字（2024）第046242号

责任编辑 彭 川
复 审 陈书香
出版审订 陈 宇

地图研究第3辑（2023）

出版发行	中国地图出版社		
社 址	北京市白纸坊西街3号	经 销	新华书店
邮政编码	100054	印 张	13.75
电 话	010-83543926	字 数	358千字
网 址	www.sinomaps.com	版 次	2024年3月第1版
印刷装订	河北环京美印刷有限公司	印 次	2024年3月第1次印刷
成品规格	210mm×297mm	定 价	60.00元

书 号 ISBN 978-7-5204-4023-3
审 图 号 GS（2024）0144号

本辑系复旦大学历史地理研究中心主办、中国测绘学会边海地图工作委员会协办的"融合与创新——边海地图与边疆史地研究"学术研讨会会议论文特刊，并受复旦大学历史地理研究中心资助出版。

卷首语：关注边海地图

《地图研究》编辑部

  2022 年 11 月 5—6 日，由复旦大学历史地理研究中心主办、中国测绘学会边海地图工作委员会协办的"融合与创新——边海地图与边疆史地研究"学术研讨会以线上形式隆重召开。来自中国、意大利、英国等国的 50 余名学者，在两天的时间里，围绕边海地图绘制与研究、边海地图与边疆史地研究、标准地图利用与推广、地图史与海图史 4 个议题，展开充分交流和热烈讨论。本次研讨会精彩纷呈，从三个方面体现了会议主题"融合与创新"的特点：从办会机构看，开创了边海地图工作委员会与高校合作办会的先例；从与会学者专业看，涉及历史地理学、历史学、地图学、测绘学及世界地理等学科，体现了跨学科融合研究的特点；从研究方法看，体现了地图学、历史地理学学术研究领域的融合与创新。此外，这次研讨会还展示了大量散布在世界各地的古旧地图，实为一场难得的学术盛宴。为此，《地图研究》第 3 辑（2023）特遴选此次会议的若干学术报告，与其他稿件一起组成本辑内容，并将"边海地图"栏目列于卷首，以期引起学界和读者对边海地图的进一步关注。

  在这一辑的"边海地图"栏目，张晓虹、徐建平、陈发虎的《元明时期地图上的西藏地区》，分析了现存元明时期的 7 幅全国性总图对西藏地区的地理表达，认为地理信息在这些地图上不断积累，并为清初西藏区域图的出现奠定了一定的基础。韩昭庆的《康熙〈皇舆全览图〉及其谱系地图中西藏地区的绘制——兼谈该图在我国边疆史地研究中的意义》，依据多语种文献回溯了清初对西藏地区的测绘过程，认为该图首次以经纬度地图的形式，记录了三百年前我国广大边疆地区的山川地理形势及大量的政区和聚落地名，为了解当时边疆地理环境与政区建置和聚落分布状况提供了重要的原创性图形资料；文章建议运用 GIS 数字化方法，凭借不同语言标注该图地名位置的相似性来解决以往难以从语言学上解决的地名译名问题。陈刚的《近代西方列强所绘山东地图考略》，系统整理德、英、美等欧美列强所绘海图、地形图及城市图等成果，集中考察《中国舆地图》《直隶山东舆地图》及青岛、烟台等城市实测图，并对其测绘技术、制图方法等进行分析。何国璠的《朱正元〈江浙闽沿海图〉再探》，考证该图译自英版海图，分析了其译绘特点以及该图集在晚清民国时期的流布情况。朱炳贵、汪一苇的《郑若曾的海防图籍与筹海策略》，主要对《筹海图编》编纂背景及其所附地图的特点进行了介绍。张莉等的《清代新疆方志地图与环境变迁研究》，探究了清代新疆方志地图的时空分布特征、类型、特点及其所表达的环境信息，认为乾隆以后出现了 3 种具有代表性的新疆方志地图，借助这些地图，结合文献分析和实地考察等方法，可以高精度重建清代新疆河湖水系等自然环境要素的变迁过程，并以"连续剖面"的方式反映 18 世纪中期至 20 世纪初新疆的环境变迁。鲍俊林的《图画景观：中国沿海盐场图考论——以明清时期苏沪沿海为中心》，旨在探讨明清时期两淮盐场图的绘制内容与特点，及其反映的海岸带自然环境和盐场地理知识的准确性问题，认为这些盐场图重点表现生产要素的空间分布关系，为地方盐务官员了解盐场提供了直观的依据，也是考察古代海涂环境与历史开发景观变化的重要史料。杨雨蕾的《艾儒略〈万国全图〉朝鲜彩色改绘本考略》，重点考察了艾儒略《万国全图》中朝鲜彩色改绘本《天下都全图》和《泰西会士利玛窦万国全图》的制作特点，并由此探讨艾儒略《万国全图》在东传过程中的变异，以及 18—19 世纪东西方地图文化交流的一些问题。

地图科技的发展日新月异，大模型目前被认为是通用人工智能技术的核心引擎，已经成为全球科技竞争焦点，也为高精地图制图提供了新的技术突破口。侯燕等的《基于大模型的高精地图的生产与应用》一文介绍在大模型技术加持下，百度地图落地行业首个地图生成大模型的技术实践成果。忻静等的《数字化转型背景下综合地图集的探索和实践》，以《上海市地图集》为例，介绍了在叙事架构、数字化管理与智能编图、数字化编图等方面的转型探索。费新碑的《数字地图的制图六要——基于"国家大运河文化公园（北京段）全域数字地图"项目实践》，探讨全域历史复现的文化叙事、海量数据架构的透明组织、数字形态制图的视觉传播、媒介多维交互的形态感知等问题。

地图文化源远流长，值得探索、研究的课题众多。汪前进的《中国传统地图图例理论的建立——以四种文献为中心的考察》，对 4 种古地图逐一分析，研究明代古地图图例的名称、数量、类型、图形、色彩、共用图例等。成一农的《王朝时期政务处理中的"地图"》，全面梳理中国王朝时期政务处理中地图的使用情况。徐永清的《唐代及以前存世舆图述略》，阐述中国唐代及以前尚存于世的壁画、绢画、纸本、雕刻等各种介质舆图。刘赟、王社教的《"路程书"：理解传统蜀道地图的另一种视角》，通过《栈道图》《厅境栈道图》，发现蜀道地图的数据结构与"路程书"具有高度的相似性，蜀道地图实际上是一种图像化的"路程书"式文本。李新贵的《清道光时期中牟大工第二次合龙过程地图绘制研究》，通过对中国国家图书馆、北京大学图书馆所藏 9 幅有关地图成图时间的细致解读、时间排序、情节勾连，发现这些地图完整地再现了道光年间中牟大工第二次合龙时补筑、进占的具体过程，从而构成一幅连续、动态的历史画像。柯弄璋、张园园的《抗战期刊中的地图与社会动员策略》，归纳和总结众多抗战期刊中出现的各类地图现象，分析其产生的抗战动员功能。

近年来，关于地图的出版物日渐增多。这一辑的"书评"栏目，刊登龚缨晏的《不全的"全图"——评卜正民教授的〈全图：中国与欧洲之间的地图学互动〉》，对卜正民教授的著作加以细致分析、评论。钟翀的《新刊〈江南近代城镇地图萃编〉编研纵横谈》，从编创者的视角，谈编纂《江南近代城镇地图萃编》的创作体会。李勇先的《〈成都古旧地图集〉编撰及其特点》，介绍了这部古代城市地图集的文献和学术研究价值。

目 录 Contents

边海地图

元明时期地图上的西藏地区 *

张晓虹　徐建平　陈发虎

　　摘　要： 西藏虽然于元代被正式纳入中央王朝的统治，但中央王朝对西藏的管理采取因俗治之的方式，委以专管佛教事务的宣政院，故有元一代西藏地方性地理知识并未进入公共知识领域。明代继承了元代对西藏的管理方式，但为加强与原吐蕃管辖的青藏高原地区的联系，明廷不断派遣僧俗官员入藏，从而加深了对西藏地区地理知识的认知。然而，受制于传统地图绘制、流传与保存等多种因素，元明两代一直未有专门的西藏地图存世。但在对存世的全国性地图中西藏部分进行研究后，本文认为元明时期全国性地图对青藏高原自然地理及行政地名的表达随时代而有一定的进步，这与元明两代对青藏高原地理认知的不断积累密切相关，也为清代西藏专题地图的涌现奠定了基础。

　　关键词： 西藏；元明时期；行政区划；地图绘制；地理认知

　　元代是中国统一多民族国家历史发展中的重要阶段，其重要标志之一就是将位于青藏高原上的吐蕃地区 [①] 正式纳入了国家版图和直接治理体系。明代继承了元代对青藏高原的统治，并将管辖地域向西扩展到青藏高原与帕米尔高原交会的地区。元明两代对吐蕃旧地的统治，考虑到该地区藏传佛教势力强大以及地缘政治的重要性，采取"因俗治之"的方式，多由当地宗教领袖兼管僧俗军政事务。这一政策一方面使得西藏地区有效且稳定地归中央政府管理，维护了王朝领土的统一与完整，但另一方面也使当地的地方性地理知识无法通过传统管理方式层层递达中央，进入公共知识领域。因此，元明两代西藏地区的地图绘制滞后于全国其他地区，不仅没有存世的地区地图，即便是在全

---

* 本文为国家自然科学基金"青藏高原地球系统基础科学中心项目"（项目号：41988101）的成果。
① 吐蕃在 8 世纪后期至 9 世纪初疆域达到极盛，西起葱岭，东至陇山、四川盆地西缘，北起天山山脉、居延海，南至喜马拉雅山南麓。9 世纪中叶，吐蕃发生内乱，势力衰落以后陷入分裂。

国性的地图中，其地图要素也要远疏于中国其他地区，故国内学者对元明两代的西藏地图研究甚少。本文不避鄙陋，对元明时代西藏地区的相关地图表达进行梳理，以期得到方家教正。

一、元明时期对西藏地方的行政管理

元中统元年（1260 年），忽必烈即位后，迅即封藏传佛教领袖八思巴为国师，授玉印，命其掌管天下释教。[①] 至元初年再设立总制院，"掌释僧教徒及吐蕃之境而隶治之"[②]。

这一时期总制院作为管辖佛教和藏族地区事务的特别机构，是与中书省、御史台、枢密院平行的中央机构，职责是以佛教事务统领整个青藏高原地区。至元二十五年（1288 年）时，宰相桑哥向忽必烈进奏，总制院所统西番诸宣慰司"军民财谷，事体甚重，宜有以崇异之"，又"因唐制吐蕃来朝见于宣政殿之故"，建议将总制院"更名宣政院"。于是忽必烈下令"改释教总制院为宣政院，秩从一品，印用三台，以尚书右丞相桑哥兼宣政使"[③]。

此时，宣政院的职能十分明确："掌释教僧徒及吐蕃之境而隶治之。"故"遇吐蕃有事，则为分院往镇，亦别有印。如大征伐，则会枢府议。其用人则自为选。其为选则军民通摄，僧俗并用"[④]，其辖区成为事实上的行省。只是因为宣政院为中央机构，故《元史》中将宣政院事及行政建置纳于《元史·百官志》中，而不列入《元史·地理志》。

随着元中央政府对西藏事务管理的持续深入，宣政院辖区的地方职官不断增设。至元二十九年（1292 年）九月"丁亥，从宣政院言，置乌思藏、纳里速、古儿（鲁）孙等三路宣慰使司都元帅"[⑤]。不过，在《元史·百官志》宣政院条中，此条记载为"乌思藏、纳里速、古鲁孙等三路宣慰使司都元帅府，宣慰使五员，同知二员，副使一员，经历一员，镇抚一员，捕盗司官一员"[⑥]，略有差异。乌思藏等三路宣慰司的前身应是至元四年（1267 年）左右设置的"乌思藏、纳里速、古鲁孙等三路军民万户府"。而在乌思藏等三路宣慰司都元帅府之下，又设有万户府和都元帅府、招讨司、转运司等军政机构。《元史》记载甚详："纳里速古儿（鲁）孙元帅二员。乌思藏管蒙古军都元帅二员。担里管军招讨使一员。乌思藏等处转运一员。沙鲁田地里管民万户一员。搽里八田地里管民万户一员。乌思藏田地里管民万户一员。速儿麻加瓦田地里管民官一员。撒剌田地里管民官一员。出蜜万户一员。嗷笼答剌万户一员。思答笼剌万户一员。伯木古鲁万户一员。汤卜赤八千户四员。加麻瓦万户一员。札由瓦万户一员。牙里不藏思八万户府，达鲁花赤一员，万户一员，千户一员，担里脱脱禾孙一员。迷儿军万户府，达鲁花赤一员，万户一员，初厚江八千户一员，卜儿八官一员。"[⑦]

不难看出在乌思藏、纳里速、古鲁孙等地，宣慰司都元帅府辖下的万户制是其主要管理机构。

---

① 《元史》卷 4《世祖一》，中华书局，1976 年，第 68 页。
② 《元史》卷 87《百官三》，第 2193 页。
③ 《元史》卷 87《百官三》，第 2193 页。
④ 《元史》卷 87《百官三》，第 2193 页。
⑤ 《元史》卷 17《世祖十四》，第 367 页。
⑥ 《元史》卷 87《百官三》，第 2195 页。
⑦ 《元史》卷 87《百官三》，第 2199—2200 页。

元朝在吐蕃地区还设有"吐蕃等路宣慰司都元帅府"。《元史·百官志》载："土蕃（吐蕃）等路宣慰使司都元帅府，宣慰使四员，同知二员，副使一员，经历、都事各二员，捕盗官三员，镇抚二员。"其下设安抚司、招讨司、万户府。[1] 至于吐蕃等路宣慰司都元帅府的治所，学者们有着不同的看法：或认为是在今青海东南部玛沁县一带，或在青海玉树市或四川甘孜藏族自治州北部地区，或是在灵藏（glingchang）一带，不一而足。[2]

此外，元朝在吐蕃地区还设置了"吐蕃等处宣慰司都元帅府"作为另一类行政管理机构。吐蕃等处宣慰司都元帅府的设置应在元世祖至元六年（1269 年）以前。至元六年"以河州属吐蕃宣慰司都元帅府"。据《元史·百官志》记载，吐蕃等处宣慰司都元帅府辖有西夏中兴河州等处军民总管府，其治所即是河州（今甘肃临夏市）。[3] 同时在《元史·地理志》"陕西等处行中书省"条下和《元史·百官志》"宣政院"辖下均列有吐蕃等处宣慰司都元帅府所辖政区和机构[4]，二处所记虽大致相同，但也有差异。或许这意味着吐蕃等处宣慰司都元帅府既归陕西等处行中书省，又归宣政院管辖的两属情况，同时也存在着辖区大小的前后变化。[5]

总而言之，元代在西藏地区从西向东设立三个宣慰司都元帅府，即乌思藏、纳里速、古鲁孙等三路宣慰司都元帅府。吐蕃等路宣慰司都元帅府、吐蕃等处宣慰司都元帅府（图 1），则是元朝在吐蕃地区设置的最高地方行政军事机构，为该地最高统治机构，且均是军民兼领，下设万户府、招讨司、安抚司等机构。

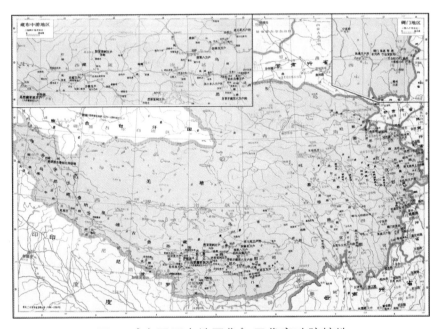

图 1 《中国历史地图集》元代宣政院辖地

明代基本承袭元代对青藏高原地区的治理政策，但因实力有限，只得实行"多封众建"的治藏政策，取消了元代萨迦派独享监管其他地方政教势力的特权，代之以各个地方政教势力共尊朝廷、

---

① 《元史》卷 205《奸臣》，第 4574 页。

② 以上观点可见于任乃强、泽旺夺吉：《"朵甘思"考略》，《中国藏学》1989 年第 1 期；陈庆英：《元朝在藏族地区设置的军政机构》，《西藏研究》1992 年第 3 期；张云：《元代吐蕃地方行政体制研究》，中国社会科学出版社，1998 年，第 218 页。

③ 《元史》卷 87《百官三》，第 2195 页。

④ 《元史》卷 60《地理三》，第 1432 页。

⑤ 李治安、薛磊：《中国行政区划通史·元代卷》，复旦大学出版社，2009 年，第 316 页。

竞相发展的政治格局。明廷主要通过乌思藏与朵甘二都司（见图 2）对青藏高原的大部分地区实施羁縻统治，在尊重元代旧有制度与当地宗教派别的基础上广加封赐，"因俗以制"。乌思藏与朵甘二都司与明代其他都司的组成结构、管辖机制皆不同：洪武初年置"乌思藏都指挥使司、朵甘卫都指挥使司"，同时置"指挥使司一、宣慰使司三、招讨司六、万户府四、千户所十七"。[①] 此后至永乐、宣德年间，其下又陆续有所设置，如表 1 所示。

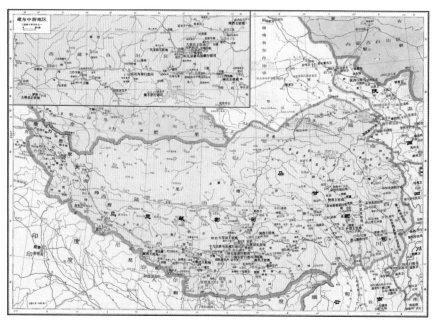

图 2 《中国历史地图集》明代乌思藏都司、朵甘都司辖地

表 1 乌思藏都司设置表 [②]

下辖名称	设置时间	所在位置
阐教王	永乐十一年	墨竹工卡县止贡替寺
辅教王	永乐十一年	吉隆县宗嘎镇
阐化王	永乐五年	乃东县乃东寺
大慈法王	宣德九年	拉萨市色拉寺
大宝法王	永乐五年	堆龙德庆县西粗卜寺
大乘法王	永乐十一年	萨迦县萨迦寺
怕木竹巴万户府	洪武八年正月庚午	乃东县
必力工瓦万户府	洪武六年二月癸酉	墨竹工卡县直孔区
俄力思军民元帅府	洪武八年正月庚午	阿里地区
俺不罗行都司	洪武十八年正月壬午	浪卡子县
牛儿宗寨行都司	永乐十一年二月己未	拉萨市西乃乌溪
领思奔寨行都司	永乐十一年二月丁巳	仁布县
仰思多万户府	洪武十五年二月丙寅	江孜县
沙鲁万户府	洪武十八年正月丁卯	日喀则市东南沙鲁寺

① 《明史》卷 90《兵二》，中华书局，1974 年，第 2227—2228 页。
② 本文中表格资料来源于郭红、靳润成：《中国行政区划通史·明代卷》，复旦大学出版社，2007 年，第 702—703 页。

续表

下辖名称	设置时间	所在位置
着由万户府	永乐七年二月甲戌	隆子县颇章羊孜寺
笼答千户所	洪武八年正月庚午	林国县北打龙寺
葛剌汤千户所	洪武十八年正月丁卯	扎囊县

表 2 朵甘都司设置表

下辖名称	设置时间	所在位置
赞善王	永乐五年	四川甘孜州德格县俄支寺
护教王	永乐五年	西藏贡觉县东南贡觉
陇答卫	洪武六年	西藏江达县西北隆塔一带
朵甘思宣慰使司	洪武七年十二月壬辰	四川甘孜县以西
董卜韩胡宣慰使司	永乐十三年六月己丑	四川天全县西北小金、丹巴县一带
长河西、鱼通、宁远宣慰使司	洪武十六年四月戊寅	四川康定县一带
朵甘思招讨司	洪武七年十二月壬辰	甘孜县境
朵甘陇答招讨司	洪武七年十二月壬辰	江达县西北隆塔一带
朵甘丹招讨司	洪武七年十二月壬辰	四川石渠县一带
朵甘仓溏招讨司	洪武七年十二月壬辰	四川壤塘县一带
朵甘川招讨司	洪武七年十二月壬辰	
磨儿勘招讨司	洪武七年十二月壬辰	西藏芒康县
沙儿可万户府	洪武七年十二月壬辰	四川新龙县
乃竹万户府	洪武七年十二月壬辰	贡觉县一带
罗思端万户府	洪武七年十二月壬辰	
答思麻万户府	洪武七年十二月壬辰	甘肃湟中县一带
朵甘思千户所	洪武七年十二月壬辰	
剌宗千户所	洪武七年十二月壬辰	
孛里加千户所	洪武七年十二月壬辰	
长河西千户所	洪武七年十二月壬辰	
多八参孙千户所	洪武七年十二月壬辰	
加巴千户所	洪武七年十二月壬辰	
兆日千户所	洪武七年十二月壬辰	
纳竹千户所	洪武七年十二月壬辰	
伦答千户所	洪武七年十二月壬辰	
果由千户所	洪武七年十二月壬辰	
沙里可哈思的千户所	洪武七年十二月壬辰	
索里加思千户所	洪武七年十二月壬辰	

续表

下辖名称	设置时间	所在位置
撒里土儿千户所	洪武七年十二月壬辰	
参卜郎千户所	洪武七年十二月壬辰	
刺错牙千户所	洪武七年十二月壬辰	
泄里坝千户所	洪武七年十二月壬辰	
阔侧鲁孙千户所	洪武七年十二月壬辰	

二、元明时期全国总图上的西藏地区

自青藏高原地区纳入中原王朝版图后，在元明两代的全国性地图中，原吐蕃地区成为必不可少的组成部分。这一时期，对整个青藏高原地区的自然、人文等地理状况的认识几乎是从无到有。下面就从现存的几部全国性总图中分析它们对西藏的地理表达。

现存的《大元混一方舆胜览》共3卷，原书未著作者名，从其表现的政区信息看，成书时间大致为元初。[1] 该书前附一套地图[2]，共14幅，首幅为《大元混一图》，是为元代全国总图，余十三幅为分省地图，分别为腹里（北、南各一）、辽阳、陕西、四川、汴梁、江浙、福建、江西、湖广、左右江溪洞、云南、甘肃分省区图。其中，今日西藏部分仅以"吐蕃界"标识，而在吐蕃西南、天竺（印度）以北，则标注"西戎"，地理方位大致不误：位于畏兀儿以南，熙河、利州以西，成都以北，盐海以东（见图3）。

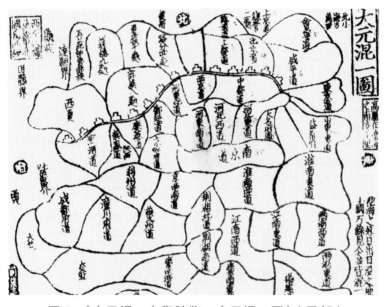

图3 《大元混一方舆胜览·大元混一图》（局部）

现存世的《混一疆理历代国都之图》（图4）为明永乐年间朝鲜人绘制，弘治十三年（1500年）经日本人摹绘。[3] 这幅地图是李泽民在《声教广被图》和清浚《混一疆理图》的基础上编绘而成。明建

① 郭声波：《〈大元混一方舆胜览〉的价值与缺陷》，《中国历史地理论丛》2005年第1期。
② 这套地图只有詹友谅改编后的《新编事文类聚翰墨大全》卷首才有。
③ 杨雨蕾《〈混一疆理历代国都之图〉的图本性质和绘制目的》，《江海学刊》2019年第2期。

文四年（1402 年）经朝鲜人金士衡和李茂初步修订及李荟详细校对，再由权近补充了朝鲜和日本部分后最终形成。该图绘制在绢上，宽 1.3 米、长 1.6 米。现存的《混一疆理历代国都之图》并未画出元代全部疆域界线，并且从图中内容的表达方式来看，采用的仍是中古地图的传统画法。[①] 该图中在积石州左侧有三个并列的地名："陕西汉中道，按治土蕃地""古石山"和"古土蕃地"，在其上部有黄河上源，源头处绘有山脉符号，北则标有"西海"。虽然这几处注记的地名空间关系扭曲较大，但可知绘者试图将所知的青藏高原地理知识镶嵌在他认为合理的空间中。

《大明混一图》现藏于中国第一历史档案馆，成图年代约为明洪武二十二年（1389 年）。该图为彩绘绢本，图幅 386 厘米×456 厘米，主要表示明朝及邻近地区的行政区域，以大明王朝版图为中心，东起日本，西达欧洲，南括爪哇，北至蒙古，是我国目前已知尺寸最大、年代最久远、保存最完好的古代世界地图。尽管该图着重描绘明王朝内各级政区，但对今西藏区域已有简略表述（见图 5）。

收藏于美国国会图书馆的《大明一统山河图》，是朝鲜王朝时期绘制的一幅中国地图。整套图册包括封面、图序、图例和 10 幅地图，为纸本墨绘。每幅地图各具图名，尺寸不一。该图参考了明英宗天顺二年（1458 年）绘制的《大明一统志》，但其图中的政区信息应是明万历三十一年（1603 年，朝鲜宣祖三十六年）。[②] 关于此图的绘制年代，在图序的落款处，作者题为"元年辛丑季夏上浣，愿学生书于南川寓舍"。在朝鲜王朝的纪年中，元年是辛丑年的只有景宗，所以该年应为景宗元年，即 1721 年，也就是清朝康熙六十年。其中"四川贵州"图中绘有青藏高原的地理信息，在西番注记处有"即土番，司府所凡三十三"之语。附近有乌思藏都司、尕（朵）甘宣慰司、尕（朵）甘卫都司、陇答卫所等地名以及从河源到黄河上游各地名，计有河源、星宿海、二巨泽、忽阑水、赤宾河、水清、九派、始浊等地名（见图 6）。其中，星宿海下注有"番名大敦腊儿，马湖西三千余里，丽江西北千五百里"。由此可知这一时期对西藏已有相当的认识。

明人罗洪先（1504—1564）所绘《广舆图》，是在元朝朱思本（1273—1333）所绘《舆地图》的基础上增补而成。[③] 但图上仅在今西藏地区标出"乌思藏"一名，另有星宿海、河源等少数地理信息（见图 7），较之《大明一统山河图》有不小的差距，当然这与该图仅表达行政区划名称有一定的关系。

《大明舆地图》由嘉靖初时任吏部郎中的李默编绘，是一套反映明代疆域和行政区划的地图册。其中的《舆地总图》反映明代疆域政区全貌。其在西藏地区除标注"乌思藏""朵甘思"之外，还标注有星宿海、黄河源，以及董卜韩胡、碉门、天全六番等地名（见图 8）。

《坤舆万国全图》是意大利耶稣会传教士利玛窦在中国传教时与李之藻合作刊刻的世界地图，明万历三十年（1602 年）在北京付印，刻本在国内已经失传。南京博物院所藏《坤舆万国全图》为明万历三十六年（1608 年）宫廷中的彩色摹绘本，是国内现存最早的也是唯一的一幅据刻本摹绘的世界地图。该图关于西藏区域地理信息虽较之前并无本质的改变，注有乌思藏、尕（朵）甘思等地名，并在丽江北标出"西番界"，但作者试图利用文字将空间关系并不清晰的西藏各地行政区划尽可能地表达出来。如在乌思藏北、洮岷间，注记为"西番元尝郡县其地，今设二都司、三宣慰司、四万户府、十七千户所"（见图 9）。

---

① 参见房建昌：《藏文〈世界广论〉对于中国地理学史的贡献》，《中国历史地理论丛》1995 年第 4 期。

② 孙靖国：《美国国会图书馆藏〈大明一统山河图〉考释》，《文津学志》第 10 辑，2017 年。

③ 参见任金城：《〈广舆图〉的学术价值及其不同的版本》，《文献》1991 年第 1 期。

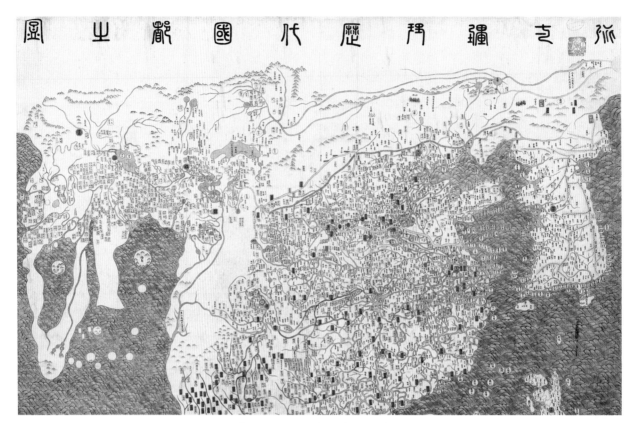

图 4　《混一疆理历代国都之图》(局部)

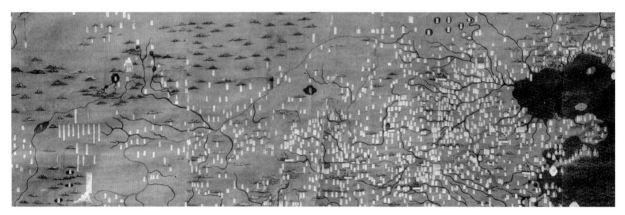

图 5　《大明混一图》(局部)

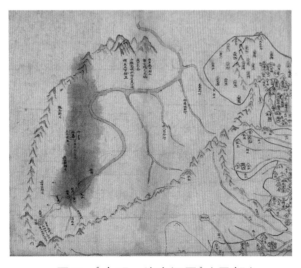

图 6　《大明一统山河图》(局部)

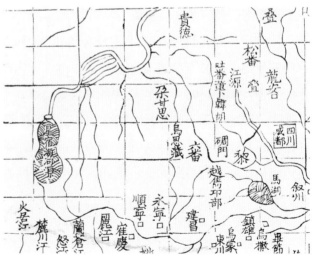

图 7　《广舆图》(局部)

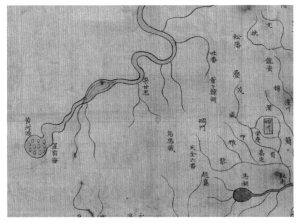

图 8 《大明舆地图·舆地总图》（局部）　　　　图 9 《坤舆万国全图》（局部）

三、元明时期对西藏地区地理知识的认知与地图表达

虽然元朝将西藏地区纳入中原王朝的控制范围，并且设置宣政院、宣慰府等进行管理，但因采取"因俗治之"的策略，故对西藏各地地理状况的了解程度远不如对内地地理状况的了解。

至明代，太祖时欲继承元朝在西藏地区的统治，对归顺的各派势力加以笼络，赐号分封。及至永乐时期，明廷多次派宦官入藏，采取"众建藩王"的政策，分封了卫藏和康区的八大法王，但实际上明代对西藏的控制还不及元代。因此，在元明时期不仅没有出现专门绘制的西藏地图①，即使在世界地图、全国地图中对青藏高原地理要素的记载也只能达到标出乌思藏、朵甘司、西番以及黄河河源等少数地名的水平。而且对于出现在地理志中的众多政区名称，也难以落实到地图的具体位置上，只能以汉文注记的方式罗列出来。

不过，将元明时期的全国总图逐一比较，还是能看出当时人对青藏高原地理认识的特点。细究之下，主要体现在以下几个方面：

（一）对自然地理要素记载较详

元代的《大元混一图》中，将西藏所在的区域标为西番，其注记与内地、西域诸区并无二致。《混一疆理历代国都之图》中对青藏高原中的记载已较为详细。《广舆图》中则在河州和乌思藏左侧标出黄河的大致流向。其中，特意用河水注记标出黄河源、星宿海，在黄河的左侧则用山脉的注记符号标出昆仑。这一地图表达方式与内地一致，如华山、洞庭等山川也作了诸如此类的标示。事实上，有明一代的所有地图，都对河源、星宿海给予了足够的重视和标示。这当然与元代对河源的勘探有直接的关系，但也不能否认青藏高原上高大的山脉和辽阔的河川给绘图者提供了对藏区最基本的地理认识和方位坐标。

（二）对地名的认知由疏阔到具体

从上文对元、明两代西藏地区的行政区划梳理可知，当时中央政府在西藏设立了多个政区，这

---

① 房建昌在《明代西藏行政区划考》一文中，根据《明实录》洪武三年六月癸亥条的记载，"命僧克新等三人往西域招谕吐蕃，仍命图其所过山川上地形以归"，认为明代有西藏地图绘制，但无图留存下来。该文详见《西藏民族学院学报》2001 年第 4 期。

反映了中央政府对西藏地区政治地理格局有一定的了解。《明实录》洪武四年（1371 年）十月条下记载了在西藏设置的最早政区"置朵甘卫指挥使司"。随后，又于洪武六年（1373 年）二月设置乌思藏等一系列政区。《明实录》中称："诏置乌思藏、朵甘卫指挥使司宣慰司二、元府一、招讨司四、万户府十三、千户所四。以故元国公南哥思丹八亦监藏等为指挥同知、佥事、宣慰使同知、副使、元帅、招讨、万户等官凡六十人。以摄帝师喃加巴藏卜为炽盛佛宝国师。"①

明廷在不断派遣僧俗人员入藏的过程中，要求入藏人员图绘沿途地理事物，这些地图虽然并未留存下来，但人们对青藏高原的地理认知显然已较之前有了很大的进步。如在《大明舆地图》中，不仅注出北部的青海湖以及星宿海、黄河源等自然地理要素，而且在"吐蕃"地名下，注出了乌思藏、朵甘思、董卜韩胡、天全六番、碉门等次一级的行政区名。这反映了时人对青藏高原的地理认知有了不小的改变，其中一些地名开始进入公共地理知识体系中。

元明时期在将青藏高原地区纳入中央王朝行政管理体系的催动下，有关青藏高原的地理知识开始通过各种方式进入中国公共知识系统中。在这一过程中，作为地理知识的重要传播媒介——地图理应发挥极其重要的作用。但事实上，由于中国传统地图绘制方式、流传范围和保存条件等多种因素的局限性，有关青藏高原的地理知识并未与中央政府的行政管理同步。不仅如此，受到元、明两代中央政府对青藏高原多采用"因俗治之"管理方式的影响，流传在藏人社会的、以唐卡的形式固定下来的藏文地理图说，也因语言的因素未能进入被广泛使用的汉文地图及地理典籍中。这种种因素极大地限制了青藏高原地区地理知识的传播，进而影响到人们对该地区地理认知。尽管如此，元明两代全国性地图中有关青藏高原地区地理信息的不完全记载，为后世尤其是清代以西藏为专题的地图出现奠定了一定的基础，成为清代及民国时期西藏地图大规模绘制之滥觞。

【作者简介】张晓虹，复旦大学历史地理研究中心主任、教授、博士生导师，《历史地理研究》期刊副主编；徐建平，复旦大学历史地理研究中心研究员、博士生导师；陈发虎，中国科学院青藏高原研究所所长、研究员、博士生导师。

---

① 《明实录》卷 79 洪武六年二月条。

康熙《皇舆全览图》及其谱系地图中西藏地区的绘制
——兼谈该图在我国边疆史地研究中的意义 [*]

韩昭庆

摘　要： 本文参考中文、德文、法文及英文中有关西藏地区地图绘制的历史文献，探讨清初西藏地区地图的绘制过程；借助地理信息系统（GIS）的数字化方法，以清嘉庆二十五年（1820 年）的西藏范围为界，从地名译名的角度比较研究满文、中文、法文、英文注记的康熙《皇舆全览图》与中文注记的《乾隆十三排图》中的西藏地区，分析康熙《皇舆全览图》的影响及其在中国边疆史地研究中的意义。

关键词： 康熙《皇舆全览图》谱系地图；西藏地图；数字化；边疆史地

一、引言

以往康熙《皇舆全览图》（简称《康图》）的研究由于有关文献资料匮乏，加上该研究涉及测绘学、地图学、历史地理学及语言学等方面的问题，研究难度很大，故自 20 世纪 30 年代翁文灏开启对该图的研究 [①] 以来进展缓慢。20 世纪 70 年代曾有零星研究 [②]，1990 年，才出现汪前进对该图测绘

---
* 本文为国家社科基金重大项目 "国内外庋藏康熙《皇舆全览图》谱系地图整理及研究"（项目号：23&ZD261）的阶段性成果。感谢苗鹏举、韩天雪、Natalia 和 Raffaela Rettinger 等同学在翻译及数字化方面提供的帮助。

① 翁文灏：《清初测绘地图考》，《地学杂志》1930 年第 3 期。
② 方豪：《康熙五十三年测绘台湾地图考》，见《方豪六十自定稿》，学生书局，1969 年，第 557—604 页；延景、谭德隆、罗寿枚等：《清康熙年间我国一次大规模地理经纬度和全国舆图的测绘》，《广东师院学报》1977 年第 2 期。

方法及精度展开的全面系统的研究①。此后，李孝聪主要利用中国第一历史档案馆保存的《天下舆图总折》，首次较为全面地推定各地舆图绘制人员、绘制时间及舆图呈交朝廷的时间，并介绍了他经眼的各种《皇舆全览图》的保存情况，具有很高的史料价值。② 近年随着跨地区、跨学科学术交流和学科融合的加强，《康图》研究取得较大进展，其中康言（Mario Cams）的著作《地理领域的伙伴：清朝中国地图绘制的中西合作（1685—1735）》跨越语言障碍，围绕该图的测量工具、测绘人员构成、编绘信息来源等方面皆进行了较以往学者更加细致深入的研究。③ 2011 年陆俊巍等运用数理统计和回归分析的方法，证实了汪前进此前提出的该图投影方式是桑逊投影的结论。④ 自 2014 年始，笔者带领学生从事《康图》及其谱系地图的数字化及研究工作，发表系列论文，并从量化分析角度进一步深化了《康图》研究，《康图》的意义也在研究中得到不断深入的挖掘。⑤ 本文基于已有的数字化工作，以西藏地区为例，借助福克司著《康图》序言和其他中、英、法文资料，尝试复原清初西藏地图的测绘过程，分析《康图》及其谱系地图中西藏地区的绘制情况，并探讨《康图》对我国边疆史地研究的意义。

本文对地图谱系的定义是指地图由于同源性产生的在内容和绘制风格上具有较多相似特征并构成先后顺序的地图系列。本文中的源图指清康熙五十八年（1719 年）完成的铜版满汉合璧的《康图》，其谱系地图分别指福克司于 1943 年整理出版的、据其考证为康熙六十年（1721 年）完成的中文图，以及雍正十三年（1735 年）完成的法文注记的《康图》，乾隆三年（1738 年）在法文图基础上翻译而成的英文注记的地图，以及 18 世纪 70 年代中文注记的《乾隆十三排图》（以下简称《乾图》）。

据王丁介绍，福克司（Walter Fuchs，1902—1979），又名福华德，德国汉学家，柏林人，曾在柏林大学师从高延、米维礼等，主修汉学、汉语、满语，其 1925 年的博士论文题目为《唐代以前的吐鲁番地区历史沿革》。1928 年，他来到沈阳，担任日本南满洲铁道株式会社附属的满洲医科大学教师，1938 年应聘到辅仁大学和燕京大学任教，同时任职于德国学院（中德学会）。他曾与他人合作主编《华裔学志》（Monumenta Serica），并撰写了许多重要著作，其中包括 1943 年整理出版的《康熙时代耶稣会士地图集》。⑥ 该图集系福克司在辅仁大学期间完成，除了一盒 36 幅的地图，还包括一长篇德文引言和两个地名附录，计 414 页。地图包括影印出版的 35 幅中文注记的《康图》和 1 幅西藏地图，其中前者由北平人文科学研究所的日本学者桥川时雄（T. Hashikawa）提供，单独的一幅西藏地图由北京故宫博物院提供。引言由两部分组成，包括用德文书写的图集中出现的

① 汪前进：《〈皇舆全览图〉测绘研究》，中国科学院自然科学史研究所博士学位论文，1990 年。

② 李孝聪：《记康熙〈皇舆全览图〉的测绘及其版本》，《故宫学术季刊》第 30 卷第 1 期，2012 年。

③ Mario Cams, *Companions in Geography: East-West Collaboration in the Mapping of Qing China（1685—1735）*, Brill Academic Publishers, 2017.

④ 陆俊巍、韩昭庆、诸玄麟等：《康熙〈皇舆全览图〉投影种类的统计分析》，《测绘科学》2011 年第 6 期。

⑤ 韩昭庆：《康熙〈皇舆全览图〉的数字化及意义》，《清史研究》2016 年第 4 期；韩昭庆、杨霄、刘敏等：《康熙〈皇舆全览图〉长城以南地区绘制精度的空间分异》，《清华大学学报》（哲学社会科学版）2021 年第 3 期。

⑥ 王丁：《福克司先生百年冥祭》，《上海书评》2022 年 8 月 1 日。王丁系冯孟德学生，冯系嵇穆学生，嵇穆系福克司学生，可称之为福克司第四代传人。《康熙时代耶稣会士地图集》，原书名题为《康熙时期耶稣会士地图集的历史渊源，附东北、蒙古、新疆及西藏地区地图地名索引并展出原始大小的耶稣会士地图集》，又译为《康熙皇舆全览图研究》。书中有陈垣题字"福克司著康熙皇舆全览图"，这里系简称。

有关 28 幅与 32 幅中文《康图》的绘制及其关系的分析，以及东北、蒙古、新疆和西藏地名的语言学方面的讨论，地名附录包括东北、蒙古、新疆和西藏等地共 3156 条地名的满文索引和 4257 条中文索引。

二、福克司《康熙时代耶稣会士地图集》中有关西藏地图编纂情况的记载

福克司认为，17 至 18 世纪的耶稣会士对中西文化交流起着重要的媒介作用，他们最有意义的学术成就之一就体现在他们对中国舆图学方面的贡献。"耶稣会士在中国最显著的科学成就是他们绘制的中华帝国的地图集《皇舆全览图》，该图初稿于康熙朝的 1708 年至 1716 年完成，这也是当时最宏伟的制图工作"，福克司以上述文字作为《康熙时代耶稣会士地图集》（以下简称福版《康图》）序言中的开场白，并引用他人的说法 "18 世纪初把广袤的东亚地区的地图绘制得比任何一个欧洲国家的疆域地图都要准确得多"，阐明了《康图》在中国和世界地图史上的重要地位。在介绍这套地图集首先通过法国皇家制图师唐维尔（Jean-Baptiste Bourguignon d'Anville，1697—1782）的改编而闻名于世之后，他转而批评道："尽管传教士的这部作品已广为人知，而且至今肯定仍对中国的地图图像产生着影响，但是其详细的绘制历史仍然不为人所知，因为创作者隐藏了学者本该谈及的大量信息。"[1] 据翟林奈的研究，耶稣会士地图集最早于雍正十三年（1735 年）通过唐维尔之手，以及杜赫德（Jean Baptiste Du Halde，1674—1743）、冯秉正（Mailla）、宋君荣（Gaubil）和马国贤（Matteo Ripa）的著述而闻名于世。[2] 福克司的序言正是依据上述前贤的记录和前人研究，重点讨论了木版 28 幅和 32 幅《康图》的区别，以及它们与铜版《康图》的关系。

据福克司研究，国内常见《康图》由三个版本组成，即康熙五十六年（1717 年）第一版木版地图、康熙五十八年（1719 年）第二版铜版地图和康熙六十年（1721 年）第三版木版地图。福克司编的《康图》共收集地图 36 幅，除了一幅西藏全图外，其余 35 幅地图为第一版和第三版的合集。其中第一版木版地图有 28 幅，分别是分省图 15 幅（图号为 21—35）、东北图 5 幅（图号为 1—5）、蒙古图 3 幅（图号为 6—8）、黄河上游图（图号为 16）、雅鲁（砻）江图（图号为 17）、长江上游图（图号为 18）、哈密图（图号为 19）和朝鲜图（图号为 20）各 1 幅，缺少今西藏和新疆大部、内蒙古西部和其他一些地区的信息。

1721 年绘制完成的第三版木版 32 幅图，与第一版木版 28 幅图不同的地方主要是：增加了第 11 号杂旺阿尔布滩图、第 13 号拉藏图、14 号雅鲁藏布江图与 15 号冈底斯阿林图；修改了原旧图中的第 16—19 号，形成新图第 9 号河源图、10 号哈密噶思图、12 号江源图等，原雅砻江旧图 17 号被 9 号与 12 号两图覆盖。当我们用谭其骧主编的《中国历史地图集》清嘉庆二十五年（1820 年）全图中的西藏政区界去对照已配准的福克司图时可知，西藏地区主要绘制在第 12、13、14 号图上，第 15 号图中的内容很少，只绘出西藏西北地区一排东西向展布的山岭，分别标注为拉布凄达巴罕、札

① Walter Fuchs. Der Jesuiten-Atlas der Kanghsi-Zeit: *seine Entstehungsgeschichte nebst Namensindices für die Karten der Mandjurei, Mongolei, Ostturkestan und Tibet,* Mit Wiedergabe der Jesuiten-Karten in Originalgrösse, Fu-Jen-Universität, Peking, 1943.

② Lionel Giles, Review of Von Walter Fuchs Book Der Jesuiten-atlas der Kangshi-zeit(Peking: Fu-jen University, 1943), *Bulletin of the School of Oriental and African Studies*, London: University of London, Vol. 12, No. 2, 1948, pp. 481—482.

克昂邦阿林、克勒颜达巴罕和杂杂达巴罕，以及一列无地名注记的南北走向的山脉。由此我们可知，第三版与第一版《康图》的主要区别在于对西藏地区的增绘和改绘。

三、清初西藏地区的测绘过程

清顺治元年（1644 年），朝廷曾派人进藏，采用目测的方式，手工描绘《西藏全图》一幅。[①] 康熙时期全国大测量刚开启，清廷就曾于康熙四十八年（1709 年）派遣侍郎赫寿去拉萨监督西藏的摄政王拉藏汉。据雷孝思回忆，赫寿及其随从居住西藏两年多，在此期间绘制了所有直接臣服于大喇嘛地区的地图，并带回一幅西藏地区全图。康熙五十年（1711 年）他把这幅地图提交给雷孝思神父修订，期望形成与中国各省地图相同的样式。雷孝思神父在审阅此图并询问负责测绘的官员后发现，他找不到任何使用天文观测确定的位置，各地之间的距离也没有进行过测量，只是依靠普通的估算。[②] 由于这次所测地图未实测经纬度，所以无法与内地各省测绘的地图进行拼接。但是正如杜赫德所言，尽管这幅地图存在诸多缺点，但还是注意到了更多的细节，显示这块地区的范围比当时最好的亚洲地图表示的都要大得多。福克司推测，尽管雷孝思不承认这次测绘的成果，但它们仍有一部分被印了出来，"抑或他没有对西藏中部和西部进行测绘，所以我们看到的 16—18 号地图（1717 年第一版木版《康图》）只覆盖了西藏东部地区。"[③]

康熙皇帝得知这幅西藏地图的缺点之后，决定重新绘制一幅令人满意的准确地图。为此，他派遣两名在蒙养斋学习的喇嘛前往西宁，由此开始测绘，直到大喇嘛居住的拉萨，再由拉萨测至恒河（Ganges）源头，并带回河源之水。[④]《大清一统志》对此也有记载："本朝康熙五十六年，遣喇嘛楚儿沁藏布兰木占巴，理藩院主事胜住等，绘画西海、西藏舆图，测量地形，以此处为天下之脊，众山之脉，皆由此起。"[⑤] 受这条资料的影响，欧洲文献通常把这一年，即 1717 年，当作测绘西藏的年代。福克司认为，这个说法是不正确的，这一年应该是测绘的官员们从西藏回到了北京，并把他们的测绘资料交给传教士的时间。[⑥] 他的依据来自杜赫德《中华帝国全志》（*Description géographique, historique, chronologique, politique et physique de l'empire de la Chine et de la Tartarie Chinoise*）的记载：负责测绘的喇嘛受准噶尔侵扰西藏的影响，从恒河回到了拉萨。"受雇绘制西藏地图的两位喇嘛属于格鲁派，他们侥幸避免了与其他人类似的遭遇。然而他们因这次事故匆忙赶路，不得不止步于恒河源头周边地区，包括他们从邻近地区喇嘛那里得到的

---

① 西藏自治区地方志编纂委员会总编、《西藏自治区志·测绘志》编纂委员会编纂：《西藏自治区志·测绘志》，中国藏学出版社，2009 年，第 41—43 页。

② Translator: *A Description of the Empire of China and Chinese-Tartary, together with the Kingdoms of Korea, and Tibet: Containing the Geography and History of Those Countries from the French of P. J. B. Du Halde*. Volume II, 1738, pp.384.

③ Walter Fuchs. *Der Jesuiten-Atlas der Kanghsi-Zeit: seine Entstehungsgeschichte nebst Namensindices für die Karten der Mandjurei, Mongolei, Ostturkestan und Tibet*, pp.18.

④ Translator: *A Description of the Empire of China and Chinese-Tartary, together with the Kingdoms of Korea, and Tibet: Containing the Geography and History of Those Countries from the French of P. J. B. Du Halde*. Volume II, 1738, pp.384.

⑤ （清）穆彰阿修，潘锡恩纂：嘉庆《大清一统志》卷 547《西藏》，四部丛刊本。

⑥ Walter Fuchs. *Der Jesuiten-Atlas der Kanghsi-Zeit: seine Entstehungsgeschichte nebst Namensindices für die Karten der Mandjurei, Mongolei, Ostturkestan und Tibet*, p13.

信息，以及从拉萨大喇嘛处获得的历史记载中了解到的一些情况。"① 这条资料亦可与《平定准噶尔方略》的记载相互印证。"又大喇嘛乌尔齐木藏布喇木扎巴奏称，我等由刚谛沙（指冈底斯，笔者注）还至拉萨。拉藏（汉）告云，策妄阿喇布坦令策零敦多卜等率兵六千余至净科尔庭山中，扼险来战，中夜越岭而至，遂据达木地方。"② 策零敦多卜带领由六千人组成的远征军向西藏进发的时间是康熙五十五年（1716 年）十一月。次年十一月，准噶尔军攻占拉萨。两天之后拉藏汗被杀。③ 由此可知，受准噶尔侵扰西藏的影响，测绘官员在西藏开始测量的时间应该早于 1716 年末至 1717 年初。孔令伟根据藏文资料也得出，楚儿沁藏布兰木占巴确实在康熙五十五年（1716 年）底抵达西宁。据《清实录》得知，楚儿沁藏布兰木占巴约在 1717 年底至 1718 年初之间自冈底斯山返回拉萨。④

根据时任四川巡抚年羹尧于康熙五十七年（1718 年）六月十三日上奏的奏折推知，这些测绘官员把图交付北京的时间约为该年年末至次年年初。"前奉钦差于藏、卫等处画图，喇嘛楚尔齐母藏布拉木占木巴（即楚儿沁藏布兰木占巴）等已从打箭炉至成都，现在绘画《御览全图》，大约六月内可以告竣，齐图回京。"⑤ 由此可知，这些测绘西藏的官员，并没有如福克司认为的那样于康熙五十六年（1717 年）回京，而是在成都待了一段时间才回京城。这次测绘成果成为《皇舆全览图》增订西藏地图的基础。奏折中出现的《御览全图》似乎也不仅限于西藏地图，故对西藏的测量应该始于 1716 年底，最迟不晚于 1718 年上半年，持续时间不确。

据福克司论述，康熙五十八年（1719 年）四月前完成了两份雕刻的铜版总图的草图，一份根据省界和自然边界分幅，另一份是按照排和号分幅的草图，这份草图的分幅形式与在沈阳发现的《满汉合璧清内府一统舆地秘图》一致，《满汉合璧清内府一统舆地秘图》铜版图系使用排图草图作为样本，并于当年年末印制的地图。但是这套 41 幅铜版图是否如铜版草图一样是由马国贤或费隐（Fridelli）等人印制，则不得而知。因为马国贤有关制作 44 幅铜版图的陈述与盛京的 41 幅地图的数量不相符，也不同于用作测试的草图。⑥

这次测量方法包括在途中观察罗盘方位、测量道路距离、使用测量正午日影长度的主表等来推定纬度，似乎也收集了主要山脉的坐标和海拔高度。和在朝鲜的测量过程一样，他们在拉萨获得了一些地图和路书，还有一些当地官员和向导陪伴着他们。⑦ 福克司所引宋君荣的描述也说明他们对于西藏地区无法观察的地方是根据当地人的描述来绘制的："这些中国的数学家和喇嘛，在观察方位、

---

① Translator: *A Description of the Empire of China and Chinese-Tartary, together with the Kingdoms of Korea, and Tibet: Containing the Geography and History of Those Countries from the French of P. J. B. Du Halde.* Volume II, 1738, pp.386.

② （清）傅恒修，福德纂：《平定准噶尔方略》前编卷 4，乾隆三十一年武英殿刻本。

③ 刘洪营：《清代西藏地方边防研究》，陕西师范大学博士学位论文，2019 年，第 21 页。

④ 孔令伟：《钦差喇嘛楚儿沁藏布兰木占巴——清代西藏地图测绘与世界地理知识之传播》，《历史语言研究所集刊》第九十二本，第三分，2021 年。

⑤ 中国第一历史档案馆编：《康熙朝汉文朱批奏折汇编》第 8 册《四川巡抚年羹尧奏为遣人探得藏内情形折》，档案出版社，1985 年，第 167 页。

⑥ Walter Fuchs. *Der Jesuiten-Atlas der Kanghsi-Zeit: seine Entstehungsgeschichte nebst Namensindices für die Karten der Mandjurei, Mongolei, Ostturkestan und Tibet*, pp.38—40.

⑦ Mario Cams, *Companions in Geography: East-West Collaboration in the Mapping of Qing China（1685—1735）*, Brill Academic Publishers, 2017. pp.122.

测量距离和使用日晷观察极点的高度方面均受过相应的训练。他们跑遍了西藏，来到恒河源头所在的冈底斯山。这些地理学家除了大喇嘛提供的地图和有经验的人外，还有熟悉当地环境的向导陪同。康熙皇帝命人对这些地理学家绘制的地图和制图原则进行检查，并做出了多处修正……有一位参加西藏地图绘制的官员，杜赫德神父曾教导他如何还原路线，以及每条纬度中一度经度所对应的里数。这位官员也留存了一份笔记，里面有一幅经杜赫德神父校正过的地图，神父减少了路线，并使用他所能观察到的纬度值对路线进行纠正……就恒河的流路以及周围所标注的城镇而言，不是由派去的……人亲眼所见，而是从拉萨以及冈底斯山附近居民那里所了解到的。”①

除此之外，他们还根据周边较为准确的测量值对测量结果进行了校正，也曾利用已有的路程记载和更早年代的地理学家的数据，来验证测量的准确性。如由喇嘛数学家绘制的西藏东部靠近四川的“西番”地区，其测绘过程中没有进行过任何天文观察。耶稣会士把这幅图与他们绘制过的地图进行关联，通过打箭炉（*Ta-tſyen-lú*）、云南的丽江府（*Li-Kyáng-fu*）、塔城关（*Ta-ching-guan*）以及永宁府（*Yong-ning-fu*）等地的经纬度对之实施校正（见图1）。②

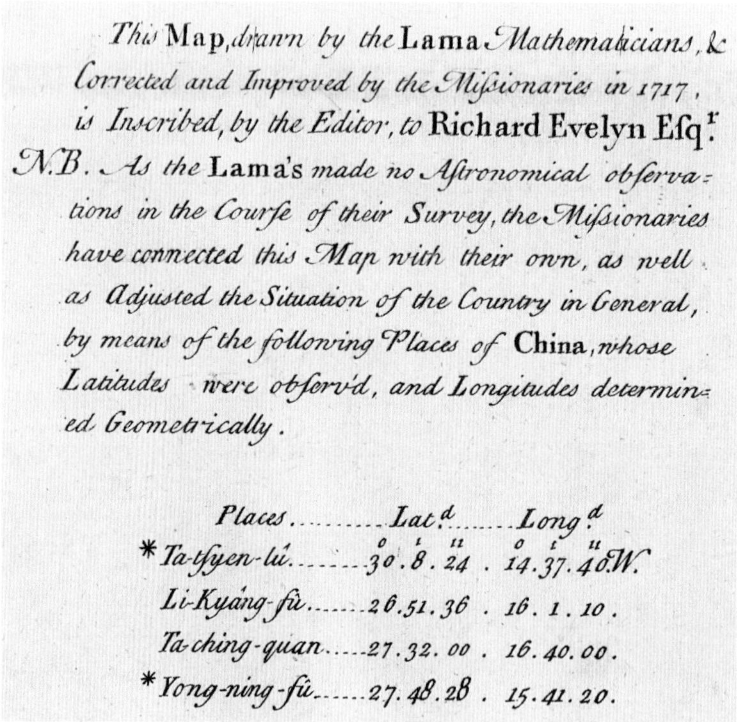
This Map, drawn by the Lama Mathematicians, & Corrected and Improved by the Missionaries in 1717, is Inscribed, by the Editor, to Richard Evelyn Esq.r

N.B. As the Lama's made no Astronomical observations in the Course of their Survey, the Missionaries have connected this Map with their own, as well as Adjusted the Situation of the Country in General, by means of the following Places of China, whose Latitudes were observ'd, and Longitudes determined Geometrically.

Places	Lat.d ° ' "	Long.d ° ' "
*Ta-tſyen-lú	30. 8. 24	14. 37. 40 W.
Li-Kyáng-fu	26. 51. 36	16. 1. 10
Ta-ching-quan	27. 32. 00	16. 40. 00
*Yong-ning-fú	27. 48. 28	15. 41. 20

图1 打箭炉、丽江府、塔城关、永宁府四地经纬度

此后，在康熙五十八年（1719年）铜版地图的基础上，康熙借大军入藏平定准噶尔对西藏的扰乱之际，对西藏地区的地名也进行了修订。“朕于地理，从幼留心。凡古今山川名号，无论边徼遐荒，必详考图籍，广询方言，务得其正。故遣使臣至昆仑西番诸处。凡大江、黄河、黑水、金沙、澜沧诸水发源之地，皆目系详求，载入舆图。今大兵进藏，边外诸番，悉心归化。三藏阿里之地，俱入版图。其山川名号，番汉异同，当于此时考证明核，庶可传信于后……尔等将山川地

① Walter Fuchs. *Der Jesuiten-Atlas der Kanghsi-Zeit: seine Entstehungsgeschichte nebst Namensindices für die Karten der Mandjurei, Mongolei, Ostturkestan und Tibet*, pp.73.

② Translator: *A Description of the Empire of China and Chinese-Tartary, together with the Kingdoms of Korea, and Tibet: Containing the Geography and History of Those Countries from the French of P. J. B. Du Halde*. Volume II, 1738, pp. 384.

名，详细考明具奏。"① 颁发这道谕旨的时间是康熙五十九年（1720年）十二月十七日，福克司根据这道谕旨把前文提及的第二个木版地图完成时间推定为次年，即 1721 年。乾隆二十四年（1759年）乾隆皇帝在派兵平定叛乱之后，也曾专门派遣测绘技术人员对西藏地图进行补测，以加强对西部边远地区的管理，由传教士蒋友仁在《康图》基础上，增加补绘了西藏边疆测绘信息，编绘完成了《乾图》。②

四、铜版《康图》及其谱系地图的比较

由上可知，尽管自顺治年间就开始绘制西藏地区的地图，康熙全国大测量初期也对西藏进行了测绘，但是由于没有使用近代测绘方法，无法与其他地图进行拼接。后在传教士指导下，又对西藏地区开展了测量工作。这次测量由于受到准噶尔对西藏侵扰的影响，没有全面展开，但测量人员通过局部的实地测量、间接校准、参考已有测量数据或当地人民提供的信息，初步完成了西藏地图的绘制。康熙五十九年（1720年），入藏大军遵照康熙的指示，再次增订西藏地区的地名，进一步推进了西藏地图的绘制。前述测绘工作依次生成了康熙五十六年（1717年）第一版中文木版地图、康熙五十八年（1719年）第二版满汉合璧铜版地图和康熙六十年（1721年）第三版中文木版地图。

《康图》完成之后，最初通过巴黎耶稣会士杜赫德在巴黎出版的《中华帝国全志》得以传播。这本书共四卷，随书出版了法文标注的地图。据杜赫德介绍，这些地图由唐维尔依据《康图》改编。福克司认为，唐维尔的地图参考了三种《康图》的版本。③ 康言也证实，唐维尔关于中国十五省的地图完全是照着早期的木刻版本绘制的，但是有的居民点没有标注地名，可能是翻译的缘故。④《中华帝国全志》一经出版，很快成为一本关于中国的名著，并在欧洲广泛传播，乾隆三年（1738年）即出版了该书的英译本，由此也产生英文标注的《康图》。鉴于康熙五十六年（1717年）第一版木版地图中西藏地区的绘制存在不准确、不完整的问题，故下面的比较不考虑康熙五十六年（1717年）第一版的《康图》。

笔者以谭其骧主编的《中国历史地图集》中清嘉庆二十五年（1820年）西藏政区界线界定清初西藏的范围，然后分别对康熙五十八年（1719年）第二版铜版《康图》及在其基础上产生的康熙六十年（1721年）第三版木版《康图》、雍正十三年（1735年）法文标注的《康图》、乾隆三年（1738年）英文标注的《康图》，以及《乾图》中的西藏地图进行配准和数字化工作，并对点图层地名通名、地名总数量进行比较，如表1和表2所示。需要指出的是，由于《康图》及其谱系图中的山脉使用形象画法勾勒出山脉的走向，为在数字化过程中最大限度地保存《康图》的地名信息，这里把线状的山脉改为点，故点图层中的数据包括山岭名称。

---

① 《清圣祖实录》康熙五十九年十一月辛巳。

② 西藏自治区地方志编纂委员会总编、《西藏自治区志·测绘志》编纂委员会编纂：《西藏自治区志·测绘志》，中国藏学出版社，2009年，第42页。

③ Lionel Giles, Review of Von Walter Fuchs Book Der Jesuiten-atlas der Kangshi-zeit(Peking: Fu-jen University, 1943), *Bulletin of the School of Oriental and African Studies*, London: University of London, Vol. 12, No. 2, 1948, pp. 481—482.

④ Mario Cams, The China Maps of Jean-Baptiste Bourguignon d'Anville: Origins and Supporting Networks, *Imago Mundi*, The International Journal for the History of Cartography, Vol. 66, Part 1, 2014. pp. 51—69.

表 1　第二版铜版、第三版木版与《乾图》西藏地区点图层的通名类型及占比

铜版	数量（条）	在总地名中的占比（%）	木版	数量（条）	在总地名中的占比（%）	乾图	数量（条）	在总地名中的占比（%）
Hetun	47	23.5	河屯	48	18.5	和屯	50	9.1
Miao	20	10.0	庙	52	20.0	朱（珠）克特	63	11.4
Alin	70	35.0	阿林	94	36.2	阿林	149	27.0
Dabahan	33	16.5	达巴罕	34	13.1	达巴汉	107	19.4
Tala	5	2.5	塔拉	5	1.9	噶珊	36	6.5
Ayiman	1	0.5	艾满	1	0.4	山	2	0.4
Ba	3	1.5	巴	2	0.8	塔拉	21	3.8
Qiao	3	1.5	桥					
Sheli	2	1.0	舍里			舍里	2	0.4
						托罗海	5	0.9
						多罕	6	1.1
						庄	1	0.2
						塘	2	0.4
						哈达	1	0.2
						布拉克	1	0.2
						昂阿	1	0.2
						冈	1	0.2
						拉	1	0.2
通名地名的数量	184			236			449	
点图层的点数量（含无地名的点）	200			260			552	

表 2　法文版和英文版西藏地区点图层通名类型及占比

法文	数量（条）	在总地名中的占比（%）	英文	数量（条）	在总地名中的占比（%）
和屯	39	27.0	和屯	40	28.8
庙	13	9.0	庙	11	7.9
A lin（大山）	30	20.8	山岭（用 M 缩写）	69	49.6
Da ba han（山岭）	12	8.3			
Pont（桥）	3	2.1	Bridge（桥）	3	2.2
通名总数量	97			123	
总数量（含非通名）	144			139	

法文和英文版的西藏地图对山脉、桥使用通名，聚落地名一般不标注通名，数字化过程中通过其使用相同的图例来判断通名的属性。此外，法文版中桥的图例并不统一，除了 Pont Tchasistacsam 外，其余两座桥，分别用缩写的 Pt 表示，没有标出桥的图例，但是英文版中的三座桥皆以明显的图例标注。

由表 1、表 2 可知，从第二版铜版到第三版木版《康图》绘制的西藏地图，地名数量从 200 条增加到 260 条，而到乾隆时期，这个数字翻了一倍，达 552 条，地名通名也相应变得丰富。从地名数量即可反映出从康熙到乾隆时期，官方对西藏地理认知的逐渐深化。通过第二版铜版、第三版木版《康图》与法文和英文注记的西藏地区地图的地名数量的比较，也可发现它们存在日本学者海野一隆提到的地图传承过程中"同系退化"的现象。法文版地图中出现的点地名只有 144 个，依据法文地图绘制的英文地图，点地名减少到 139 个，这些数字皆少于源图即第二版铜版《康图》地图上的点地名数量。不仅如此，法、英文版地图译者对地名通名的标注也出现简化的现象，他们更关注的自然地物主要是山川，而对人文地物则只关注聚落、庙和桥。

五、《康图》对我国边疆史地研究的意义

《康图》是我国第一套利用经纬度表示地理要素空间位置的全国性地图，尽管它表示的范围与今天的不同，但它几乎覆盖了清初实际管辖的疆域，故可称作当时的全国总图。这个实际管辖的范围既包括前代明朝管辖的区域，也包括长城以北、以西广袤的边疆地区。此前，中国人绘制的总图很少触及长城以北的区域，在利玛窦绘制的世界地图里，明代疆域及其周边地区虽然越过了长城，但地理信息十分简单。清初出现了私绘大清万年一统系地图的情况，但黄宗羲绘制的原图已看不到，我们看到的也只是吸收了《康图》成果的地图，内容较为简陋，地理要素的位置、名称也不准确。[①] 表 1、表 2 西藏地区点图层通名数字化统计的表格，清晰地展现了清初到中期朝廷对西藏地理认知的过程，对地理要素的标注逐渐由早期的简陋变得丰富。值得注意的是，在《康图》出现之前，我国广大西北、东北边疆地区的地理面貌也从未如西藏地区一样，以翔实、准确的形式出现过。故从地理学上讲，《康图》首次以经纬度地图的形式，记录了三百年前我国广大边疆地区的山川地理形势和大量的政区和聚落地名，通过《康图》的测绘，填补了清廷对这些地区地理认知的诸多空白，为我们了解当时的边疆地理环境、政区建置和聚落分布状况提供了重要的图形资料，也为我们今天提供一个可资对比研究的地理信息平台，具有原创性。从史学意义来讲，《康图》亦具有重大历史意义。孔令伟指出，清初在西藏的测绘活动，对于清代地理学知识的发展乃至汉藏文化的交流均有重要的贡献，清朝测绘所得之喜马拉雅地区的知识对世界地理学的发展亦发挥过重要作用。[②] 据笔者粗略估算，满文标注的广大边疆地区的面积是汉字标注区域面积的近两倍。半个世纪以前，我国蒙元史学家翁独健曾评价《康图》中最重要而且占篇幅最多的乃是边疆及藩

① 石冰洁：《清代私绘"大清一统"系全图研究》，复旦大学硕士学位论文，2014 年。
② 孔令伟：《钦差喇嘛楚儿沁藏布兰木占巴——清代西藏地图测绘与世界地理知识之传播》，《历史语言研究所集刊》第九十二本，第三分，2021 年。

属地图 [1]，可谓一语中的。《康图》对于我国边疆史地研究的重要性由此可见一斑。

另外，我们对一个地区的认知总是先从地名及其空间位置开始的，故地图中的地名及其表达的空间信息尤为重要，这一点也被 80 年前的福克司充分认识到，在他编著的《康图》的文字说明中，仅地名索引就有 311 页，占全书的 3/4。而地名索引都是针对满文标注的广大区域，第一个索引分区把第二版铜版中东北、蒙古和新疆、西藏等地所有的地名按照满文译音，以拉丁字母的顺序来排列，在每条索引地名之后，还把第三版木版上相同地点的中文译名附上，共计 3156 个满文地名；第二个索引分区把第三版木版以及第 36 幅图的中文地名，按照图幅顺序，依次罗列每幅图中地名的名称及经纬度，并把《乾图》中相应位置上的地名也列出。福克司补充说明，这种排列对比只是表明，乾隆地图上的地名位于康熙地图上相应的位置，但不一定对应康熙地图中的名称。[2] 第 36 幅西藏图，列出中文地名、经纬度及对应的 12—14 号及第 18 号图中相应的位置序号。这个索引地名数量达 4257 条。傅吾康（Wolfgang Franke）对此也有评价："最使人觉得珍贵的是，福君将该地图中满洲（东北）、蒙古、新疆、西藏各处所有的地名作出两个索引来……由以上两个索引，就将康熙五十四年（1715 年）左右中央亚洲及东北亚洲地区的满汉地名聚集于一处，历历清晰的（地）呈现于从事史地学及语言学的研究者们之前，为参考及研究的应用，有莫大的方便。" [3]

值得一提的是，边疆地区涉及民族语言的地名，在中文文献中，这些地名多为音译地名，地名或长或短，并无规律可循，在阅读无标点符号的历史文献时，很容易犯错误。有学者就曾利用《康图》上的藏文地名纠正今人误判的地名。[4] 对地名的考证往往是民族史研究的难点，需要学者为此付出大量的心血。但是因为第二版铜版《康图》及其谱系地图具有相近的坐标系统，我们今天借助数字化方式，对不同语言标注的地图开展数字化工作，生成不同的图层，并把它们在空间上叠加，即可实现对具有相同或相近空间位置的不同语种标注地名的转化，可大大简化地名考证的速度和效率，一些疑难地名的翻译也会迎刃而解。如表 3 显示的即是拉萨在不同语言中的表示形式。

表 3　不同语言对拉萨的标注

不同语言注记的《康图》	拉萨的名称及解释	经度（E）	纬度（N）	不同版本图中的位置
满文	Lasa Ba（拉萨地方）	91.53°	30.55°	康熙五十六年（1717 年）铜版《康图》五排五号
中文	拉萨巴	91.385°	30.56°	康熙六十年（1721 年）福版《康图》第 13 号拉藏图
法文	Pays De Lasa（拉萨地方）	92.2°	29.6°	雍正十三年（1735 年）杜赫德书第四卷（第 42 幅）
英文	Country of Lasa（拉萨地方）	92.1°	29.8°	乾隆三年（1738 年）英译杜赫德书第二卷（第 23 幅）
中文	拉萨	91.53°	30.58°	乾隆中期（1770 年）左右《乾隆十三排图》（十排西三）

---

[1]　Wêng Tu-chien review: Der Jesuiten-Atlas der Kanghsi-Zeit. Monumenta Serica, Monograph Series No. 4 by WALTER FUCHS, *Monumenta Serica*, Vol. 9, 1944, pp.259—261.

[2]　Walter Fuchs. Der Jesuiten-Atlas der Kanghsi-Zeit: seine Entstehungsgeschichte nebst Namensindices für die Karten der Mandjurei, Mongolei, Ostturkestan und Tibet, pp.78.

[3]　傅吾康著，胡隽吟译：《书评及介绍：评〈康熙皇舆全览图研究〉》，《中德学志》，第 331—334 页。

[4]　房建昌：《康熙〈皇舆全览图〉与道光〈筹办夷务始末〉西藏边外诸部考》，《西藏研究》2014 年第 2 期。

由表 3 中拉萨的地理位置，我们还可以清晰地分辨出这五种语言图之间的承继关系。其中，第二版铜版《康图》是福版《康图》和《乾图》的底图来源，而法文注记的地图则另有来源，英文注记的地图则来源于法文图。

综上，本文依据多语种文献回溯了清初对西藏地区的测绘过程，并在此基础上讨论了《康图》对我国边疆史地研究的重要意义。本文亦指出由于《康图》利用近代测绘方法完成，可运用今日地理信息系统对之进行数字化和空间分析，利用不同语言标注《康图》地名位置的相似性，可解决以往难以从语言学角度解决的部分地名翻译问题。

【作者简介】韩昭庆，复旦大学历史地理研究中心教授，博士生导师。

近代西方列强所绘山东地图考略 *

陈刚

摘　要： 晚清时期，西方列强觊觎中国华北沿海及港口地区，特别是位于山东半岛沿海的胶州湾、烟台与威海卫等地，他们在此开展沿海及陆地测绘工作，这一系列工作在中国近代测绘科技史与地图史研究中居重要地位。本文结合山东古旧地图整理与研究工作，系统整理德、英、美等西方列强所绘海图、地形图及城市图，集中考察《中国舆地图》《直隶山东舆地图》及青岛、烟台等城市实测图，对这些地图的测绘技术、制图方法等进行初步分析。

关键词： 近代；西方列强；实测地图；测绘史；山东

一、引言

山东省区位优势显著，是京畿门户，其地北接华北平原，西连中原，南依黄淮海平原，地跨黄、淮、海三大流域，黄河横贯东西、大运河纵穿南北，又有海河、小清河等河流，水土及矿产资源丰富，人口众多。同时，山东毗邻渤海、黄海，是海洋大省。山东大陆海岸线全长 3345 千米，占全国大陆海岸线的 1/6，山东近海海域有天然港湾 20 余处，海岛 589 个，拥有丰富的港湾与海岛资源。

晚清以来，山东成为西方列强觊觎、侵略、瓜分的重点地区，也成为西方测绘技术应用最集中的区域，从而留下品类众多的实测地图。特别是位于山东半岛沿海的胶州湾、烟台与威海卫等地区，

---

*　本研究得到国家自然科学基金（资助号：42071172）、齐鲁书社《近代山东地图整理与研究（1840—1949）》出版项目支持，感谢台湾"中研院"范毅军研究员、廖泫铭老师，以及齐鲁书社傅光中总编、李军宏主任所提供的大力支持。

作为中国华北沿海战略要地，它们不仅是海上交通与商业贸易的重地，而且具有重要的军事防御价值，成为德、英、日等列强垂涎的地方。

第一次鸦片战争爆发以来，列强即在山东沿海附近开始了盗测工作。英、德、日等国借口航行需要，依仗不平等条约，在山东沿海海区开展测量工作，并绘制了许多山东沿海地图。据《山东省测绘志》初步统计，清同治年间至第二次世界大战结束时，英、美、法、日等国共出版山东沿海海图 56 幅。19 世纪末，特别是自中日甲午战争之后，列强掀起瓜分中国的狂潮，山东受害尤烈，出现一批口岸城市。光绪二十二年（1896 年），英国侵占威海卫；次年，德国武力强占胶州湾，列强纷纷在山东境内建设码头、铁路、公路、矿厂，大肆攫取资源及其他经济利益。清光绪二十四年（1898 年），德国在青岛设立气象天文观测所[①]，并派测量队在胶州进行基线、三角和天文测量，为胶济铁路建设服务。

二、西方测绘技术在山东测绘中的早期应用

清康熙年间，西方测绘技术在中国得以传播。从康熙四十七年（1708 年）起，清廷历经十年完成全国（除新疆哈密以西及西藏部分地区外）的大地测量与地图绘制工作，编绘成《皇舆全览图》，测得天文大地点 641 个，其中山东境内 28 个。其中，法籍传教士雷孝思（Jean Baptiste Regis）和葡萄牙神父麦大成（Cardoso）等在康熙五十年（1711 年）完成山东省经纬度实测工作，并以伪圆柱投影法绘制成《皇舆全览图·山东舆图》（图 1），比例尺约为 1∶140 万。该图以天文点、三角网结合作为控制基础，测绘精度较高，是后来山东小比例尺地图编绘的主要底图。清乾嘉年间（1788—1803 年）编绘的 1∶300 万《山东总图》和 1∶100 万《十府、二直隶州图》，均依其为蓝本。

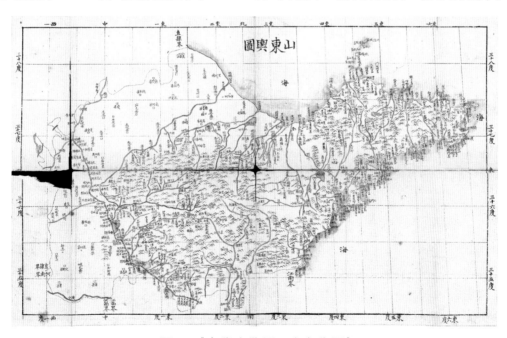

图 1 《皇舆全览图·山东舆图》

① 1898 年，德国海军港务测量部在青岛设立气象天文观测所，初期以气象观测与预报为主，1904 年增设天文和报时业务，1905 年 5 月迁至今观象山，1908 年扩建为观象台，1914 年日军占领青岛，更名为"测候山"。1924 年北洋政府接管青岛观象台，将此山定名为"观象山"，这里是中国水准原点所在地。

三、近代西方列强所绘山东沿海地图述要

鸦片战争之前，以英、德为代表的西方殖民国家就开始觊觎中国东部沿海及港口地区。鸦片战争后，西方列强在中国北方海区强行测量，窃测海道地形，编绘了胶州湾至鸭绿江口（包括渤海湾）的航海图。

（一）德国测绘近代山东地图

清光绪二十三年（1897 年），德国以"山东巨野教案"为借口派舰队侵占胶州湾。翌年三月，清廷在德国武力胁迫下，被迫签订丧权辱国的《胶澳租界条约》，允许德国租借胶州湾、在山东享有修筑胶济铁路和开采铁路沿线矿产等特权，自此青岛沦为德国的殖民地，德国势力全面侵入山东，并在经济殖民与军事扩张的需求推动下，积极开展山东、直隶等广大区域的测绘工作。

清光绪三十四年（1898 年），德国地理学家冯·李希霍芬（Ferdinand von Richthofen）在实地考察基础上完成专著《山东及其沿海门户胶州》（*Schantung und seine Eingangspforte Kiautschou*），其中收录 4 幅实测地图。[①] 同年，德国外交官冯·赫塞·瓦特格（Ernst von Hesse Wartegg）出版《山东与德属中国》（*Schantung und Deutsch-China*），这是一本反映《胶澳租界条约》签订及德国出兵占据胶州湾的珍贵文献，其中也收录地图 4 幅，以《山东周边地区地图》（*Kartenskizze von SCHANTUNG und Umliegenden Gebieten*，图 2）最为精美。这些大概是最早由德国人所绘制的中国地图，也是今日所见山东及周边地区最早的实测地形图。

图 2 《山东周边地区地图》（ *Kartenskizze von SCHANTUNG und Umliegenden Gebieten* ）

---

① 该书于 1898 年在柏林出版，书中收录 4 幅实测地图，包括：中国东部地图（ *Uebersichtskarte des Östlichen China*，1∶15000000）、大运河南部地图（ *Karte des südlichen Theils DES GROSSEN KANALS*，1∶3400000）、中国东北部地图（ *Karte des Nordöstlichen Chinas*，1∶3000000）、胶州湾地图（ *Karte der KIAUTSCHOU-BAI*，1∶480000）。

目前所见的德绘中国及山东图，包括覆盖山东全省的各级比例尺地形图及青岛（胶州湾）附近地形图或海图，下文略举其要。

（1）中国舆地图（*Karte von Ost-China*）

1901年以来，普鲁士土地调查局（Royal Prussian Land Survey）着手编绘中国东部地区的百万分之一地形图，在1902—1912年陆续完成与出版 *Karte von Ost-China* 系列地图（图上中文注明《中国舆地图》，据德语原文可译为《中国东部舆地图》），全套共22幅，比例尺为1∶100万，地理涵盖范围为106°~136° E、22°~46° N，涵括今中国东部、西伯利亚东部、蒙古及朝鲜半岛地区。地图采用经纬网矩形分幅，采用多面体投影，每幅地图经度相差6°、纬度相差4°。这是中国近代最早的百万分之一地形图[①]，规模宏大，制图规范，绘制精良。在山东省域范围内，共有《济南府》（Tsinan-fu）、《青岛》（Tsingtau）（图3）2幅地图。以绘制于1909年的《济南府》为例，图幅范围在112°~118° E 、34°~38° N之间，地形以地貌晕渲法表现，图上地理要素包括各级行政区划、行政地名、水系、交通线等，彩色，图上地名以德文为主，部分政区地名以中文译注。目前，该地图收藏在美国普林斯顿大学图书馆、德国柏林国立图书馆[②]等机构。

图3 《中国舆地图·青岛》（*Karte von Ost-China Tsingtau*）

（2）直隶山东舆地图（*Karte von Tschili und Schantung*）

《直隶山东舆地图》系一组中国近代实测系列地形图，比例尺为1∶20万，由德国陆军参谋处测量部监印，普鲁士土地调查局在光绪三十三年（1907年）以德、中双语彩色印制，共65幅地图（含

[①] 据学者许哲明考证，中国近代最早编绘的百万分之一地形图为1923—1924年由南京政府参谋本部制图局编印的《民国舆图》，详见氏文《德制华东百万分一舆图》，2019年12月。

[②] 德国柏林国立图书馆（Staatsbibliothek zu Berlin），隶属普鲁士文化遗产基金会（Stiftung Preußischer Kulturbesitz），全称"德国柏林国立普鲁士文化遗产图书馆"。该馆收藏数百幅中国直隶、山东舆图，多以县级舆图为主。华林甫主编的《德国普鲁士文化遗产图书馆藏晚清直隶山东县级舆图整理与研究》（齐鲁书社，2015）收录该馆所藏中国所绘直隶、山东两省古旧地图近500幅，其中包括56幅山东州县舆图，分别对各幅舆图的图名、性质、质地、保存状态、方向、尺寸、比例尺、沿革、绘图时代等地图信息予以著录。

1 幅索引图）。制图范围覆盖了自今河北张家口赤城县以南的直隶、山东两省，图幅范围为经差 1°、纬差 40′（或有变化，如青岛幅为 25′），幅面尺寸为纵 37 厘米，横 44 厘米（或略大，45 厘米）。该系列地图与上文《中国舆地图》都是普鲁士土地调查局在同一时期测绘的，采用系列比例尺制图方法，是近代中国实测地形图系列产品的重要组成部分。《直隶山东舆地图》对山东地区进行了全面的科学考察与测绘，图上地形以地貌晕渲法表现，印制精美，要素完备，值得重视。

据许哲明考证，德国普鲁士文化遗产图书馆收藏的《直隶山东舆地图》全部图幅为 65 幅，哈佛大学图书馆则收藏了 63 幅。[①] 以编号 15 号《青岛图》（Tsingtau，图 4）为例，其图幅范围为 120° 00′~121° 00′ E、36° 15′~36° 40′ N（纬差 25′），幅面尺寸为纵 37 厘米，横 45 厘米。图廓下以德文注明地图以青岛观象台为地理坐标起算点（应是推算基础），该站以格林尼治天文台为参照，地理坐标为 36° 3′ 59″ N，120° 18′ 20″ E。

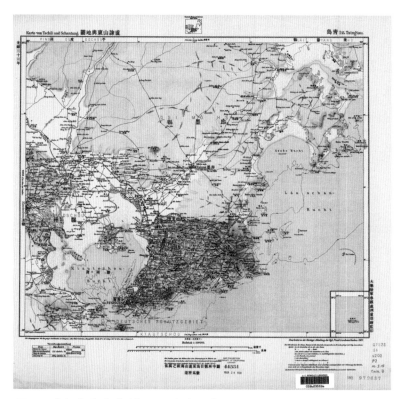

图 4 《直隶山东舆地图·青岛图》（ Tsingtau mit Umgebung ）

此外，德国测绘编制山东及周边地区的地图还有许多，例如胶州湾、青岛附近地图，这些地图都是大比例尺地形图。另外还有笔者亲见的 1903 年《直隶与山东地图》（ *Die Provinzen Tschi-Li und Schan-Tung* ），其幅面纵 24 厘米，横 30 厘米，比例尺为 1∶300 万。

（二）英国测绘近代山东地图（海图）

清光绪七年（1881 年），北洋水师进驻威海，光绪十四年（1888 年）正式成军，驻防威海卫。因刘公岛峙立威海湾口，地位尤其重要，即将北洋水师提督署设在该岛。

中日甲午战争之后，俄、德、英等帝国主义列强借调停中日战局，掀起瓜分中国的狂潮。清光

绪二十三年（1897 年），俄国强租旅顺、大连，德国强占胶州湾，英国租借威海卫及刘公岛并将海军远东舰队司令部设在刘公岛。从此英国殖民势力盘踞山东威海卫及刘公岛长达 30 余年之久，其间多次开展海洋、海道盗测工作。

总体而言，英国对近代中国的测绘工作主要以近海水道实测、沿海海洋水文调查为主。至 19 世纪中期，英国已出版多幅中国海图，涵盖南至中沙群岛、北至盛京的中国沿海海域：以广东省、海南岛为主，其次包括台湾岛、澎湖列岛、厦门、舟山、宁波等沿岸地区，另有几幅山东半岛、黄海、渤海海图，但数量较少。

英国《航海杂志与海军年鉴》对这些地图的评价是："除用阴影标出的部分海岸外，其他位置都无法确定，而且阴影部分实在太少。不得不承认我们对中国沿海水文条件的无知。"

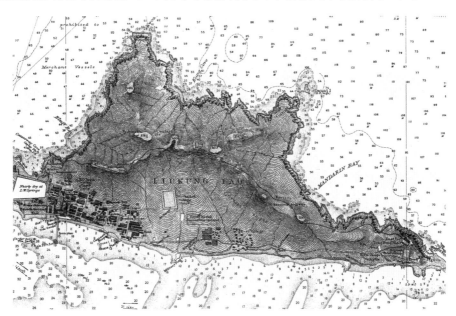

图 5 《威海卫图》(局部，刘公岛及其附近海域)

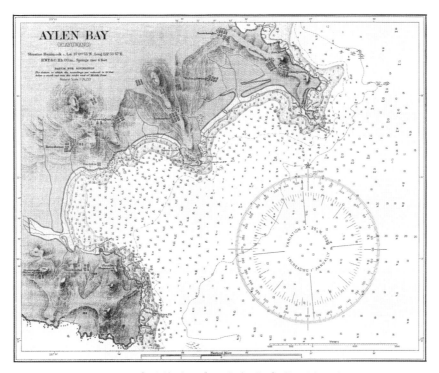

图 6 《爱伦湾图》(山东荣成附近地区)

（三）美国测绘近代山东地图

美国殖民势力在鸦片战争后染指中国，逐步在山东地区建立军事力量。清咸丰十一年（1861年）烟台开埠，同治十二年（1873年），美国领事代办处在烟台成立，美国兵舰"帕罗斯"号停泊烟台，其后美国亚洲舰队分批在夏天驻扎烟台。光绪三十三年（1907年），新的美国太平洋舰队组建，原亚洲舰队被改编为太平洋舰队第一中队。自此，烟台一直是美国海军亚洲舰队的夏季基地，也是军事演习的目的地，美国海军部下属水文局（USHO）也应海军部要求开始盗绘相关海港及近海地图。

清光绪二十九年（1903年），亚洲舰队测绘《烟台港海图》（*China: north coast of Shantung : Chefoo Harbor*，5th edition，1904，No. 2158），这也是目前所见较早的美国测绘出版的山东海图。

1936年，美国海军部下属水文局利用日本及中国所测海图及相关地形图，编绘了《青岛港图》（*Asia : China: Tsingtao Harbor*，1st edition，1936，No. 5489，图 7），这一版本更为精确，陆地要素也更为丰富。同时，美国海军部下属水文局开始系统整理与测绘包括中国沿海海图在内的太平洋系列海图，在此过程中他们充分利用了英国、德国、日本等列强测绘的海图及中国实测地形图系列成果。太平洋系列海图档案现在称为 "*Pacific Basin Nautical Charts*"，美国圣迭戈加州大学图书馆已对此批档案扫描建档，建立了数字地图档案库（Special Collections and Archives，https：//lib.ucsd.edu/sca）。如今该数据库中收录了自 19 世纪 70 年代以来的 1046 份太平洋数字海图及档案，囊括近代中国海图 161 幅（不含日据时期的台湾地区），包括 *Asia: China*、*Asia: coast of China*、*Asia: China-east coast* 、*Asia: China-south coast*、*Asia: China-southeast coast*、*Asia: China-Yangtze River*、*Asia: South China Sea* 等系列。其中，山东沿海地图约有 6 种。

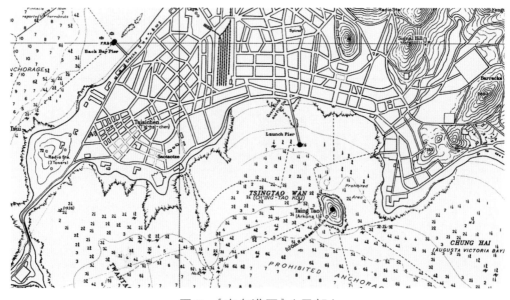

图 7 《青岛港图》（局部）

四、结语

"近代山东地图整理与研究（1840—1949）"项目，以近代实测地图、方志舆图为主体，目前已取得阶段性成果。其中第一卷收录中国及海外诸国所绘近代山东实测地图，以地形图、海图为主，计 684 幅地图。近代山东实测地图所涉时段为 1840 年至 1949 年；以地形图为主体，比例尺包括 1:100 万、1:50 万、1:20 万、1:5 万、1:2.5 万、1:1 万、1:5000 等，涵括晚清廷、民国政府及日、德、英、美、法列强所测制的山东地区地形图。

近代山东战略地位重要，不仅为京畿门户，而且拥有良好的海洋海岸资源，胶州湾、威海卫、烟台等作为华北沿海战略要地，不仅是海上交通、商业贸易的经济重镇，而且更具军事防御价值，故沦为德、英、美、日等列强争夺与测绘的重要地区，这在一定程度上也奠定了山东在近代测绘史上的地位。

【**作者简介**】陈刚，南京大学地理与海洋科学学院副教授，中国古都学会理事，中国地名学会城市地名专业委员会副会长、南京市行政区划地名协会会长。

朱正元《江浙闽沿海图》再探

何国璠

　　摘　要：受清廷资助，朱正元在19世纪末20世纪初陆续绘成江苏、浙江、福建三省沿海图，曾恭呈御览，遂有"御览江浙闽沿海图"之名。前人对于朱正元本人以及该图集的图幅特征、绘制背景都有考述。在此基础上，本文从以下两个角度对该图进行了进一步探讨：其一，从图源角度看，该图主体译自英版海图，本文在考证其具体图源的基础上分析其译绘特点；其二，从沿海方志入手，分析该图在晚清民国时期的流布情况。

　　关键词：朱正元；《江浙闽沿海图》；方志海图

　　清廷甲午战败后，越来越多的有识之士意识到海域测绘的重要性。例如定远舰副管驾、福建侯官人李鼎新在清光绪二十一年（1895年）三月呈文中有一条："中国沿海各口岸，须要测量船随时测量，注明港道，使人人周知。有事时便可驾驶船只，不虞履险也。"[①]又如定远舰枪炮官、广东香山人徐振鹏同年三月亦呈文一条："宜分设水师管轮、枪炮、鱼雷、画图、测量各学堂，聘请泰西名师教授。一俟学有成效之后，应派往泰西学习，以求精益求精。"[②]然而思想上的觉醒并不意味着政策上的落实，尤其是在积贫积弱的晚清，全面、独立自主的海域测绘工作难以在全国展开。在此种情况下，时人将视角转向西方，兴起了译绘英版海图[③]的热潮，其中就包括陈寿彭改译的《新译中国江海险要

---

① 《遵将海军利弊情形，就管见所及，略举数端，送呈电〈宪〉鉴》，见陈旭麓等主编：《盛宣怀档案资料选辑之三》，上海人民出版社，1982年，第410—411页。

② 《谨将海军利弊情形，缮具条陈，送呈钧鉴》，陈旭麓等主编：《盛宣怀档案资料选辑之三》，第412页。

③ 　本文所述的英版海图（英文专名为British Admiralty Charts）指由英国海军部海道测量局（成立于1795年，即今天的UK Hydrographic Office）出版的海图，由该机构出版的海图上印有明确的纹章及注记，可以与其他海图区分。英版海图的简要发展历程可参见Andrew David, *The emergence of the Admiralty Chart in the nineteenth century, in Proceedings of the Symposium of the Commission on the History of Cartography in the 19th and 20th centuries*, Portsmouth University, 2008.

图志》附图，朱正元的《江浙闽沿海图》①。其他受英版海图影响的还有《七省沿海形胜图》以及邹代钧组织编绘的《中外舆地全图》②，较为零星的还包括20世纪初的《浙江沿海要口全图》。此一时期的译绘海图最显著的变化在于这批译者都有了良好的西学基础，如陈寿彭是福州船政局派往英国学习的留学生，朱正元曾在上海广方言馆修课，邹代钧曾出访英、俄，精通测绘。只有在对英版海图比较熟悉的前提下，译绘才能更贴合实际并可纠正误漏。在这一批海图中，时人评价最高的是朱正元的《江浙闽沿海图》。晚清浙江巡抚冯汝骙就曾公开表示，"海图要矣，然中西杂糅之译本则仍不适用也，旧译之《海道图说》附图，新译之陈寿彭《沿海险要图说》大率译自英国斯丹福海图，纯用译音，几于不可究诘，不如日本水路部所出海图，尚有华文。原各水路部之图亦译自英国海图，即欧美各国未尝不以是为准也。以弟所见，惟朱正元《江浙闽三省图说》为最精美，且略有考证。"③

朱正元（1867—1905），字吉臣，号镜湖钓徒，浙江山阴人，擅长舆地测算，是晚清众多的洋务人才之一。对于光绪二十三年至二十八年（1897—1902年）由朱正元陆续绘成的《江浙闽沿海图》，学界已有研究④，但稍显不足的是都缺少对江浙闽沿海图底图的细致考证。通过对《江浙闽沿海图》与底图的详细对比，能更直观地了解朱正元的工作性质，也更有助于讨论该图在晚清海图史中的地位，这也是本文所要讨论的内容。

前文中提到的陈寿彭《新译中国江海险要图志》附图覆盖了全部海疆，而朱正元的初衷也是希望绘制覆盖整个沿海的海图，至于为何最后绘成的只有江浙闽三省，朱正元在与总理衙门交涉过程中对其原因也有所交代："窃思筹海莫先于形势。中国海疆之广……中间大小口岸殆以百计，非图无以周知，地势之险易，防守之缓急。沿海图惟广东省业经奉旨测绘，于十五年告成，有图有说，颇为简明，他省尚未举办……蒙以为海军虽不能遽复，海图亦不可不讲，为此窃不自量，拟请照以上所言，先办江浙闽三省，次及奉直东三省，而以长江一带附焉，条例款式与广东海道图说一律，以便分合。图则不必重绘，就洋图增改，即付石印。照此办法，款不必巨，人不必多，而沿海六省图说可计日而成。"⑤江浙两省舆图绘就上呈后，得到了总理衙门的肯定："本衙门查该员朱正元呈送江浙两省沿海图说及海岛表，译绘明晰，考证确实，所论防守形势均尚扼要，自系涉历风涛，得诸体验，于筹海事宜不无裨益。现查沿海省份惟闽洋尚无专图，应令该员接办福建一省，

---

① 《江浙闽沿海图》（或称御览《江浙闽沿海图》）于清光绪二十三年至二十八年（1897—1902年）陆续完成，由朱正元绘制。关于该图的汉译研究参见汪家君：《近代历史海图研究》，测绘出版社，1992年，第83—94页；楼锡淳、朱鉴秋编著：《海图学概论》，测绘出版社，1993年，第100—104页；伍伶飞：《朱正元与〈御览图〉：晚清地图史的视角》，《中国历史地理论丛》2018年第1期。

② 参见邹代钧编：《中外舆地全图》序言，舆地学会，1903年。类似的表述亦可参见地图公会：《译印西文地图招股章程》，《时务报》1896年第1期。

③ 冯汝骙：《冯抚论海权与渔业之关系》，《申报》1908年8月31日第12781号10/24。

④ 相关研究可参见吴志顺：《江浙闽沿海图校记》；汪家君：《19世纪浙江海区历史海图初考》，《杭州大学学报》（自然科学版）1989年第2期；汪家君：《近代历史海图研究》，测绘出版社，1992年，第83—94页；楼锡淳、朱鉴秋：《海图学概论》，测绘出版社，1993年，第100—104页；伍伶飞：《朱正元与〈御览图〉：晚清地图史的视角》，《中国历史地理论丛》2018年第1期；白斌、夏攀、黄佳仪：《晚清朱正元与〈江浙闽沿海图说〉》，《上海地方志》2021年第4期。

⑤ 《候选同知朱正元禀请测绘江浙闽沿海舆图案——条陈测绘海图事宜由》，光绪二十三年六月十七日（1897年7月16日），台北"中研院"近史所档案馆藏，档号：01-34-005-04-001。此处提到的广东海道图说指代的即为张之洞在广东组织测绘，成书于清光绪十五年（1889年）的《广东海图说》。图说文字部分可见，图尚无可见版本。

限于一年内告成。"①因此朱正元随后又绘成了福建沿海地区的海图。但此后再未有官方档案提及朱正元的后续测绘行动。事实上朱正元在完成福建沿海图的绘制后，不久便进行了山东地区沿海图的测绘，这部分资料见于童世亨的《山东沿海游历记》②。

民国时期吴志顺的《江浙闽沿海图校记》以及汪家君先生的研究文章中，已经详细列举了江浙闽沿海图包括的图幅名称以及范围：其中浙江图 12 幅，江苏图 7 幅，福建图 17 幅，共计 36 幅；因每幅图占据纸面大小不一，存在一纸多幅与两纸一幅的情况，故纸幅数共计 48 张；各图绘制特征均与英版海图相似。因此，这里选定其中一幅分析其图源及改绘特征。

一、《江浙闽沿海图》图源及其译绘特征

《江浙闽沿海图》以千字文为序排号，本文选取其中的洪字图。该图图名为《舟山南面群岛》，图面纵 66 厘米，横 96 厘米。该图四周并未注明经纬度，在右下角绘制了象征比例尺的经线尺和纬线尺。图幅左下角注明：

> 舟山东面洛伽山北角，在京师东五度五十八分，赤道北二十九度五十八分二十一秒。
>
> 定海道头朔望日潮涨于十点一刻五分钟，大潮高一丈三尺，小潮高八尺又四分尺之三；镇海朔望日潮涨于十一点一刻五分钟，大潮高一丈二尺五寸；旗头洋朔望日潮涨于十点二分钟，大潮高一丈三尺，小潮高八尺又四分尺之三；清滋港朔望日潮涨于九点二刻十四分钟，大潮高一丈四尺，小潮高七尺五寸；象山港朔望日潮涨于十点二刻钟，大潮高二丈。
>
> 舟山东面洛伽山灯塔在北角，系透镜红白二色，常明灯光，点距水面十丈八尺，晴时白光能照四十五里，红光能照二十二里。

图上共绘制了五处罗经花，各自标注了所在地的经纬度，分别位于金塘山西侧、旗头洋、普陀山东侧、孝顺洋西北、六横岛东南，磁偏角均标注为"罗经北偏西二度零五分"。基于以上特征，对照同期的英版海图，不难得知其底图为英国海军部海道测量局 1894 年出版的英版海图 1429 号《舟山群岛图·南半部》。③二者的图幅尺寸近似，图面纵 66 厘米，横 100 厘米，除了文字的不同外，二者的罗经花放置位置、图注位置、构图范围等高度一致。两图有一处显著的不同，英版图最上方还绘有一幅对景图，而改绘图中并未出现。图上海域部分密密麻麻标注的数字为水深数值，单位为英寻（1 英寻 =1.8288 米，编者注）。

如朱正元在禀帖中所说："（洋图）尚有宜增改者数端。一、近年新造炮台及所置之炮；二、驻扎勇营；三、营县分辖；四、城市远近；五、内通水道；六、山川形势。凡此六者，虽偶亦叙及而

---

① 《咨候选州同朱正元呈送江浙沿海舆图应令接办福建一省相应知照由》，光绪二十六年二月初五日（1900 年 3 月 5 日），台北"中研院"近史所档案藏，档号：01-34-005-04-006。

② 童世亨：《山东沿海游历记》，《时报》1906 年 2 月 1—5 日连载。后收入童世亨著：《企业回忆录》上册，光华印书馆，1941 年，见《民国丛书》编辑委员会编：《民国丛书》第三编第 74 册，上海书店，1991 年，第 12—24 页。

③ 图上注明数据来自英国海军测量舰船"漫步者"号在 1888 年与 1890 年测量的数据以及"企鹅"号在 1892 年测量的数据。

漏略尚多，此洋图之犹待增补者也。岛屿沙石任意命名，或以其人，或以其船。以人名者，如某岛系某人寻得，即以其人之名名其岛也；以船名者，如某船触某石而沉，即以其船只名名其石也。虽译者间有更正，然多据旧图，未足传信，此洋图之犹待更正者也。”① 对于地图中的地名，朱正元作了大量更正，基本解决了以往译绘图中采自西人音译而不可究诘的问题。他的翻译并不是对于译音的机械转写，而是使用本土固有名称，但是在此过程中也就不得不舍弃许多找不到对应中文名称的注记，例如洋图中的许多微地貌，小山、山峰、水道等均未能译出（见表 1）。但图中新增加了许多聚落名，例如舟山岛上的舵嶴庄、芦蒲庄、洞嶴庄、吴榭庄、大展庄、甬东庄、皋洩庄、白泉庄、北墠庄、盐仓庄、紫微庄、岑碇庄、小沙庄、马嶴庄、干□庄、□河庄等，均详细标注，这是洋图中所没有的。

表 1　英版海图第 1429 号与朱正元《舟山南面群岛》图地名注记（部分）对照表

英版海图第 1429 号	朱正元《舟山南面群岛》
Nimrod Sound	象山港口
Duffield Pass	未译出（同样位置标注双屿港）
Roberts Pass	未译出
Gough Pass	未译出
Fa Tu Channel	未译出
Belby Peaks	未译出
Iffland Channel	未译出
Blackwall Channel	横水洋
Blackwall Island	册子山
Thornton Island	钓山
Beak Head Channel（Tau sau mun）	未译出（同样位置标注石硼港）
Vernon Channel（Hea chi mun）	未译出（同样位置标注鱼米洋）
Sarah Galley Channel	乌沙门
Rambler Channel	清滋洋
Fremantle Channel	未译出
Melville Channel	吉祥门
Bell Channel	蟹屿门

通过对两者的比较分析可以看出，同样一片海域，朱正元海图即便是以英版海图为蓝本，二者展现的侧重点亦有所不同，对水道的标注尤其体现了这一点：

英版海图中标注了非常多的水道，包括 Channel 和 pass（“pass” 一般指代更窄小的水道），二者可以对应朱正元海图中的 “门” “洋” 或 “港”。例如桃花山与朱家尖两岛之间的宽阔水道，英版图中注为 Sarah Galley Channel，朱正元在图中相应地标为乌沙门；在桃花山和虾岐山之间的水道英版标为 Vernon Channel，同时也标注了汉音 Hea chi mun，即虾岐门的直译；在虾岐山与六横岛之间英版图中标注为 Beak Head Channel，朱正元在图中则标注为石硼港。由傅兰雅等人翻译的《海道图说》云：“水道或曰门，自海面通达大洋，无阻碍便于驶行者，谓之水道，船路稍窄者，或谓之

① 《条陈测绘海图事宜由》，光绪二十三年六月十七日（1897 年 7 月 16 日），台北 “中研院” 近史所档案藏，档号：01-34-005-04-001。

门。"① 这就表明在傅兰雅等人看来，英文 Channel（直译水道）首先对应的中文译名便是"门"，而在朱正元看来，Channel 不仅对应了门，还对应了"港"与"洋"。在清代采用传统绘法的海图中，"洋"名多出现在海防图中的内外洋，也常见于海运图中的黑水洋、绿水洋等，代指一片海域。浙江区域性海图中有对旗头洋、孝顺洋等小型海域位置的标注。② 相比之下，英版图中对小型海域的命名极少，以上两处海域名称的标注皆不见于英版海图中，而在普陀山西侧的莲花洋，英版图中同时标注了其直译名称 Linhwa Yang 和意译名称 Sea of Water Lilies。这表明英国人在前期调查的时候注意到了当地的已有名称，并将中文"洋"理解为"Sea"，这与朱正元将部分 Channel 译为"洋"形成了鲜明的对比。

中国传统海图对由周围岛屿圈闭成的小面积海域多有命名，而西方海图更注重标注岛屿之间的水道，而非闭合的海域。这也造成了朱正元在译图过程中无法找到两者一一对应的译名，使得《江浙闽沿海图》与英版海图存在显著不同。

另外，朱正元在译绘《江浙闽沿海图》时，并非机械地完全照搬照抄，而是对英版海图中的内容有过取舍和增绘。进一步研究其中的《浙江沿海分图·定海》③，可以看到图上标注了关于海防的相关信息。例如图上青垒台旁注："有三烟墩，十年办防，因旧址以为瞭台；道光廿一年自青垒台至小竹山滨海一带筑有土城，上置炮位，光绪十年办防，重加修筑；大五奎南角曾筑炮台，嗣恐势孤，遂废。"另外朱正元在青垒台和晓峰岭之间增绘了数个营基，而这是英版图中所没有的。又如在《浙江沿海分图·温州》中注有："黄华关有洋房系教士避暑所，改建炮台最得地势。"④ 这些都说明了朱正元曾尝试将中国清代的海防信息融入英版海图中，但这类信息只能选择在最核心的部分予以展示，许多内容无法在总图中体现，只能选择在比例尺较大的分图中呈现，更多的海防信息也选择在图说中以文本的形式表达。

表 2 《江浙闽沿海图》江苏、浙江两省图源情况一览表

区域	图号	朱正元《江浙闽沿海图》图名	英版海图图名	图号
浙江部分	天字	浙江沿海总图一·自乍浦城至爵溪所	*Kweshan islands to the Yang-tse Kiang*	No.1199
	地字	浙江沿海总图二·自爵溪所至温州口	*Wen-chau bay to Kwe-shan islands*	No.1759
	元字	浙江沿海总图三·自温州口至南北关	*Ragged point to Wen-chau bay*	No.1754
	黄字	浙江沿海分图·镇海口并金塘洋	*Kintang Channel*	No.1770
	宇字	浙江沿海分图·自镇海至宁波	*Yung river, from the mouth to Ning-po*	No.1592
	宙字	浙江沿海分图·舟山北面群岛并江苏群岛	*Chusan Archipelago. North Sheet*	No.1969
	洪字	浙江沿海分图·舟山南面群岛	*Chusan Archipelago. South Sheet*	No.1429
	荒字	浙江沿海分图·定海	*Ting-hae harbour*	No.1395

① 傅兰雅等译：《海道图说》凡例，第 2 页。
② 例如《定海县五奎山洋图》中标绘的"旗头洋"与"孝顺洋"。见于乾隆四十七年（1782 年）正月的《定海县五奎山洋图》，现藏于中国第一历史档案馆，档号：03-0189-2912-030。
③ 朱正元：《浙江沿海分图·定海》，日本国立国会图书馆藏，索书号：YG915-21。
④ 朱正元：《浙江沿海分图·温州》，日本国立国会图书馆藏，索书号：YG915-201。

续表

区域	图号	朱正元《江浙闽沿海图》图名	英版海图图名	图号
浙江部分	日字	浙江沿海分图·象山港	*Nimrod Sound*	No.1583
	月字	浙江沿海分图·石浦并三门湾	*San-Mun bay and Sheipu harbour*	No.1994
	盈字	浙江沿海分图·温州	*Wen-chau port and approaches*	No.1763
	昃字	浙江沿海分图·乍浦	*Chapu Road*	No.1453
江苏部分	辰字	江苏沿海总图一·自长江口至金山卫	*Approaches to the Yang-tse Kiang*	No.1602
	宿字	江苏沿海总图二·自海门至海州[①]	*Hongkong to gulf of Liau tung*	No.1262
	列字	江苏沿海分图·长江口至柘林并东面群岛	*Kweshan islands to the Yang-tse Kiang*	No.1199
	张字	江苏沿海分图·自上海至江宁	*Shanghai to Nanking*	No.2809
	寒字	江苏沿海分图·自吴淞至上海	*Wusung river or Hwang Pu. Wusung river entrance*	No.1601
	暑字	江苏沿海分图·上海	*Shanghai harbour*	No.389

二、《江浙闽沿海图》与方志海图

到了民国初年，海图的绘制已经很难看出中国传统舆图的痕迹，经受了自洋务运动以来持续半个多世纪的西学输入，此时的海图已初具现代海图的样式。在中华民国海军部海道测量局 1922 年正式设立之前，正是这批海图在发挥不可或缺的作用。后来海道测量局开始公开发售官绘海图，这类过渡态的汉译海图渐渐淡出人们的视野，但也有一些海图却通过编入方志的形式被后人得见。

乾隆《象山县志》卷首绘有一张《海防图》，道光《象山县志》卷首绘有《海防营汛图》以及《海洋礁屿图》，三者均采取传统方志图中的形象画法。在 1926 年民国《象山县志》卷首中则出现了全新的《象山县海防图》以及《象山港图》（图 1 ），其中《象山县海防图》是在该书中的《象山县总图》基础上改绘而成，沿用了计里画方法，而《象山港图》的图面特征显得尤为突出，不仅标注了磁偏角，还详细绘制了水深数值，俨然是从一幅经过科学测绘较为精准的航海图改绘而来。

民国《象山县志》卷一《象山全县总图说》中记载全境路程道里，最后说道："以上据《浙江水陆道里记》卷七《象山陆路道里数》，其所记水路道里则象山各经流未能通行航路，别详《水道图说》，而沿海各渡口，别详《海防图说》。"[②] 而在凡例第五条中说："象山港既有军港之议，海军部亦绘有专图，但军用地图不宜泄露，且港内外诸不关军事处亦未详。今绘地图以西人金楷理《海道图说》系之，其译名与中国之名多异，各加考释，并及石浦港说。"[③] 从字面意思看，《象山县志》中的《象山港图》似乎是仿自金楷理的《海道图说》。但正如前文所提，朱正元所绘沿海图中有一幅《象山港图》（图 2 ），经对比，二者高度关联。

---

① 该图内容较为稀疏，未发现与之准确对应的英版海图，疑似选自该图。
② 民国《象山县志》卷 1《图说上》，第 5 页 a、b。
③ 民国《象山县志》卷首《凡例》。

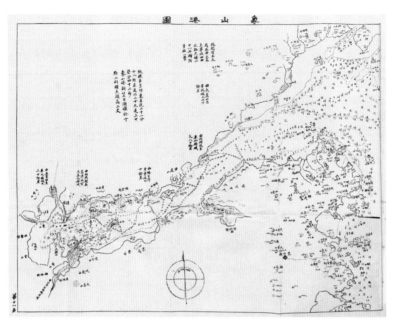

图 1　民国《象山县志·象山港图》

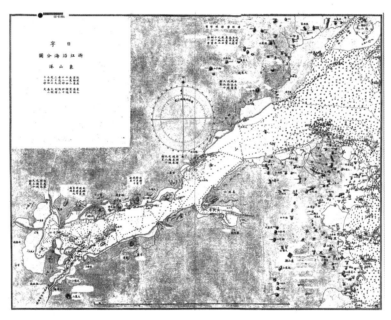

图 2　朱正元《江浙闽沿海图·象山港图》

例如两幅图上在狮子山上方均注有："此间有玉泉岭，为由大嵩至宁波必由之路，光绪二十一年办防曾驻一营，"图幅左上方均注明："饭礁在京师东五度二十一分十八秒，赤道北二十九度三十七分四十二秒。"与英版图上"Cone Rock. Lat：29°37′42″N.，Long：121°50′6″E."的图注文字相比，纬度数值是一致的，不同的是经度数值采取了以穿过北京的经线为零度经线后的数据。朱正元《象山港图》底图为英版海图 1583 号。又通过《象山港图》上注明的"罗经北偏西二度"，可知其英版图底本为清光绪二十一年（1895 年）版，而《海道图说》成书于同治十三年（1874 年），可知民国《象山县志》采用的底本为朱正元所绘。

值得一提的是，中国科学院图书馆也藏有一幅彩绘本《象山港图》①，按图注中记载，该图绘成于清光绪二十九年（1903 年），每方五里，为一幅采取了计里画方的实测地图。水银指出该图当是

---

① 曹婉如等编：《中国古代地图集（清代）》，文物出版社，1997 年，图版第 115 幅。

据光绪二十年（1894 年）完成的《浙江全省舆图并水陆道里记》中的相关图幅编绘而成。① 在这幅《象山港图》中出现了水深注记，并绘制有等深线。

又如民国《江苏省地志》中说："里下河沿岸诸沙，我国地图所载，大抵据《海国图志》《江海险要图志》，皆转译自英国海图，本书所载，据《江苏全省舆图》，为固有地名。"此处说的"《海国图志》转译自英国海图"是可商榷的，但《江海险要图志》的确是转译自英国海图，在志书中为了给中文固有地名正名，采取了双重注记，例如对佘山的注记："舟山列岛之北部，大部分属崇明县。最北之岛为茶山，一作佘山，英国海图作沙尾山。"在该书地形图部分大量的岛礁名称都同时注出了英文名称②，亦表明当时英版海图影响之广，不得不予以重视，须要同时注明，以免讹误。由此可见，方志海图在迈向近代化的过程中也客观受到了英版海图的影响。

【作者简介】何国璠，复旦大学历史地理研究中心博士后，主要从事地图史研究。

---

① 水银：《仁山智水：东钱湖地图史话》，宁波出版社，2019 年，第 109—110 页。

② （民国）李长传编：《江苏省地志》第一章地形，1936 年铅印本，第 40—42 页。此外，光绪重修《天津府志》中虽然没有绘制海图，但水道部分也抄录了《海道图说》的内容，参见光绪重修《天津府志》卷 20《舆地二》山水，光绪二十五年（1899 年）刻本，第 5 页。又如民国《崇明县志》卷 2《地理、山川》，1924 年修，1930 年刊本，书中说到"按朱正元江浙沿海图说称佘山附近潮性甚奇"，亦体现对朱正元著述的征引。

郑若曾的海防图籍与筹海策略

朱炳贵　汪一苇

摘　要： 明嘉靖中后期，在我国沿海地区的抗倭御寇斗争中，出现了多种由一批有识之士编纂的海防图籍，其中以郑若曾的著述影响最大。郑若曾的海防图籍介绍了嘉靖倭患发生始末、倭寇侵扰情况及明廷在抗倭御寇方面的主张，总结了明代海疆防御和海防建设的经验，不但集众家之说，也体现了其个人军事思想。其中的《沿海山沙图》是迄今所见最早的一部海防军事图和沿海地形图，也是部署海防和谋划御敌的重要参考资料，对当时与后来海防图的编撰产生了较大影响。

关键词： 郑若曾；海防图籍；嘉靖；倭患；《筹海图编》

明嘉靖中后期，我国沿海倭患猖獗，许多乡镇城邑频遭倭寇劫掠，军民与之进行了顽强斗争。有识之士莫不以筹海戍边、防倭抗倭为要务，海疆史地、沿海岛屿，皆在其考究之列。一些学者在抗倭斗争中广泛搜集资料、深入实地考察，编纂了许多海防图籍。这些图籍中，著名学者郑若曾编绘的海防图"在明代的海防图籍中居首要地位，它的影响也最大"[1]，在当时的抗倭御寇斗争中发挥了积极作用和成效。

郑若曾的著作主要有《筹海图编》《江南经略》《万里海防图论》《江防图考》《海运图说》《琉球图说》《日本图纂》《朝鲜图说》《安南图说》等，另有作品合集《郑开阳杂著》。目前学界对郑若曾及其著述已有多方面的探讨[2]，涉及当时的抗倭形势、郑若曾的御倭抗倭主张、郑若曾著述在明代海

---

[1] 曹婉如：《郑若曾的万里海防图及其影响》，《中国古代地图集（明代）》，文物出版社，1995年。

[2] 相关研究可参见赵佳霖：《从〈筹海图编〉看明朝抗倭斗争困难重重的原因》，《学理论》2013年第11期；宋泽宇、陈艳秋：《论明后期以郑若曾为代表的海权思想》，《大连海事大学学报》（社会科学版）2012年第5期；李恭忠、李霞：《倭寇记忆与中国海权观念的演进——从〈筹海图编〉到〈洋防辑要〉的考察》，《江海学刊》2002年第3期；郭渊：《〈筹海图编〉与明代海防》，《古代文明》2012年第3期；童杰：《郑若曾〈筹海图编〉的史学价值》，《史学史研究》2012年第2期等。

防政策方面的意义和文献价值等方面。关于郑若曾海防图籍的研究，学界研究成果较为少见①，对这方面的关注仍然有待深入。

郑若曾的海防图籍对现今地图的研究和编纂、当前海防战略规划、海防思想建设等，都有一定的参考借鉴价值。本文就其编纂背景、编制特色、图籍的流传与影响等进行论述，并在此基础上对郑若曾提出的抗倭方略、海防策略等予以分析和讨论。

一、明嘉靖中后期的倭患及海防形势

明朝自开国后就面临倭患问题，为此朱元璋采取了一系列应对措施，如实行海禁、加强海防建设等。至洪武末年，已经基本建立起了一套海疆防御体系。明永乐十七年（1419 年），明军在辽东爆发的望海埚之战中，一举歼灭登陆之敌，迫使倭寇入侵行为有所收敛，此后一段时期，海防形势廓然清明。进入嘉靖中期后，沿海倭患再起，且愈演愈烈。明嘉靖三十一年（1552 年），万余倭寇在浙江舟山、象山等地登陆，对台州、温州、宁波、绍兴等地进行了疯狂劫掠。

倭患的产生有多方面原因，如日本动乱、明朝断绝官方朝贡关系、海防体系废弛、海盗与倭寇相互勾结等，其中日本动乱是倭寇滋生的主要原因。15 世纪中叶日本进入军阀混战时期，在战争中落败的一些封建主及武士、浪人贪图经商厚利，纠合在一起到中国东南沿海一带进行走私活动，后甚至发展到公开武装抢劫的地步。

嘉靖之前东亚海洋中的国际贸易非常活跃，日本工商业随之逐渐繁荣，日本借朝贡之名派使者与明朝开展官方认可并推动的经济文化交流。明嘉靖二年（1523 年）受到"争贡之役"的影响，中日官方的朝贡关系断绝。但在巨大的经济利益诱使下，民间走私贸易越来越猖獗，倭寇与海盗、奸商勾结在一起形成了庞大的走私团伙，由此进入倭寇为害最烈时期。

随着明廷政治日益腐败，洪武年间建成的海防体系至嘉靖时已形同虚设。海防空虚给了倭寇可乘之机。《明史》描述当时的海防情形道："明初，沿海要地建卫所、设战船，董以都司、巡视、副使等官，控制周密。迨承平久，船敝伍虚。及遇警，乃募渔船以资哨守。兵非素练，船非专业，见寇舶至，辄望风逃匿，而上又无统率御之。以故贼帆所指，无不残破。"②嘉靖三十四年（1555 年）八月，有一支倭寇队伍于 80 余天内在我东南沿海一带横行数千里，如入无人之境："自绍兴高埠窜走，不过六七十人，流劫杭、严、徽、宁、太平至犯留都，经行数千里，杀戮及战伤无虑四五千人。凡杀一御史、一县丞、二指挥、二把总，入二县，历八十余日始灭。"③

其时的海盗也是倭患中的一股强大势力。明代严厉的海禁政策一定程度上影响了沿海百姓的生计，大量的海上走私贸易活动由此产生。在官方的围剿下，一些走私者变身为海盗，他们拥有简单的武器，与倭寇纠合在一起不断骚扰劫掠沿海地区。留心经世之务的大臣唐枢谈到倭患的根源，曾对身负平倭重任的胡宗宪论及此点："嘉靖六七年后，守臣奉公严禁，商道不通，商人失其

---

① 主要有曹婉如《郑若曾的万里海防图及其影响》；陈国威：《明代郑若曾〈万里海防图〉中"两家滩"考析——兼论雷州半岛南海海域十七、十八世纪域外往史》，《海交史研究》2019 年第 1 期；孙靖国：《郑若曾系列地图中岛屿的表现方法》，《苏州大学学报》（哲学社会科学版），2019 年第 4 期。

② （清）张廷玉等：《明史》卷 322，中华书局，1974 年。

③ 中国历史研究社编：《倭变事略》，上海书店，1982 年。

生理，于是转而为寇。嘉靖二十年后，海禁愈严，贼伙愈盛。许栋、李光头辈然后声势蔓延，祸与岁积。"①

倭寇烧杀劫掠，给沿海百姓带来巨大灾难，严重破坏了社会生产力发展。为平息倭患，明朝被迫一边调集军队对倭寇、海盗加以清剿，一边加强海防建设，重新构筑海防体系。

二、《筹海图编》的编纂

郑若曾（1503—1570），字伯鲁，号开阳，苏州府昆山县人。郑若曾出身书香门第，在渊源家学的濡染下，他自幼就怀有经世之志，及年岁稍长，师从魏校、湛若水和王守仁等儒学大家，并常与唐顺之、归有光、罗钦顺、王畿、茅坤、王艮等名士相互研讨。青年时他曾入京城国子监读书，在两次参加会试失利后，不再汲汲于功名，选择回乡钻研学问。郑若曾生活于倭患猖獗的年代，目睹我国沿海地区遭受倭寇和海盗的蹂躏，生灵涂炭，尤其是自己的家乡昆山也横被其祸，他履艰思愤，"有志匡时而阨于命，亲在围城，窃观当世举措，有慨于中，念欲记载论著，贻之方来"②，于是开始专注于东南海防及日本国情的研究。

郑若曾的朋友唐顺之也很关注海防，欲购买一些海图，但他所搜集到的海图或失之简略，或失之讹错，遂建议郑若曾"宜有所述，毋复令后人之恨今也"③。于是郑若曾对唐顺之的建议深以为然。他认识到"不按图籍，不可以知厄塞；不审形势，不可以施方略"④，于是开始广泛收集海防资料，并结合实地考察，于明嘉靖三十四年（1555年）完成了一部《沿海图》，共包含 12 幅地图。苏州府刊印了《沿海图》后，将其递送到担任浙江军务总督的胡宗宪处。胡宗宪对郑若曾的地图十分欣赏，可他发现，郑若曾对海边地形描绘得尚算准确，但对海中岛屿等要素的绘制错误较多。彼时他正为剿倭广招人才，便将郑若曾"罗而致之幕下，参谋赞画，俾益增其所未备"⑤。

进入胡宗宪幕中，郑若曾获得了更好的查阅资料和出海考察条件，遂不满足于只对《沿海图》进行修改，他打算再编写一部供沿海地区抗击倭寇的手册。胡宗宪对他的计划十分支持，不但将官方所藏档案、战报等资料提供给他，还召集熟悉海上地形的将领辅助他，提供条件让他深入海洋实地考察。当时，国人对日本地理形势了解甚少，仅有的一点资料也极其简略，几无参考价值。有鉴于此，郑若曾对日本及周边国家的历史地理、民族特性等进行了深入研究，先后编纂完成了《万里海防图》《日本图纂》等图籍，随后又对它们进行了综合、校订，补充了许多朝野人士论述倭患的资料，将原计划编写的抗倭手册扩充成了一部百科全书式的《筹海图编》。《筹海图编》共十三卷，完成于明嘉靖四十年（1561年），次年付梓印行。

在完成《筹海图编》的同时，郑若曾将《万里海防图》考订修编为二卷本的《万里海防图论》一书。《万里海防图论》共有地图 75 幅，包括广东、福建、浙江等省沿海图 72 幅，日本国图 2 幅，日本入寇图 1 幅。书中文字部分详细介绍了沿海地区的军事防御情况，还对日本入寇论、御倭之

---

① （明）唐枢：《复胡梅林论处王直》，（明）陈子龙等：《明经世文编》卷 270，中华书局，1997 年。
② （明）胡松：《筹海图编（序）》，郑若曾：《筹海图编》，中华书局，2007 年。
③ （明）郑若曾：《筹海图编（序）》，郑若曾：《筹海图编》，2007 年。
④ （明）郑若曾：《筹海图编（凡例）》，郑若曾：《筹海图编》，2007 年。
⑤ （明）范惟一：《筹海图编（序）》，郑若曾：《筹海图编》，2007 年。

法、各地船只之利弊、练兵之法、海塘之设、烽堠之要、海运之利、财赋之重等专题作了详细深入的论说。

郑若曾最初完成的《沿海图》原稿今已佚失，但有一缩略改绘本存世，即《郑开阳杂著》中收录的《海防一览图》（图1）；另有一摹绘本，即徐必达题识的《乾坤一统海防全图》，为中国第一历史档案馆所藏。

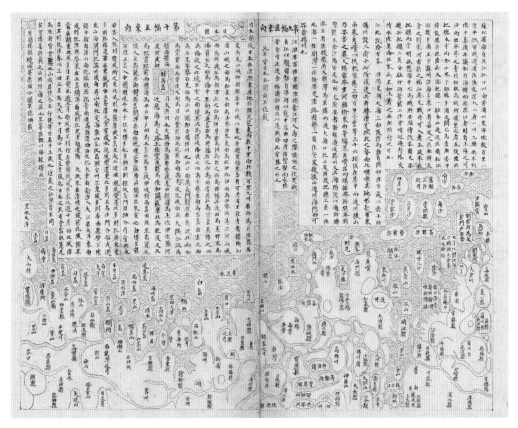

图 1　《郑开阳杂著·海防一览图》（局部）

三、《筹海图编》地图及特色

《筹海图编》卷一为《舆地全图》和《沿海山沙图》；卷二主要介绍日本有关内容，附《倭国图》等；卷三至卷七以较大篇幅介绍、评说了广东、福建、浙江、直隶、山东、辽阳等地沿海地理形势、倭寇侵扰情况、兵防军制设施、抗倭剿寇策略；卷八为《嘉靖以来倭夷入寇总编年表》《寇踪分合始末图谱》，卷九为明初至嘉靖时期历次抗倭大捷考，卷十为抗倭战争中的遇难殉节考，卷八、卷九、卷十这三卷宏观记叙了嘉靖倭患发生始末及我国军民的抗倭事迹；卷十一、卷十二为经营沿海的方略，汇辑点评了文臣、将帅有关御倭的言论，集中体现了郑若曾的军事思想；卷十三以图说形式介绍了当时各种舰船和水战武器装备等。

《筹海图编》图论结合，"图以备形势，编以纪事实。形势具而险易见，事实详而得失明。凡其致寇之由，入寇之路，御寇之方略，平寇之功绩，死寇之忠节，无不具载。万世之下，按图考编，则东南今日之事如指诸掌"①。书中共有地图114幅，包括《舆地全图》1幅，《沿海山沙图》72幅，

① （明）胡宗宪：《筹海图编（序）》，郑若曾：《筹海图编》，2007年。

从广东至辽阳《沿海郡县图》39 幅，以及《倭国图》1 幅，《入寇图》1 幅。书中文字部分有 30 余万字，主要介绍了当时倭寇的情况及明政府在抗倭剿寇方面的主张，论述了择将才、集众谋、收图籍、御海洋等数十个专题的御倭策略。

全书中《沿海山沙图》占据了较大篇幅，包括广东图 11 幅、福建图 9 幅、浙江图 21 幅、直隶图 8 幅、山东图 18 幅及辽阳图 5 幅，标示了我国从广西钦州南龙门港西南海域至辽东鸭绿江地区的沿线卫、所、巡检司、堡、寨、营、烽堠等海防设施，以及沿海山川、海湾、港口、岛屿、礁石等地形。《沿海山沙图》是我们迄今所能见到的最早的详备完整的海防军事图和沿海地形图，其对钓鱼岛等岛屿的描绘也值得关注。在涉及闽海海域的"福建七""福建八"图幅中，钓鱼岛、黄尾屿、赤尾屿等岛屿都位于我国防倭抗倭的海防范围内，这是我国古代就对钓鱼岛等岛屿实施有效控制和管理的有力证据之一。除此之外，《筹海图编》中的多种海防图内容详尽系统，"自岭南迄辽左，计里辨方，八千五百余里，沿海山沙险阨延袤之形，盗踪分合入寇径路，以及哨守应援，水陆攻战之具，无微不核，无细不综"[1]，是部署海防和谋划御敌的重要文献资料。胡宗宪对该书甚为赞许："余展卷三复，而叹郑子之用心良苦矣。"[2]

图 2 《筹海图编·沿海山沙图》（局部）

《筹海图编》地图采用计里画方法。在方位的设置上按"远景为上，近景为下，外境为上，内境为下"的原则，把大海置于图的上方，陆地置于图的下方，各图的方位随海岸线的蜿蜒曲折而变化。如此灵活安排方位，有利于陆地驻防军队观察地形。

《筹海图编》选题广泛，内容详尽。郑若曾博采众长，参考了许多历史图籍、军事论著，并重视采用最新资料，如王畿的《天下舆地图》、周伦的《浙东海边图》、罗洪先的《广舆图》、钱邦彦的

① （明）胡宗宪：《筹海图编（序）》，郑若曾：《筹海图编》，2007 年。
② （明）胡宗宪：《筹海图编（序）》，郑若曾：《筹海图编》，2007 年。

《沿海七边图》等地图以及《海防录》《海道录》等书籍，还有大量沿海州、府的方志以及一些有关倭寇情况的"通报""飞报""公移""奏稿"等。

郑若曾还注重实际调查，曾亲自出海考察海岛地形。清朝人认为郑若曾的学问皆得之于阅历："江防海防形势，皆所目击；日本诸考，皆咨访考究，得其实据，非剿掇史传以成书，与书生纸上之谈固有殊焉。"[①]

郑若曾对海防形势和靖倭方略也用力甚勤，提出了一系列筹海固疆、御倭抗倭的主张。在《筹海图编》中，他论述了御海洋、固海岸、严城守的多层次战略防御体系。关于"御海洋"战略的主张，当时主要有两种观点，一派主张"御外洋"，即在离大陆较远的海岛布置舰船主力，拒敌于国门之外；一派则主张"御近洋"，即将水军主力布置在近海岛屿，使其能相互声援，御寇于大海之中。郑若曾综合了这两派意见的优长，提出了"哨远洋、御近洋"的主张，即"哨贼于远洋而不常厥居，击贼于近洋而勿使近岸"[②]。就当时的形势和条件而言，这种海防战略思想既积极主动，又切实可行。曾参与抗倭的名将归有光亦主张抗击入侵之敌于内海之外，他在《御倭议》中说："不御之于外海，而御之于内海；不御之于海，而御之于海口；不御之于海口，而御之于陆；不御之于陆，则婴城而已。此其所出愈下也。宜责成将领，严立条格，败贼于海者为上功。"[③]

郑若曾还以宽广的视野，把广东、福建、浙江、直隶、山东等沿海省份一起列入明朝的海防前线，提出了"万里海防"的概念，并建议各省沿海防区互相支持，互相配合。他认为，沿海五省大海相连，唇齿相依，若分界以守，则孤立受敌，势弱而危；若互为声援，协同防卫，那么万里海防将固若金汤。后来他在《江南经略》中论述江南地区的抗倭对策时，也强调了这种全局观念。他认为江南地区须与其他地区相互配合，做到陆防、湖防、江防、海防相互联防，构成一张使倭寇无所遁形的完整防御网络。郑若曾提出的一系列海防思想、海权意识、军队建设主张，对今天的海防事业仍具有历史借鉴意义。

同时也应看到，明代的海防思想主要受陆防思想的影响，是陆防思想的延伸，具有一定的局限性。倭寇的出海受季风影响，入侵一般有固定路线，当时完全可以采取较为精准的防御策略；而且我国海岸线漫长，"万里海防"既耗费巨大，也分散了有限的军事力量。而且解决倭患的关键并不完全取决于海防，当时国际贸易已是不可阻挡的潮流，官方适时转换海禁政策，不失为解决倭患的重要策略之一。明隆庆元年（1567年）明穆宗采取灵活政策，开放海禁，有限制地准许开展海上贸易，从此，倭患问题逐渐消失。郑若曾的《筹海图编》虽以建设和加强海防为基本着眼点，但他已注意到了其时的海上贸易与倭患滋生相关联的问题，并对其进行了调查研究。关于此点，后人的海防研究似乎关注不多。

四、江防图、湖防图的编制

明嘉靖年间，倭寇不仅劫掠我国沿海地区，还沿长江进犯南京、淮扬等地，由此造成的江防问

① （清）纪昀总纂：《四库全书总目提要》卷69，河北人民出版社，2000年。
② （明）郑若曾：《筹海图编》，2007年。
③ （明）归有光：《御倭议》，《震川先生集》卷3，上海古籍出版社，1981年。

题成为当时继海防之患后又一"大忧"与"重务"。郑若曾对江防问题的重要性也有所认识，他曾言："长江下游乃海舶入寇之门户也。溯江深入，则留都、孝陵为之震动，所系岂小小哉？故备御江之下流，乃所以保留都、护陵寝至要至切之务也……留都安，则海滨盐盗之徒不敢啸聚，而海防之政益于修举矣。"[①] 太湖位于江、浙之间，与长江连通，倭寇极易从水路进犯，"三郡封疆安危系焉"[②]。然而，这一地区却常常为人所忽视，且"遍阅史志及访耆艾，太湖图古所未有"[③]，于是，郑若曾在完成《筹海图编》后，又于三江五湖间详细考察江南的江防、湖防情况，重点记录所至各处的道里通塞、形势险阻、斥堠要津等，用两年时间完成了一部十余万字的著作《江南经略》。该书记录"港渎通塞之迹，古今同异之名，何者为水利之所关，何者为兵防之所要"[④]，论述江南之山川险要、战守事宜，并绘有《江防图》46 幅和《湖防图》29 幅。《江防图》《湖防图》可视为郑若曾海防图籍编纂思想的延伸。

《江防图》以倭寇进犯可能到达的长江下游沿岸地区为制图范围，从江西瑞昌县沿江始，至长江口的金山卫止，其中对南京以东长江段的描绘尤为详细。图上重点反映江防设施、巡江哨所驻地、各营防区范围等军事要素，还以写景画法绘出长江岸边具有导航意义的地物。图中除地名等注记外，还附有较多介绍性文字，对各防区的起止点、巡逻水军的兵员配置等江防情况作了进一步说明。

《湖防图》共有两种。一种是八开本的《太湖全图》1 幅，主要描绘太湖全貌；一种是十六开本的《太湖沿边设备之图》28 幅，图中除表示府、县、山、岛、湖岸外，也反映了太湖及其周边的防备情况，所绘港、渎、溪、浦、泾、口等 250 余处。

五、结语

《筹海图编》的问世体现了我国传统边疆地理关注焦点的转向。明代以前，由于我国所受到的威胁主要来自北方，人们的关注焦点是北方地区，海防很少受到统治者和知识分子的重视，相关的海防文献极其稀见。《筹海图编》问世后，东南沿海地区成为人们关注的对象，大量海防图籍开始出现，为海疆地理学开辟了一个新的领域。统治者也开始直面东南海疆危机，将陆边海岛和广袤的海洋地区作为军队战略布防的一个重要环节，水师由近海防御逐渐向外延伸，海岛海防的战略地位日渐提高，人们的海权意识逐步增强。

《筹海图编》作为明代边疆史地研究的最高成就之一，展现了沿海地理空间的军事价值，被海防研究者奉为圭臬，其中的地图也成为后世沿海舆图绘制的范式。它编纂完成后，多次被重新刻印，流传甚广，对海防著作的编纂产生了深远影响。随后同类作品大量涌现，它们大多抄引、参考了《筹海图编》相关内容，如王在晋的《海防纂要》、蔡逢时的《温处海防图略》、谢廷杰的《两浙海防类考》等。明军事理论家茅元仪所编著名兵书《武备志》中关于海防的论述，也较多取材于《筹海图编》。现存明万历十九年（1591 年）大中丞宋公辑刻的《全海图注》，则直接以郑若曾《沿海山沙图》为蓝本。

---

① （明）郑若曾著，傅正、宋泽宇、李朝云点校：《江南经略》，黄山书社，2017 年。
② （明）郑若曾著，傅正、宋泽宇、李朝云点校：《江南经略》，2017 年。
③ （明）郑若曾著，傅正、宋泽宇、李朝云点校：《江南经略》，2017 年。
④ （明）郑若曾著，傅正、宋泽宇、李朝云点校：《江南经略》，2017 年。

郑若曾的好友、著名文学家归有光曾经感慨地说:"以伯鲁之才,使之用于世,可以致显仕而不难。"①但郑若曾一生不慕权势富贵,潜心钻研经世之学,在抗倭御寇斗争中实现了自己的报国之志。他撰著的海防图籍不但在筹划海防等方面发挥了积极作用,还对我国古代地图学的发展作出了一定的贡献。

【**作者简介**】朱炳贵,舆地文化研究者,著有《老地图·南京旧影》《南京往事》等;汪一苇,英国伦敦大学学院硕士。

① (明)归有光:《郑母唐夫人寿序》,《震川先生集》卷14,上海古籍出版社,1981年。

清代新疆方志地图与环境变迁研究 *

张莉　任俊巍　刘传飞

摘　要： 古旧地图是环境变迁研究中的一类重要参考资料。清代新疆方志地图记载有丰富的自然地理、人文地理和社会经济信息，对清代新疆环境变迁研究具有重要价值。乾隆以后的不同时期均有代表性的新疆方志地图出现，基本可提供三个时间断面（1782 年、1821 年、1909 年）上的环境信息，能够以"连续剖面"的方式基本反映 18 世纪中期至 20 世纪初新疆的环境变迁。其中，许多地图水系、聚落地名等要素的表达较为丰富且准确，地图信息和志文内容结合较好。以清代新疆方志地图为基础，运用历史地理逆向推演、野外考察和口述访谈、GIS 分析等方法，结合地名考证、水利史、农业开发史等方面的研究，研究者可较高精度地模拟清代新疆河湖水系等自然环境要素的变迁过程，从而深刻认识清代新疆环境变迁的特点及其影响因素。

关键词： 清代新疆；方志地图；环境变迁；河湖水系变迁

古旧地图是环境变迁研究中的一类重要参考资料。相较于文字资料，古旧地图能够更加直观、形象、全面地呈现出当时的区域环境面貌，可以表达出文字难以清晰表达的某些内容与现象，也可校正或补充历史文献的不足。因此，张修桂先生指出，"应用古地图和当代地图作比较，是研究地貌历史演变过程最有效、最简捷的方法"，通过对比古今地图"即可以发现某些地貌变迁现象"。[1]

方志地图是指地方志中所附的各种地图，也可称作"方志舆图"或"志书地图"，是古旧地图的重要组成部分。留存至今的方志地图，绘制年代主要为明、清及民国时期，地图表现的区域以内地

* 本文为国家社科基金青年项目"清代新疆地图绘制与边疆治理研究"（项目号：19CZS059）阶段性成果；科技部第三次新疆综合科学考察项目"塔里木河流域关键区生态适宜性调查"（项目号：2022xjkk0300）阶段性成果。

① 张修桂：《中国历史地貌与古地图研究》，社会科学文献出版社，2006 年，第 12 页。

为多，边疆地区较少。对新疆地区而言，清代以前的方志地图几乎未曾流传于世，清乾隆二十四年（1759 年）清朝统一新疆以后，官方修志和私人撰志渐次开展，方志地图始渐丰富。清代新疆方志地图记载有丰富的自然环境信息，能够形象地表达出新疆各地的山川形势。总体而言，尽管新疆方志地图的数量和种类都远不及内地省份，但是可以宏观而形象地展现区域生态环境与经济社会变迁情况，是开展清代新疆环境变迁研究的珍贵参考资料。

在新疆环境变迁研究中，最早利用古旧地图开展的研究是有关历史时期罗布泊的变迁。俄国人尼科莱·米哈伊洛维奇·普尔热瓦尔斯基（Николай МихайловичПржевальский，1839—1888）于清光绪三年（1877 年）2—3 月到达今台特玛湖及喀拉库顺附近地区，通过对比《大清一统舆图》中关于罗布淖尔（罗布泊当时的称谓）的记载与实地勘察，他认为这幅图中标注的罗布淖尔位置是错误的，真正的罗布淖尔在《大清一统舆图》中标注的位置以南一纬度的喀拉库顺。[①] 随后德国学者费迪南德·冯·李希霍芬（Ferdinand von Richthofen，1833—1905）撰文反驳普氏之论。[②] 随着越来越多的学者参与讨论，罗布泊变迁研究成为 19 世纪末 20 世纪初国际地理学界的热点。1936 年，我国学者黄文弼也开始利用古旧地图开展罗布泊变迁研究，他利用《乾隆十三排图》和《大清一统舆图》探究清代罗布淖尔的位置。[③] 至 1948 年，黄文弼进一步利用《西域图志》和《西域水道记》附图考证 18 至 19 世纪罗布淖尔的位置，这应当是我国学者将清代新疆方志地图应用于环境变迁研究的开端。[④] 1949 年以后，运用清代新疆方志地图开展的环境变迁研究主要集中于塔里木河水系及罗布泊的变迁。[⑤] 在此之外，亦有学者利用《新疆全省舆地图》测算玛纳斯湖的周长与面积，推动了定量化复原湖泊变迁的研究。[⑥] 21 世纪以后，樊自立、王守春、张莉等学者利用清代新疆方志地图探究了塔里木河水系和罗布泊以及玛纳斯河湖、呼图壁河、三屯河、头屯河等天山北麓诸河湖的变迁，推进了对新疆环境变迁特征与规律的认识。[⑦]

总体而言，目前学者们在研究新疆环境变迁中主要使用的方志地图是《西域图志》《西域水道

① C. N. Prejevalsky, E. D. Morgan, T. D. Forsyth, *From Kulja, across the Tian Shan to Lob—Nor*, Sampson Low, Marston, Searle & Rivington, 1879.

② Ferdinand von Richthofen, *Remarks on the results of Col.Prejevalsky's journey to Lob—nor and Altyn—tagh*, C. N. Prejevalsky, E. D. Morgan, T. D. Forsyth, *From Kulja, across the Tian Shan to Lob—Nor*, Sampson Low, Marston, Searle & Rivington，1879. pp.135—159.

③ 黄文弼：《罗布淖尔水道之变迁》，《禹贡半月刊》1936 年第 5 卷第 2 期，第 1—4 页。

④ 黄文弼：《罗布淖尔考古记》，国立北京大学出版社，1948 年，第 1—21 页。

⑤ 《新疆水文地理》（中国科学院新疆综合考察队等编，科学出版社，1966 年，第 1 页）和《历史时期罗布泊的变化》（天津师范学院地理系著，载于《新疆历史论文集》，新疆人民出版社，1977 年，第 211—223 页）研究利用了《西域图志》和《西域水道记》。1982 年出版的《中国自然地理·历史自然地理》是中国历史自然地理的第一部集大成之作，其中由黄盛璋等撰写的"塔里木河"篇探究了塔里木河水系诸河湖的变迁，对新疆方志地图的运用也扩展到《新疆全省舆地图》。

⑥ 加帕尔·买合皮尔、阎顺、А. А. 图尔苏诺夫：《玛纳斯湖的消失及其生态环境问题》，加帕尔·买合皮尔、И. В. 谢维尔斯基主编：《人类活动对亚洲中部水资源和环境的影响及天山积雪资源评价》，新疆科技卫生出版社，1997 年，第 71—79 页。

⑦ 樊自立的相关研究参见樊自立、陈亚宁、王亚俊：《新疆塔里木河及其河道变迁研究》，《干旱区研究》2006 年第 1 期；樊自立、艾里西尔·库尔班、徐海量等：《塔里木河的变迁与罗布泊的演化》，《第四纪研究》2009 年第 2 期。王守春的研究参见《中国历史自然地理》之"塔里木河与终端湖的演变"一节（载于邹逸麟、张修桂主编：《中国历史自然地理》，科学出版社，2013 年，第 424—437 页）。张莉的研究参见张莉、李有利：《近 300 年来新疆玛纳斯湖变迁研究》，《中国历史地理论丛》2004 年第 4 辑；张莉、安玲：《近 300 年来新疆头屯河与三屯河的变迁及其影响因素》，《中国历史地理论丛》2015 年第 3 辑；张莉、韩光辉、阎东凯：《近 300 年来新疆三屯河与呼图壁河水系变迁研究》，《北京大学学报》（自然科学版）2004 年第 6 期；张莉、鲁思敏：《近 250 年新疆呼图壁河中下游河道演变及其影响因素分析》，《西域研究》2020 年第 3 期；张莉：《天山北麓土地开发与环境变迁研究（1757—1949）》，中国社会科学出版社，2021 年，第 224—288 页。

记》附图及《新疆全省舆地图》。近年来，清代新疆方志地图受到越来越多的关注，但是基于这些地图进行的环境变迁研究仍有待系统总结。本文通过系统梳理清代新疆方志，尽可能全面地收集清代新疆方志地图，统计分析这些地图的时空分布特征、类型与特点，并以河湖水系变迁研究为例阐释清代新疆方志地图对于新疆环境变迁研究的价值与潜力，总结新疆环境变迁研究经验，以期推进对新疆地图史和环境变迁研究的更多关注。

一、清代新疆方志地图的时空分布特征

一般而言，新疆方志地图应当包括全国总志中的新疆分志、全疆通志、区域方志①、府厅州县志、乡土志等志书中的地图，本文所讨论的清代新疆方志地图即为此范围，且不涉及其中收录的服饰图、人物图、器物图、星宿分野等附图。《中国地方志联合目录》记载现存清代新疆地方志 101 种，但由于统计标准的差异和客观条件的限制，尚有方志未计入其中。② 一是并未统计全国总志中的新疆分志，这类分志包括康熙、乾隆、嘉庆《大清一统志》中的新疆分志，二是遗漏了《西域地理图说》。③ 因此，笔者认为清代新疆方志应该共有 105 种，归并同书异名、同书部分内容被单独刻印成书的情况后，尚有 81 种。

关于清代新疆方志附图等问题已有学者开展研究。闫玉玲统计认为清代新疆附图方志有 9 部，图幅总量为 163 幅④；高健则认为清代有 13 部方志附有地图，共有地图 259 幅。⑤ 两者产生差异的原因在于统计的标准不一致，主要是统计时所用方志的版本有异。此外，另有一些方志存在析出本或抽印本，两位学者对这种情况的处理方式也不相同。即便如此，我们仍认为两位学者遗漏了一些方志地图。

本文在统计清代新疆方志地图时确立了如下原则。

第一，如出现同种方志不同版本所附地图数量不一致的情况，我们统计其中收录地图数量最多的版本。《西域水道记》现存有稿本、道光初刻本、道光挖补本、《小方壶斋舆地丛钞》排印本等，其中稿本、道光初刻本、道光挖补本都收录地图 24 幅，《小方壶斋舆地丛钞》排印本中未见地图，因此笔者将《西域水道记》附图数量计为 24 幅。⑥

第二，对于同书异名的方志，我们考订其内容和附图的异同，若无差异只计为一种，若差别较大则各自计数。如同书异名最多的《西域闻见录》，有学者研究认为该书有不同书名达 22 种，除去析出本、辑录本和仅存书名而书况不详本，实有同书异名者 9 种，且各版本正文内容基本相同，仅书名、序跋或目次不同。⑦ 对比诸异名书之各版本，笔者发现除《新疆纪略》《异域琐谈》未见附图

---

① 清代新疆的行政管理体制有别于其他地区，在客观上形成了东部乌鲁木齐都统、西部伊犁将军直辖区、南疆喀什噶尔大臣辖区三大区域。关于其详细研究，马大正在《新疆地方志与新疆乡土志稿》一文中有详细研究，详细参见《新疆乡土志稿》（新疆人民出版社，2010 年），此不赘述。在本文中 "区域方志" 指地域覆盖范围并非常见的单一府厅州县，而是跨越了多个统县政区的地方志书。

② 中国科学院北京天文台：《中国地方志联合目录》，中华书局，1985 年，第 235—254 页。

③ 具体而言包括康熙《大清一统志》卷 344《外藩舆图》及卷 351《哈密吐鲁番》，乾隆《大清一统志》卷 208《甘肃统部·镇西府》、卷 214《甘肃统部·迪化州》、卷 414—419《西域新疆统部》及卷 420《新疆藩属》，嘉庆《大清一统志》卷 271《甘肃统部·镇西府》、卷 280《甘肃统部·迪化州》及卷 517—531《新疆统部》。

④ 闫玉玲：《清代新疆方志地图研究》，中国人民大学硕士学位论文，2007 年，第 14 页。

⑤ 高健：《新疆方志文献研究》，南京师范大学博士学位论文，2014 年，第 246—247 页。

⑥ 朱玉麒：《徐松与〈西域水道记〉研究》，北京大学出版社，2015 年，第 184—231 页。

⑦ 高健：《〈西域闻见录〉异名及版本考述》，《中国边疆史地研究》2007 年第 1 期；张扬、余敏辉：《〈西域闻见录〉版本、作者及史料价值》，《合肥师范学院学报》2013 年第 1 期。

以外，其余 7 种都有附图，且图面内容并不一致，可分为 5 种（详见表 1），因此将之单独统计。

第三，不单独统计方志的抽印本或析出本，对于与某方志配套的单独出版的图集，若图集地图与配套方志所附地图相同，则不单独统计；若不相同，考虑此类资料的独立性，分别计数，不视为一种。如《新疆图志》有 4 种单独发行的配套图集，其中《新疆全省舆地图》《新疆国界图》《新疆山脉图》与《新疆图志》所附地图差别较大，需单独统计；《新疆道里邮电盐实全图》与《新疆图志》所附地图基本相同，不单独统计。

依照以上原则，笔者在闫玉玲、高健的统计基础上，将《西域闻见录》与《新疆舆图风土考》合并统计，再增补 4 种同书异名本；《西陲要略》原书无图，不统计；增补康熙、乾隆两种《大清一统志》以及《回疆志》所附新疆地图；又将《新疆全省舆地图》《新疆国界图》《新疆山脉图》单独统计；并删去仅为单幅地图的《新疆舆地全图》。① 经过以上处理后合计有 22 部清代新疆方志附有地图，地图总数达 298 幅（见表 1）。

由表 1 可见，清代新疆附有地图的方志成书情况如下：乾隆年间成书 9 部，地图数量达 53 幅；嘉庆年间成书 1 部，地图数量为 19 幅；道光年间成书 5 部，地图数量达 75 幅；咸丰、同治年间仅成书 1 部，附有地图 1 幅；光绪年间成书 2 部，地图数量达 38 幅；宣统年间有《新疆图志》系列成书，地图数量达 112 幅。（见图 1）总的来说，以乾隆时期官修的《西域图志》为核心，清代新疆方志地图开始发展，嘉庆、道光年间成图 94 幅，占方志地图总量的 31.54%，是清代新疆方志地图的快速发展阶段，其后咸丰、同治的 24 年间成书的附图方志中仅有 1 幅图，无疑是新疆方志地图发展的衰落期。光绪以后，随着张起宇测绘新疆、《大清会典图》新疆部分的绘制及《新疆图志》编纂工作的开展，新疆方志地图迅速恢复发展，方志中的地图也进入繁荣发展时期。需要注意的是，咸丰、同治年间新疆方志地图的衰落不仅表现在地图数量上的锐减，也表现在新修新疆方志数量的减少上。

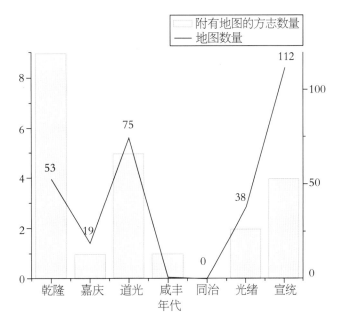

图 1　清代新疆方志地图的数量变化

---

① 高健原文作"新疆坤舆全图"（参见高健：《新疆方志文献研究》，南京师范大学博士学位论文，2014 年，第 246 页），笔者经过分析后认为系作者笔误，原图应指《新疆舆地全图》，该图现藏于国家图书馆。

表 1 清代新疆方志地图统计

序号	方志名称	作者	成书年代	版本	地图内容	幅数	空间范围	绘制方法
1	康熙大清一统志	蒋廷锡等纂修	乾隆八年（1743年）	乾隆十六年（1751年）刊本	卷 344《外藩舆图》之"哈密西蕃土（吐）鲁番图"	1	东起河套，西至帕米尔高原，北至阿尔泰山，南抵昆仑山	写意
2	退思斋琐谈	七十一椿园著	乾隆四十二年（1777年）	哈佛燕京图书馆藏乾隆抄本	新疆道里图 1 幅，分 6 页图。内容与《西域琐谈》所附道里图相同，所用绘图符号等有异	1	全疆及甘肃省嘉峪关以西区域	写意
3	西域琐谈	七十一椿园著	乾隆四十二年（1777年）	清抄本，有当年撰于库车署之自序	有道里图 3 幅，分别为新疆南北两路全图，镇西府迪化州合图，安西州图	3	全疆及甘肃省嘉峪关以西区域	写意
4	西域闻见录	七十一椿园著	乾隆四十二年（1777年）	1801 年日本江户干钟房刊本	新疆总图，分 6 页图	1	东起嘉峪关，西至巴达克山，北至阿尔泰山，南抵昆仑山	写意
5	西域记	七十一椿园著	乾隆四十二年（1777年）	嘉庆甲戌味经堂刻本	新疆图，分 2 页图。注：《新疆外藩纪略》（乾隆四十二年思贻堂刻本）所附的舆图与此相同	1	全疆	写意
6	西域总志	七十一椿园著，周宅仁改纂	乾隆四十二年（1777年）	嘉庆二十三年（1818年）强恕堂刻本	新疆全图	1	东起嘉峪关，西至帕米尔高原，北至阿尔泰山，南抵昆仑山	写意
7	钦定皇舆西域图志	傅恒等修，褚廷璋等纂，英廉等增纂	乾隆四十七年（1782年）	武英殿刻本	总图 2 幅（皇舆全图、西域全图），路分区图 12 幅，山脉图 1 幅，水道图 1 幅，藩属图 5 幅，历代西域图 12 幅	33	全疆（西域全图），天山南北	写意
8	乾隆大清一统志	和珅等纂	乾隆五十年（1785年）	四库全书本	《甘肃统部》：镇西府图、迪化州图、伊犁图、库尔喀喇乌苏路图；《西域新疆统部》：西域游牧哈密图、哈密辟展图、乌鲁木齐图、乌苏库车图、赛喇木图阿克苏图、沙尔库车图、喀什噶尔图、叶尔羌图、和阗图	11	全疆	写意
9	回疆志	永贵、固世衡编撰，苏尔德增纂，达福补订	乾隆二十六年（1761年）至乾隆二十八年永贵、固世衡初纂，苏尔德乾隆二十七年（1762年）增纂；乾隆五十年（1785年）达福补订至五十三年补订	国家图书馆藏乾隆抄本；（地 610/34.3）	新疆全舆图 1 幅	1	全疆	写意

续表

序号	方志名称	作者	成书年代	版本	地图内容	幅数	空间范围	绘制方法
10	西陲总统事略	汪廷楷原辑，松筠续修，祁韵士重编	嘉庆十三年（1808年）	嘉庆十四年（1809年）程振甲本	疆域图19幅，包括新疆南北两路全境总图、北路各城总图、伊犁图、塔尔巴哈台图、库尔喀喇乌苏图、古城图、巴里坤图、南路各城总图、喀什噶尔图、英吉沙尔图、叶尔羌图、和阗图、乌什图、阿克苏图、库车图、喀喇沙尔图、土（吐）鲁番图、哈密图	19	全疆	写意
11	钦定新疆识略	松筠修，汪廷楷原辑，祁韵士增纂，徐松重纂	嘉庆年间撰写，道光元年（1821年）成书	道光元年（1821年）武英殿修书处刻本	新疆总图、北路总图、巴里坤舆图、古城舆图、乌鲁木齐舆图、库尔喀喇乌苏舆图、塔尔巴哈台舆图、南路总图、喀什噶尔舆图、英吉沙尔舆图、叶尔羌舆图、和阗舆图、阿克苏舆图、乌什舆图、库车舆图、喀喇沙尔舆图、吐鲁番舆图、哈密舆图、伊犁总图、伊犁东北境舆图、伊犁南境舆图、伊犁西南境舆图、伊犁西北境舆图	23	全疆	写意
12	西域水道记	徐松	道光元年（1821年）	道光年间挖补朴刻本	罗布淖尔所受水第一图、罗布淖尔所受水第二图、罗布淖尔所受水第三图、罗布淖尔所受水第四图、罗布淖尔所受水第五图、罗布淖尔所受水第六图、罗布淖尔所受水第七图、罗布淖尔所受水第八图、额齐讷淖尔所受水图（叶尔羌河和阗河）、额齐讷淖尔所受水图（海都河）、巴尔库勒淖尔所受水图、额彬格逊淖尔所受水图、喀喇塔拉额西柯淖尔所受水图、巴勒喀什淖尔所受水第一图、巴勒喀什淖尔所受水第二图、巴勒喀什淖尔所受水第三图、特穆尔图淖尔所受水图、阿拉克图古勒淖尔所受水图、噶勒扎尔巴什淖尔所受水图、宰桑淖尔所受水第一图、宰桑淖尔所受水第二图、宰桑淖尔所受水第三图、宰桑淖尔所受水第四图、宰桑淖尔所受水第五图	24	全疆	计里画方、写意

续表

序号	方志名称	作者	成书年代	版本	地图内容	幅数	空间范围	绘制方法
13	嘉庆重修一统志	穆彰阿、潘锡恩等纂	道光二十二年（1842年）	续修四库全书本	镇西府图、迪化州图、西域新疆全图、伊犁图、库尔喀喇乌苏图、塔尔巴哈台图、乌鲁木齐图、古城图、巴里坤图、哈密图、吐鲁番图、喀喇沙尔图、库车图、阿克苏图、乌什图、喀什噶尔图、叶尔羌图、和阗图、左右哈萨克图、东西布鲁特图、霍罕/安集延/玛尔噶朗/那木干/塔什干诸部图、拔达克山/博洛尔/布哈尔诸部图、爱乌罕/痕都斯坦/巴勒提诸部图	23	全疆	写意
14	西域考古录	俞浩修撰	道光二十七年（1847年）	1966年成文出版社影印本（道光二十八年刊印的朱序在前版本）	兰西宁凉甘肃四府一州青海总图、新疆南北总图、西藏古今图，共9页图	3	甘肃、新疆、青海	写意、计里画方
15	哈密志	钟方	道光二十六年（1846年）	1937年铅印本	哈密舆地全图、哈密城池之图、井鬼二宿分野之图（不作统计）	2	哈密	写意
16	新疆孚化志略	保恒、达绥编纂	约咸丰八年（1858年）	1968年成文出版社影印清抄本	乌什图	1	乌什	写意
17	旧刊新疆舆图	佚名	光绪三十二年（1906年）	光绪三十二年（1906年）铅印本	迪化府图、迪化县图、昌吉县图、绥来县图、阜康县图、奇台县图、镇西厅图、哈密厅图、吐鲁番图、伊犁府图、绥定县图、宁远县图、库尔喀喇乌苏图、精河厅图、塔城厅图、阿尔泰山图、科布多南部图、俄属沙漫图、桑图、温宿直隶州图、拜城县图、库车厅图、乌什厅图、疏勒直隶州图、疏附县图、坎巨提图、和阗直隶州图、和阗州图	29	全疆	写意、计里画方
18	新疆乡土志		光绪三十三年至宣统二年（1907—1910年）	首都图书馆所藏进呈本及抄本、湖北图书馆《新疆乡土志稿二十九种》本，日本中国文献研究会《新疆省乡土志三十种》本	吐鲁番厅图、昌吉县图、鄯善县图、焉耆府图、婼羌县图、孚远县图、新平县图、洛浦（县）图、柯坪分县图	9	部分厅县	写意、计里画方

续表

序号	方志名称	作者	成书年代	版本	地图内容	幅数	空间范围	绘制方法
19	新疆全省舆地图	孙逢辰等编绘	宣统元年（1909年）	1924年东方学会甲子重印本	全省总图（4幅）、伊犁将军（辖境）图、阿尔泰山图、镇迪道图、迪化府总图、迪化县图、阜康县图、孚远县图、奇台县图、昌吉县图、绥来县图、呼图壁县丞图、镇西厅图、吐鲁番厅总图、鄯善县图、哈密厅图、库尔喀喇乌苏厅图、伊犁府总图、绥定县图、宁远县图、塔城厅图、精河厅图、阿克苏道总图、温宿府总图、温宿府图、温宿县图、拜城县图、柯坪县丞图、焉耆府总图、新平县图、轮台县图、婼羌县图、库车州总图、沙雅县图、乌什厅图、喀什道总图、疏勒府总图、莎车府总图、疏附县图、伽师县图、叶城州图、巴楚州图、莎车府图、蒲犁厅图、和阗州总图、皮山县图、和阗州图、洛浦县图、于阗县图、英吉沙尔厅图	58	全疆	经纬度、晕滃法
20	新疆图志	王树枏等纂修	宣统三年（1911年）	宣统三年（1911年）通志局本	卷28《实业志》：新疆实业全图 卷32《食货一》：新疆盐产全图 卷79《道路一》：迪化府总图 卷80《道路二》：吐鲁番厅总图、镇西厅图、哈密厅图、库尔喀喇乌苏厅图、精河厅图、伊犁府总图、塔城厅图 卷81《道路三》：焉耆府总图、库车州总图、温宿府总图、乌什厅图 卷82《道路四》：莎车府总图、巴楚州图、吉沙尔厅图、疏勒府总图、和田州总图 卷86《道路八》：邮政全图、电线全图	21	全疆	晕滃法

续表

序号	方志名称	作者	成书年代	版本	地图内容	幅数	空间范围	绘制方法
	新疆国界图	王树枏监制	清末	民国间北平南新华街新松箱图书店发行本	钦差大臣升泰会同俄使巴布阔福、撒裴索富、裴里德勘分科塔边界图，钦差大臣升泰会同俄使巴布阔福勘分哈巴河至阿拉克别克河口边界图、钦差大臣升泰会同俄使撒裴索富勘分阿拉克别克河口至赛里山口迈哈普奇盖边界图、钦差大臣升泰会同俄使裴里德勘分塔尔巴哈台边界图、钦差大臣升沙长顺会同俄使裴里德勘分伊犁边界图、钦差大臣升沙升克都林扎布会同俄使德斯克依勘分阿克苏属边界图、钦差大臣升沙升克都林扎布会同俄使德斯克依勘分喀什噶尔属边界图、南疆分界总图一、南疆分界总图二、南疆分界总图三、出使俄国大臣许景澄译绘新疆南各回部图、海英校勘总图、海英查勘西南边界及帕米尔全境形势道里图、海英查勘中英两界图附录说图、线说图、海英查勘苏满碑卡图、英俄私分帕米尔图、英俄私分帕东南边界图、李源钧查勘莎车叶城各属东南边界图、戴富臣查勘明铁盖推古鲁满苏边界班游帕米尔图	20	全疆	晕渲法
22	新疆山脉图	新疆官书局编绘	清末	宣统三年（1911年）迪化新疆官书局彩印本	新疆山脉总图、天山第一图、天山第二图、天山第三图、天山第四图、天山第五图、天山第六图、天山第七图、天山第八图、南山第一图、南山第二图、南山第三图、北山第二图	13	全疆	晕渲法

说明：中国人民大学图书馆藏《新疆道里邮电盐实全图》不计入统计，此书有 20 幅图，与清宣统三年（1911 年）通志局刊本《新疆图志》所附 21 幅舆图在内容上高度一致，唯缺少《焉耆府总图》一幅。①

① 参见刘传飞：《清代新疆舆图研究》，中国人民大学博士学位论文，2017 年，第 158—161 页。

从空间范围来看，清代新疆方志所附地图除表现新疆地区以外，也会表现甘肃、青海、西藏、内蒙古西部等地，甚至附有全国总图，但90%以上的地图仍以新疆地区为主。从表1可以看出，清代新疆方志地图中，区域图数量最多，达185幅，占比62.08%；其次为县域图，有75幅，占比25.17%；再次为省域图，有37幅，其中35幅为新疆总图；全国总图最少，仅有1幅（即《西域图志》所附皇舆全图）。

总的来说，清代新疆方志地图在时空分布上呈现出空间尺度不断缩小、图幅内容不断细化的趋势。乾隆年间的方志地图以区域（56.60%）和全疆（41.51%）地图为主，至嘉庆、道光年间，区域图数量达同期总量的92.55%，已占绝对优势，光绪以后县域图大量涌现，所占比重跃升至48.67%，区域图比重则降至45.33%，二者构成光绪、宣统时期新疆方志地图的主体。

二、清代新疆方志地图的类型与特点

相较于同时期内地的方志地图，清代新疆方志地图特点明显。目前已有学者从地图史的视角总结出清代新疆方志地图的类型与特点[1]，但在环境变迁视角下，清代新疆方志地图自身的时空分布特征对清代新疆环境变迁研究方法产生了重要影响，由此可以更加鲜明地认识到清代新疆方志地图的新特点。

（一）清代新疆方志地图的类型

清代新疆方志地图包含多种类型。从地图的表现范围来看，包含全疆、区域、府厅州县等不同空间尺度。[2] 从地图的表现时代来看，既有表现当时时代情形的地图（此类地图居于多数），也有反映前代的历史地图，如《西域图志》卷3《图考三》附有《历代西域图》12幅[3]，表现年代上迄西汉，下至明代。《新疆图志》黄册本卷1《建置志》也附有6幅历史地图，此类历史地图反映出清人对于西域历史地理的认知。[4]

从地图的绘制技法来看，有传统写意（见图2）、计里画方（见图3）、经纬度、晕滃法、晕渲法等类型，也有混合运用多种技法制成的清代新疆方志地图。如《西域水道记》附图及《柯坪分县乡土志》所附"柯坪分县图"即是同时运用传统山水写意与计里画方两种方法绘制而成（见图3、图4）。根据表1统计可见，其中写意、晕滃、计里画方、经纬度、晕渲法地图分别有186幅、92幅、59幅、58幅和20幅，分别占到总数的62.42%、30.87%、19.80%、19.46%和6.71%。此外，有59幅地图同时采用了传统写意和计里画方两种方法，有58幅地图同时运用了经纬度和晕滃法的绘制方法。

分时段来看，乾隆时期的新疆方志地图全部为传统写意地图，嘉庆、道光时期传统写意地图与计里画方地图并重，此阶段计里画方地图大量涌现，数量达27幅，占同期的28.72%。咸丰、同治年间仅有1幅传统写意地图，至光绪以后，晕滃法地图占主导地位（占比61.33%），经纬度地图（占

① 闫玉玲：《清代新疆方志地图研究》，中国人民大学硕士学位论文，2007年，第14—17页；高健：《新疆方志文献研究》，南京师范大学博士学位论文，2014年，第259—266页。
② 马大正：《新疆地方志与新疆乡土志稿》，《中国边疆史地研究导报》1989年第6期。
③ （清）傅恒等纂、（清）英廉等增修，钟兴麒等校注：《〈西域图志〉校注》，新疆人民出版社，2014年，第129—140页。
④ 刘传飞：《清代新疆舆图研究》，中国人民大学博士学位论文，2017年，第162页。

比 38.67%）、传统写意地图（占比 25.33%）、计里画方地图（占比 21.33%）次之，晕渲法地图最少（占比 13.33%）。总的来说，清代新疆方志地图的主体是采用传统写意和晕渲法绘成的地图，光绪以前以传统写意地图为主，光绪以后晕渲法地图占主导地位。

从地图的表现内容来看，清代新疆方志地图有政区图、藩属图、山脉图、水道图、城图、卡伦台站图等，其中以政区图、山脉图和水道图为主体。与内地方志地图比较而言，清代新疆方志地图中的藩属图、国界图及卡伦台站图是最具特色的。①

此外，还有一类实业图也值得一提。《新疆图志》卷 28《实业一》附有一幅《新疆实业全图》，此图呈现出全疆各地的"农蚕林牧渔"、矿产及工商的分布情况。② 同书卷 32《食货一》亦附有一幅《新疆盐产全图》，图中详细标注出新疆各地盐滩、盐池、盐地、盐山的分布。③ 此类地图在《新疆图志》中还包括《邮政全图》《电线全图》《铁路虚线全图》，它们能够提供 19 世纪末 20 世纪初新疆农牧业、工商矿业分布格局等信息。④ 分析地图所示各地农作物种植和林牧渔资源的分布，有助于推进清代新疆气候变迁、植被与动物分布变迁等方面的研究，对清代新疆环境变迁研究具有重要的价值。此外，从地图史的视角来看，此类实业图也集中反映出新疆方志地图在近代化转型中的创新与发展。

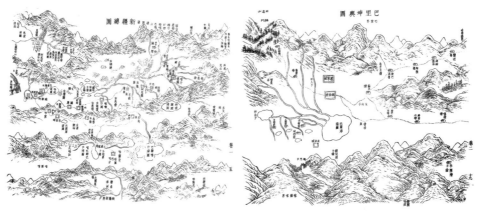

图 2　清代《新疆总图》《巴里坤舆图》⑤

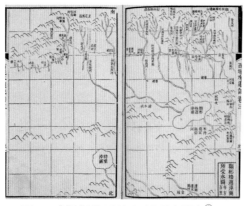

图 3　《额彬格逊淖尔所受水图》⑥

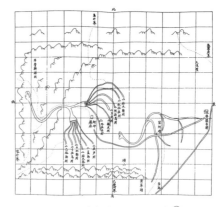

图 4　《柯坪分县图》⑦

---

① 高健：《新疆方志文献研究》，南京师范大学博士学位论文，2014 年，第 260 页。

② （清）王树枏等撰修，朱玉麒等整理：《新疆图志》，上海古籍出版社，2015 年，第 540 页。

③ （清）王树枏等撰修，朱玉麒等整理：《新疆图志》，第 604 页。

④ 参见（清）王树枏等撰修，朱玉麒等整理：《新疆图志》卷 86《道路八》、卷 118《补编二》。

⑤ 本图来源于日本早稻田大学图书馆藏《钦定新疆识略》，清道光元年武英殿修书处刻本。

⑥ 本图来源于日本早稻田大学图书馆藏（清）徐松著：《西域水道记》卷 3。

⑦ 本图来源于马大正等整理：《新疆乡土志稿》，新疆人民出版社，2010 年。

（二）清代新疆方志地图的特点

首先，清代新疆方志地图大部分是由实地考察或由实地考察成果改绘而来，图面信息相对准确可靠。

成书于清乾隆四十七年（1782 年）的《西域图志》是新疆第一部地方性总志。该志编修时乾隆帝要求所有山川地名"考古验今，汇为一集"，绘制地图时则吸收了乾隆年间何国宗、明安图、蒋友仁（Michel Benoist）和高慎思（Joseph d'Espinha）等人的实地测绘成果，尽管绘制手法上并未采用经纬度等近代制图方法，甚至未运用计里画方而仍旧延续传统写意绘图，但由于采用了实测成果，宏观上呈现出的地理信息仍旧是相对可靠的。[①]

另一部成书于乾隆年间的新疆方志《回疆志》是清代南疆方志的开山之作。该志书广泛运用于清代新疆经济史、社会史、环境变迁等领域的研究中。永贵最初纂写《回疆志》时以"耳目所及，询访所得"编录成书，苏尔德增纂时"复详加考核，广为搜访，删其冗复，增其简略，并绘图于前"[②]，苏尔德所绘制的《回疆志》地图体现了他在实地考察中的认识。此外，道光时期成书的两部重要新疆方志——《新疆识略》及《西域水道记》也是徐松在实地考察的基础上撰写而成。[③] 钟方撰写《哈密志》时，在公务之余"踏勘征于目观或广为搜罗"以补未备之处。[④]《旧刊新疆舆图》《新疆全省舆地图》也是在清末新疆地图测绘成果的基础上编绘而成。[⑤] 以上所列举的经过实地考察绘制而成的方志地图总数达 170 幅，占清代新疆方志地图总量的 57.05%，而且目前学界在开展新疆环境变迁研究时使用最为广泛的几种方志地图，包括《西域图志》《新疆识略》《西域水道记》《新疆全省舆地图》等，也都是在实地考察的基础上绘制而成，其中反映的地理信息多是来源于编绘者的亲身经历，因而能够较为准确地表达出河流湖泊的相对位置、河流的流向、交汇与分汊等信息。

可以说注重实地考察是新疆方志的突出特点，因此新疆方志地图也具备相当的可靠性，这与同时期其他地区方志地图不够注重实地考察、可靠性欠佳形成鲜明的对比。需要说明的是，尽管清代新疆方志地图大多是在实地考察的基础上绘制而成，但当时的绘图者以地方官员为主，大多缺乏近现代测绘知识，制图水平有限，很难绘制出大比例尺的精准地图，因此此类地图难以直接进行地理配准，不易矢量化和 GIS 处理。

其次，与内地方志地图相比，清代新疆方志地图的独立性更强，有时方志地图可以独立于志文而存在。

清代新疆方志地图可以清晰地表达出边界、山脉、水道、重要聚落、交通道路、卡伦台站等信息，参考志文或图说，可以进一步精准确定政区界限、山川距离、聚落之间的相对距离、小型聚落位置等信息。清中期以后，有些方志就是"地图"和"图说"的汇编，如成书于清嘉庆年间的《西域舆图》共有地图 17 幅，每图皆附图说，地图和图说即构成了该书的全部内容。[⑥] 清光绪年间成书的《新疆四道志》是光绪十年（1884 年）新疆建省后的第一部方志，其内容就是新疆各州厅县图说

① （清）傅恒等纂、（清）英廉等增修，钟兴麒等校注：《〈西域图志〉校注》，"谕旨"，第 9 页。
② （清）永贵、（清）固世衡编撰，（清）苏尔德增纂：《回疆志·福布森序》，乾隆抄本，中国国家图书馆藏，编号：地 610/34.3。
③ 郭丽萍：《绝域与绝学：清代中叶西北史地学研究》，生活·读书·新知三联书店，2007 年，第 86—103 页。
④ （清）钟方撰：《哈密志·序》，1937 年，禹贡学会据传抄本印。
⑤ 刘传飞：《清末〈新疆全省舆地图〉的绘制者及版本谱系》，《历史地理学的继承与创新暨中国西部边疆安全与历代治理研究——2014 年中国地理学会历史地理专业委员会学术研讨会论文集》，四川大学出版社，2015 年，第 385 页；刘传飞：《清光绪前中期新疆普通地图的绘制及其相关问题研究》，《中国历史地理论丛》2016 年第 2 辑。
⑥ 陈红彦主编：《古旧舆图掌故》，上海远东出版社，2017 年，第 77—80 页。

的汇编，原书应附有地图，今已散佚。①

新疆方志地图的独立性还体现在即使脱离志文或图说，观图者依旧可以单独使用地图上丰富的信息，这也是大量清代新疆地图集以稿本或刊本形式单独出现的原因。如新疆经费局录《新疆图考》、美国国会图书馆藏《新疆全图》以及《新疆地舆总图》《旧刊新疆舆图》《新疆全省舆地图》等。《新疆全省舆地图》完全脱离志文而单独成书。②

最后，乾隆以后的不同时期均有代表性的新疆方志地图出现，且时空分布较为均匀，能够以"连续剖面"的方式，基本反映清代新疆不同时期的环境变迁。

历史地理学研究中的"剖面"（cross-section）是指某一地区在某一个时间断面上的地理面貌。③一系列次序相接的剖面组成的"连续剖面"，能够反映区域地理环境变迁的过程，学者可据此进而分析其变迁的特征、规律及影响因素等，这是历史地理学的重要研究方法之一。考虑到方志地图的丰富程度及可靠性，笔者认为清代新疆方志地图基本可提供三个时间剖面：《西域图志》成书的清乾隆四十七年（1782年）、《新疆识略》《西域水道记》成书的清道光元年（1821年）、《新疆全省舆地图》成书的清宣统元年（1909年）。《西域图志》中表现清初的地图共有21幅，其中疆域图14幅（包括总图2幅，天山南北路分区图12幅）、山脉图1幅、水道图1幅、藩属图5幅。《新疆识略》有地图23幅，包括总图3幅（新疆总图、北路总图、南路总图），分区图20幅。《西域水道记》有地图24幅，分述罗布淖尔等新疆地区水系的基本情况。《新疆全省舆地图》有地图58幅，包括新疆全省总图4幅，各府厅州县分图54幅。此四种方志地图在绘制时都吸收了实地考察成果，图面信息相对准确可靠，可以提供18世纪中期至20世纪初150余年间三个时间剖面上新疆地域各个方面的信息，据此可分析其变迁的时空特征、影响因素等方面的内容。

三、基于清代新疆方志地图的环境变迁研究——以河湖水系变迁研究为例

新疆地处中国西北干旱区，降雨稀少且蒸发量大，生态环境与社会经济发展主要依赖地表水和地下水，因而河流是影响新疆自然环境与社会经济发展的关键自然要素，故对河流湖泊变迁的相关研究也成为新疆环境变迁研究的核心内容之一，并且研究成果十分丰富。

目前新疆河湖水系变迁研究的成果主要集中在探究塔里木河干流及其重要支流、罗布泊及天山北麓诸河湖的变迁方面。其中，有关塔里木河水系及罗布泊变迁的研究成果最为丰硕。1982年版《中国自然地理·历史自然地理》以及2013年版《中国历史自然地理》是中国历史自然地理发展史上两部具有里程碑意义的著作，其中的"塔里木河篇"集中体现了国内学界在塔里木河水系及罗布泊变迁的阶段性研究成果。④近二十余年来，笔者及研究团队已经对清代以来的玛纳斯河、玛纳斯湖、头屯河、三屯河、呼图壁河、白家海子、艾比湖等天山北麓诸水系进行了探索研究，在此过程中广泛

① 佚名撰：《新疆四道志》，李德龙校注：《〈新疆四道志〉校注》，中央民族大学出版社，2014年；刘传飞：《清光绪前中期新疆普通地图的绘制及其相关问题研究》，《中国历史地理论丛》2016年第2辑。

② 高健：《新疆方志文献研究》，南京师范大学博士学位论文，2014年，第265页。

③ 唐晓峰：《阅读与感知》，生活·读书·新知三联书店，2013年，第69页。

④ 中国科学院中国自然地理编辑委员会：《中国自然地理·历史自然地理》，科学出版社，1982年，第193—215页；邹逸麟、张修桂主编：《中国历史自然地理》，科学出版社，2013年，第424—436页。

参考了清代新疆方志地图，形成了一套行之有效的研究方法。[①]

近年来，将古地图数字化以开展环境变迁研究已成为学界新的研究动向。[②] 遗憾的是，清代新疆方志地图绘制技法以山水写意为主，而运用计里画方绘制的方志地图中的河流形态多有夸张成分，与自然河流的实际形态偏差较大。即便是运用经纬度晕滃法绘制的《新疆全省舆地图》，通过验证图中聚落点经纬度的坐标发现，仅有部分重要聚落点的位置接近真实地理位置，且河流形态也明显偏离实际。总的来说，清代新疆方志地图直接矢量化的难度较大，很难采用将其数字化的方法开展新疆环境变迁研究。因此，就河湖水系变迁研究而言，清代新疆方志地图的主要价值在于提供河流湖泊的形态，特别是河流的流向、交汇与分汊，聚落与河湖的相对位置等信息。

那么如何利用以上地图中的环境信息复原历史河湖水系变迁过程并将其绘制在地图上呢？第一，提取文献资料和方志地图中所有有关河流湖泊的信息，得到不同时期河流、湖泊的位置和长度信息，以及它们与所有聚落、道路、山脉和沙漠之间的关系。如《新疆图志》卷 70《水道四》记载渭干河："出丁谷山西麓……折东南流，分为数支……又南行，折而东，经以介奇庄北。又东，经勒党庄北。又东南，经沙雅城北。又东南，经萨牙巴克庄北……河又自萨牙巴克庄东行，经沙尔里克湖南，分支折而南流，入塔里木大河。河又出沙尔里克东行，经阿洽地方，复分为二支。"[③] 在对应的方志地图中也清楚地标注出渭干河及其周围聚落分布情况和道路、沙地、树林等信息（见图 5）。此外，还应尽可能地收集同一时期其他文献资料中对相关信息的记载，通过考证分析之后，得到有定位价值的聚落地名、道路名称及走向、特征性地形地貌等信息数据，其中聚落地名是最丰富的也是最有价值的定位信息。

第二，核对、补充现当代资料，形成以河流水系为核心的历史地名数据库。1979 年至 1996 年，在中国地名委员会组织指导下，中国开展了全球有史以来的第一次国家范围内的地名普查，内容包括地名的标准名称、地理位置、地名来历、含义和历史沿革，与地名相关的社会、经济、文化、地理和历史状况。[④] 在此基础上，陆续编写、出版了一批地名资料、地名录和地名图志，大部分以内部印刷形式发行。据统计，新疆共计出版地名图志 57 种，编校质量较高。[⑤] 这些书目提供了 20 世纪 80 年代左右新疆的聚落信息，空间尺度可以达到自然村级，包含了聚落的建立时间、名称的更易与位置的迁移、解释了聚落名称的含义，从中可以窥见聚落建立与发展过程中的环境状况。这些信息，一方面可以帮助我们考证、落实古今聚落地名的变化和不同语言地名的具体含义，另一方面还可以提供更多的聚落及其周边环境历史演变的信息，由此生成若干时间剖面上的地名数据。如《玛纳斯县地名图志》记载玛纳斯县头工乡头工村"以头工渠而得名"，因"乾隆四十二年（1777 年），清军

① 张莉、李有利：《近 300 年来新疆玛纳斯湖变迁研究》，《中国历史地理论丛》2004 年第 4 辑；张莉、韩光辉、阎东凯：《近 300 年来新疆三屯河与呼图壁河水系变迁研究》，《北京大学学报》（自然科学版）2004 年第 6 期；安玲：《近 300 年来白家海子及其入湖水系变迁研究》，陕西师范大学硕士学位论文，2015 年；许威：《近 200 年来艾比湖及其入湖水系变迁研究》，陕西师范大学硕士学位论文，2015 年；张莉、安玲：《近 300 年来新疆头屯河与三屯河的变迁及其影响因素》，《中国历史地理论丛》2015 年第 3 辑；张莉、鲁思敏：《近 250 年新疆呼图壁河中下游河道演变及其影响因素分析》，《西域研究》2020 年第 3 期；张莉：《天山北麓土地开发与环境变迁研究（1757—1949）》，中国社会科学出版社，2021 年，第 224—288 页。
② 韩昭庆、韦凯：《近 70 年来中国河湖水系变迁研究述评》，《中国历史地理论丛》2022 年第 1 辑。
③ （清）王树枏等撰修，朱玉麒等整理：《新疆图志》，第 1287—1288 页。
④ 杨立权、张清华著：《中国少数民族语地名概说》，中国社会出版社，2011 年，第 63 页。
⑤ 杨立权、张清华著：《中国少数民族语地名概说》，第 82—88 页。

在玛纳斯实行兵屯时，开渠灌溉，以渠道距城的远近为序，称为头工、二工……距城近的称头工"。①
通过这则资料可以判断出，头工村始于清乾隆四十二年（1777 年），因开渠灌溉兵屯耕地而建立，并
可建立起村落与渠道的空间位置关系。结合第一步所做工作，比对各资料中的聚落地名数据，将各
信源数据相互融合，可以形成一套连续时间剖面上的聚落地名数据，构建起历史聚落地名数据库。

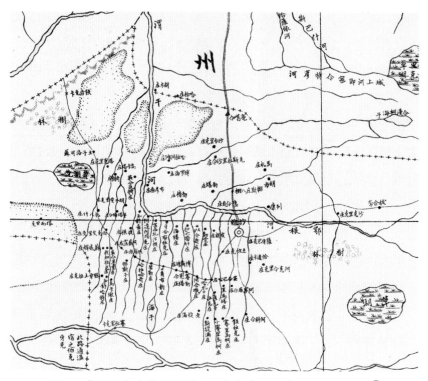

图 5 《新疆全省舆地图》之《沙雅县图》所见渭干河②

　　在已构建的聚落地名数据库基础上，综合文献资料记载并结合大比例尺地形图和现代遥感影像，
可以判定历史时期河道位置，按照由今及古的顺序使用 ArcGIS 等 GIS 软件绘制出历史河道，从而
逐一复原出各时间剖面上的水系空间分布。需要注意的是，复原河湖变迁过程时应当遵循"逆向推
演"原则，即先复原距离现代最近的时间剖面上河湖水系的空间分布，再按照由今及古原则依次复
原更早时间剖面的环境状况，最后还需要校订复原结果。一方面在复原过程中依据地貌学原理校验
所复原历史河道空间位置的合理性，另一方面通过野外考察可获知今河道及古河道遗迹的环境现状，
通过口述访谈也可获悉最早自 20 世纪 50 年代以来的环境变迁及修渠开垦等人类活动信息。以上工
作可对河道复原结果做进一步修正。

　　需要注意的是，清代新疆方志地图所表征的环境变迁过程，存在模糊自然要素真实变化过程的
隐患，即依据这些资料复原出的某一自然要素变迁的阶段特征，不仅是自然要素自身变迁特征的体
现，还不可避免地受到文献资料时空分布特征的影响。因此，在开展清代新疆环境变迁研究时，不
能仅仅依靠方志地图等单一史料，而应该充分利用档案、奏折、行记、笔记、方志地图以外的古地
图等多元资料，补充三个时间剖面之间空白时段内的环境信息，以削弱文献资料时空分布特征对环
境变迁复原结果的影响。

　　笔者运用以上研究方法已对天山北麓诸河湖近 300 年的变迁过程开展了研究，从中发现在 19 世

---

① 玛纳斯县地名委员会：《玛纳斯县地名图志》，内部资料，1985 年，第 27 页。
② 本图来源于（清）王树枬等撰修，朱玉麒等整理：《新疆图志·地图》，第四十四幅。

纪末 20 世纪初，天山北麓的河流湖泊大多发生了河流改道、湖泊迁移等重大变化，这些变化具有时间上的一致性和空间上的连续性，我们将这一系列变化称为"19 世纪末 20 世纪初天山北麓水文变迁事件"。关于这一重大水文事件的成因、波及的空间范围、发生特征、对人类社会的影响以及人类社会的响应等问题，仍待进一步深入研究。

四、结论

本文基于清代新疆方志地图，分析了清代新疆方志地图的时空分布特征、内容、类型与特点，并以河湖水系变迁研究为例阐述了清代新疆方志地图在环境变迁研究中的应用。

本文的基本结论如下。首先，清代新疆方志地图中关于河湖水系、聚落地名的表达比较准确，通过古今对比可以看出区域生态环境变迁。其次，清代新疆方志中地图和志文的结合较为紧密，两者相互配合可以充分表达山川湖泊、草地苇湖、城乡聚落、交通道路、驿站卡伦、电线邮路等信息，有助于生态环境、经济与社会生活变迁等领域研究的开展。再次，清代新疆方志地图基本可以提供三个时间剖面——清乾隆四十七年（1782 年）、清道光元年（1821 年）、清宣统元年（1909 年）上的环境面貌，能够较为完整地勾勒出清代新疆环境变迁过程。最后，开展区域环境变迁研究时，研究区空间范围的界定需要跳出以政区为划分依据的传统框架，重视区域自然环境特征的一致性与差异性，以流域、盆地等自然区来界定研究的范围，特别是在讨论大区域的环境变迁时，将发生显著环境变迁的单个或若干个空间作为研究区，重视整体性、全局性研究，会更有利于揭示环境变迁研究中自然与人文驱动力的影响机制。

【作者简介】张莉，陕西师范大学西北历史环境与经济社会发展研究院教授；任俊巍，陕西师范大学西北历史环境与经济社会发展研究院博士研究生；刘传飞，中国社会科学院中国边疆研究所博士后。

图画景观：中国沿海盐场图考论

——以明清时期苏沪沿海为中心 *

鲍俊林

摘　要：盐场图是中国古代舆图的重要组成部分，目前所见以海盐产区的盐场图居多，主要来自明清盐法志文献。明清时期各海盐产区的盐场图本质上是盐场景观的图画形式，既沿用古代舆图的山水画传统，也混合了平面示意的风格，多为全景式展现盐场官署、河渠、海堤、荡地、灶舍、场界等要素的分布情况。两淮盐区作为全国海盐生产中心，盐场图独具特色，长期采用平面示意法，直到清末才开始向近代地图转型。明清沿海的盐场图突出示意性与地方盐业治理功能，绘图内容上重点表现生产要素的空间分布关系，为地方盐务官员直观了解盐场提供了重要依据，也是考察古代海涂环境与历史开发景观变化的重要史料。

关键词：沿海；舆图；盐场图；海涂环境；明清

中国古代舆图的发展演变有着独特的历史，一般将古代中国的传统地图称为舆图或舆地图，区别于今天以西方制图学理论与实践为基础发展起来的地图形式。[1]古代舆图类型复杂多样，它们具有的重要历史文化价值与学术研究价值受到学界的长期关注。[2]

---

* 本文是上海市教育委员会科研创新计划（人文社科）重大项目"上海历史气候变化适应格局的差异化过程及发展机制研究"（项目代码：2021-01-07-00-07-E00123）、国家社科基金重大项目"7—20世纪长江三角洲海岸带环境变迁史料的搜集、整理与研究"（项目批准号：20&ZD231）的阶段性成果。

① 葛剑雄：《中国古代的地图测绘》，商务印书馆，1998年；成一农：《中国古代舆地图研究》，中国社会科学出版社，2020年。
② 孙靖国：《20世纪以来的中国地图史研究进展和几点思考》，《中国史研究动态》2018年第4期；成一农：《近70年来中国古地图与地图学史研究的主要进展》，《中国历史地理论丛》2019年第3期；成一农：《〈"非科学"的中国传统舆图：中国传统舆图绘制研究〉简介》，《云南大学学报》（社会科学版）2020年第4期。

沿海图是古代舆图的重要类型之一。中国海岸线漫长，沿海地区人口众多、自然资源丰富，在开发沿海地区过程中留下了丰富的舆图资料，包括海防图、海塘图、运粮图等。不少学者从地图学史、文化史等视角开展包括舆图本体的考证、沿海图的类型差异及其他多方面的研究。[①] 随着地图学史研究的深入，这些舆地图中反映的沿海人文、地理、环境等方面的历史信息也受到更多关注，如其中包含的海上交通、海防认知等信息。[②]

在丰富的沿海图中，盐场图受到的关注还比较少。盐场图的主要来源是与古代海盐生产相关的盐法志文献。[③] 盐业是王朝经济的命脉之一，海盐经济在封建王朝经济中占主导地位。明清时期中国沿海有六大传统的海盐产区：长芦盐区、山东盐区、两淮盐区、两浙盐区、福建盐区以及两广盐区，此外还有四川、云南等地的井盐产区，山西、陕西、蒙古等地的池盐产区。为加强对盐业生产、运销的管理，各盐产区都存有各代王朝管理盐业的盐法志文献。盐场图是这些盐法志文献的重要组成部分，具有重要的学术研究价值，例如可以用它来研究沿海的历史地貌与海岸线演变[④]，探讨沿海传统开发及演变[⑤]。但目前学界对于盐场图的利用程度仍然很低，也缺乏对盐场图资料本身的专门讨论，包括沿海盐场图的绘制特点、风格、功能，以及蕴含的相关地理信息等方面的研究仍待深入。

为此，本文通过调查全国海盐产区盐法志文献中收录的盐场图资料，讨论盐场图的主要绘制内容与特点，探讨盐场图反映的海岸带自然环境与盐场地理知识的准确性，从而加深对沿海地区盐场舆图及其学术价值的认识与理解。

一、古代海盐产区盐场图的分布与性质

盐业经济事关国计民生，在古代盐业开发与管理过程中累积下来的大量盐法志史料，大部分是官修文献，以沿海地区居多。在这些文献中，一般都收录有比较详细、直观的盐场图，它们往往与盐业生产相关，如盐场图、场署图、工具图、晒盐图、煎盐图、行盐图、捆运图、走私道路图等，其中盐场图占主要部分。

目前笔者所见有盐场图的盐法志文献共计20种，包括总图、分图等，共964幅（详见表1）。各盐场图常附有图说，介绍某一个盐场的沿革、疆域、海塘、荡地面积、水陆交通路线等。单部盐法志文献中以清宣统《东三省盐法志》的盐场图最多，共98幅，其他池盐、井盐区盐场图较少，共约110幅。[⑥] 同时，不同盐场的绘制方法存在差异，大部分沿用传统山水画方法绘制，也有以

① 钟铁军、李孝聪：《美国国会图书馆藏〈万里海防图〉》，《地图》2004年第6期；王大学：《美国国会图书馆藏〈松江府海塘图〉的年代判定及其价值》，《中国历史地理论丛》2007年第4期；成一农：《明清海防总图研究》，《社会科学战线》2020年第2期。
② 孙靖国：《〈江防海防图〉再释——兼论中国传统舆图所承载地理信息的复杂性》，《首都师范大学学报》（社会科学版）2020年第6期；孙靖国：《〈山东至朝鲜运粮图〉与明清中朝海上通道》，《历史档案》2019年第3期；成一农、杜晓伟：《陈伦炯绘〈沿海全图〉及其海防认知分析》，《社会科学战线》2021年第6期。
③ 汪前进：《地图在中国古籍中的分布及其社会功能》，《中国科技史料》1998年第3期。
④ 张忍顺：《苏北黄河三角洲及滨海平原的成陆过程》，《地理学报》1984年第2期。
⑤ 鲍俊林：《15—20世纪江苏海岸盐作地理与人地关系变迁》，复旦大学出版社，2016年。
⑥ 清光绪《四川盐法志》盐场图80幅，采用平面示意法。清康熙《河东盐政汇纂》共12幅，乾隆《河东盐池备览》共12幅，康熙《黑盐井志》共2幅，同治《自流井图说》共4幅，均为传统山水画法。

平面示意图呈现，或者两者混用。此外，全国性盐业总志均不收录盐场图，包括明嘉靖《盐政志》、清末《清盐政志》、清末《盐法通志》及民国《中国盐政实录》等。

作为明清两代中国海盐生产中心，位于江苏沿海的两淮盐区的盐场图数量最多，共 506 幅，超过全国海盐产区总数的一半。在两淮盐区，明嘉靖年间创修《两淮盐法志》，清代延续这一传统，续修有多部盐法志。明清两淮盐法志文献基本都有绘图，其中以明嘉靖《两淮盐法志》最多，共有 76幅；清道光《淮北票盐志略》最少，共 8 幅。清末为适应新的盐场治理需要，光绪年间绘制了更为专业、准确的《淮北三场池圩各图》，这也是海盐产区唯一的以图为主的盐业资料。

盐场图多见全景式展示盐场范围内自然地理信息与区域景观风貌，一般根据盐场内部可观察到的且与盐业活动紧密相关的实物进行描绘，主要表现盐场及周边的自然环境与生产要素的分布关系。盐场图中常见的自然生产要素有潮滩、沙荡、河口、港汊、山丘、荡洼、海堤（海塘）、潮墩、路网、水网、闸坝、桥梁、盐仓、民灶地界、军防设施、衙署等。不过，反映各要素的变迁是舆图的传统，沿海盐场各要素的变化较多，关注盐场要素变迁成为盐场图编绘的重要目的。例如在嘉庆《两浙盐法志》的"图说"部分，就说明了编绘盐场图对于清晰展现盐场中各要素变迁的重要性："《书》之有图，自《周官·土训》，掌道地图，以诏王事，而司会之职实掌百物财用之在版图者，以听其会计，于是辑志必首列图，以代口讲指画。而盐为财用所自出，则会计之当尤先版图焉。……团舍纷罗、牙错基置，各场经界或昔无而今有，或前合而后分，非说不能悉其原委。"①

在光绪《两淮盐法志》"凡例"中，编者也表示，盐场舆图编绘最为关注的是盐场内部主要生产要素的变迁："……与旧制迥殊，故图增百篇。凡垣栈之迁移、河道之改徙、局卡之分布，详考胪列。"②

此外，盐场图主要目的是服务于地方盐务治理，注重实用性。对盐场各要素的形象描绘，可以为管理者提供直观形象的全景式视角，便于读图者直观理解盐场内部要素的相互关系，以及盐场设施现状与生产要素分布特征。比较而言，作为全国海盐生产中心，明清时期江苏沿海受到朝廷与地方官府的高度重视，在各代盐法志中两淮盐场图的编绘质量也相对较高，大量的盐场图资料为研究两淮盐务治理提供了重要依据。

表 1　全国海盐产区盐法志文献情况统计表

序号	盐区	文献	盐场图（幅）	绘法
1	辽宁	清宣统《东三省盐法志》	98	近代西法
2	长芦	清雍正《长芦盐法志》	34	混合传统山水、平面示意
3		清嘉庆《长芦盐法志》	20	传统山水
4	山东	清雍正《山东盐法志》	24	传统山水
5	两淮	明弘治《两淮运司志》	—	—
6		明嘉靖《两淮盐法志》	76	平面示意
7		清康熙《两淮盐法志》	70	平面示意
8		清康熙《淮南中十场志》	44	平面示意
9		清雍正《两淮盐法志》	60	平面示意
10		清乾隆《两淮盐法志》	50	平面示意
11		清嘉庆《两淮盐法志》	46	平面示意

① （清）延丰、冯培纂：《重修两浙盐法志》卷 2《图说》，清嘉庆七年刻本，第 1 页。
② （清）王定安纂：《重新两淮盐法志》卷首《凡例》，清光绪三十一年刻本，第 2 页。

序号	盐区	文献	盐场图（幅）	绘法
12		清道光《淮北票盐志略》	8	混合传统山水、平面示意
13		清同治《淮北票盐续略》	—	—
14	两淮	清同治《两淮盐法志》	46	平面示意
15		清光绪《两淮盐法志》	55	计里画方
16		清光绪《淮北三场池圩各图》	51	近代西法
17		明崇祯《重修两浙鹾志》	—	—
18	两浙	清雍正《两浙盐法志》	58	混合传统山水、平面示意
19		清嘉庆《两浙盐法志》	72	混合传统山水、平面示意
20		明天启《福建鹾政全书》	—	—
21	福建	清道光《福建盐法志》	36	混合传统山水、平面示意
22		民国《福建运司志》	14	传统山水
23	两广	清乾隆《两广盐法志》	60	传统山水
24		清道光《两广盐法志》	42	传统山水
合计			964	

说明：包括各盐产区总图、盐场分图，不含场署图、生产图、器具图、转运图、引地图等。除清光绪《淮北三场池圩各图》外，其他每个盐场图均按照分图数量统计。

二、明清沿海盐场图的绘法特点及近代化转型

一般沿海盐场图既延续了传统舆图的山水画风格，也具有服务盐业治理的示意性特点。盐场图与其他古代舆图一样，都是以使用目的为导向，对内容有选择地进行绘制，故尽管所绘要素丰富多样，但绝大部分与盐业活动直接相关，以直观地反映各生产要素之间的空间分布关系为目的。虽然盐场图各要素之间缺乏精确比例和位置关系，但主要生产要素的分布及其相对位置是清晰、具体的。一方面，盐场图绘制视角常见俯视、平视或者两者并用，故盐场图中的树木、草荡、房屋、山地等呈现鲜明的舆图山水画风格；另一方面，对河流、道路、港汊、海塘等自然要素多采取平面图形式，或在旁边添加文字说明，例如清雍正《山东盐法志》、清嘉庆《长芦盐法志》、清道光《两广盐法志》盐场图（见图1、图2、图3）。这种亦画亦图、平立面结合是传统沿海盐场图绘制的基本特征。

不过，两淮盐区的盐场图与其他盐区盐场图在绘法上存在较大差异。不同于其他盐区盐场图常见的传统山水画为主或平立面结合的绘制方法，明清两代两淮盐区盐场图长期沿用了平面示意绘法。传统山水画法与平面示意法的差别在于前者一般具有透视性，且传统山水画往往不受焦点透视的局限，多表现为散点透视。在明嘉靖《两淮盐法志》盐场图中，即以平面图进行示意，没有透视，实际上更接近于现代地图的视角，这与传统舆图的山水画风格明显不同。这些线描的平面示意图画法，采用了抽象化、符号化的画法：较大干河双线勾画、较小河渠单线代替，以单粗线表达河堤，潮墩与灶舍的画法也基本一致，但没有统一的图例（见图4、图5）。同时，这种风格在清代得到了继承，在康熙《两淮盐法志》（见图6）、《淮南中十场志》以及雍正、乾隆等时期《两淮盐法志》中都沿用了这种绘法，图幅较为精确，内容也更丰富。

比较来看，整体上明清《两淮盐法志》中各盐场图的画法风格比较统一、图幅相对独立，并且逐渐近代化，这与明清时期两淮盐区的特殊地位有关。作为全国海盐生产中心，一方面中央朝廷在加强两淮盐业管理方面提出了更高的要求，另一方面由于明清时期江苏沿海滩涂淤涨规模很大，大规模的海岸变迁引发了大量盐场荡地淤蚀变化或荡地分配冲突①，因此盐场图资料需要不断更新。

为进一步提高绘图的准确性，清末部分两淮盐场图开始采用计里画方或近代西方画法。在光绪《两淮盐法志》盐场图中，即采用了计里画方的方法，"用开方法定从衡里数，庶披图易揽其要焉"②。该图也标注了经纬度、每个方格的里数，较之以往的两淮盐区的盐场图，在各要素空间关系的表达上有了更高的准确性（见图 7、图 8）。

随着近代盐业管理的规范化、专业化程度进一步提高，势必需要更为精确的盐场图资料，传统的平面示意图已经不能满足需要。这在清末快速发展的淮北各盐场中即有直接体现。毓昌在光绪《淮北三场池圩各图》的序文中指出了传统示意性舆图难以适应盐业治理的要求："中国图学素不精美，毓昌奉檄勘沙基已将周围丈尺注入表中，而各图均用旧法测绘，限于时日，众擎乃举，不能求精。今测绘设立专科，亦以旧法，未臻尽美。天下惟作是事，乃知造是境，恍然悟西法美善兼备也。然大略不诎一圩之内，飓水滩、抱头格、沙基凹地、砖池、空滩、高地、卤塘、胖头河，分晰井井，立其表帜。"③ 于是清光绪《淮北三场池圩各图》、宣统《东三省盐法志》各盐场图主要依据近现代测绘原理制作而成，编绘较为科学。例如宣统《东三省盐法志》中各盐场图，山地、盐滩、铁路线、海岸线、河道、岛屿的大小与位置都非常准确，也有图例与方向符号，能够更准确地展示盐滩形态、分布位置、面积规模，应该是有实地调查资料的支撑。不过，光绪《淮北三场池圩各图》、宣统《东三省盐法志》各盐场图中仍然保留了一些传统山水画风格，如河道多采用双线描绘（见图 9）。

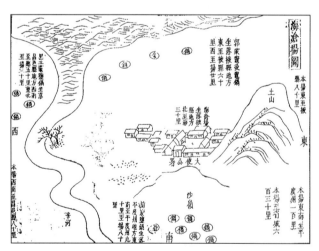
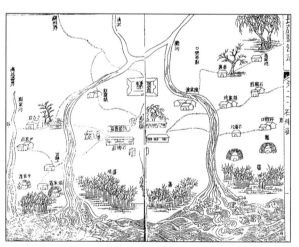

图 1　清雍正《山东盐法志》海沧场图④　　　　图 2　清嘉庆《长芦盐法志》石碑场图⑤

① 鲍俊林：《15—20 世纪江苏海岸盐作地理与人地关系变迁》，复旦大学出版社，2016 年。
② （清）王定安纂：《重新两淮盐法志》卷首《凡例》，清光绪三十一年刻本，第 2 页。
③ （清）毓昌辑：《淮北三场池圩各图》，清光绪年间石印本，于浩辑：《稀见明清经济史料丛刊》第 2 辑第 35 册，国家图书馆出版社，2012 年，第 3 页。
④ （清）莽鹄立纂修：《山东盐法志·图考》，清雍正年间刻本，第 7 页。
⑤ （清）黄掌纶纂：《长芦盐法志》卷 20《图识》，清嘉庆十年刻本，清抄本。

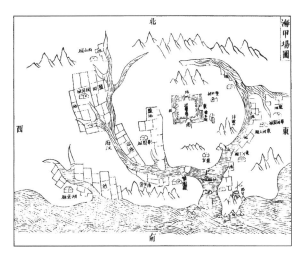
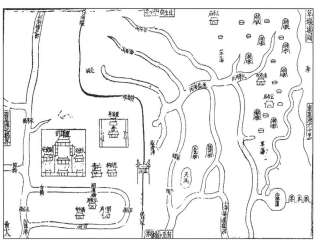

图 3　清道光《两广盐法志》海甲场图①　　　图 4　明嘉靖《两淮盐法志》草堰场图②

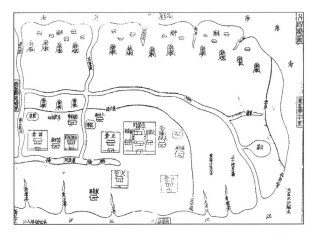
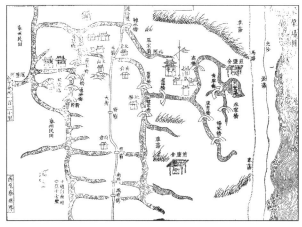

图 5　明嘉靖《两淮盐法志》吕四场图③　　　图 6　清康熙《两淮盐法志》梁垛场图④

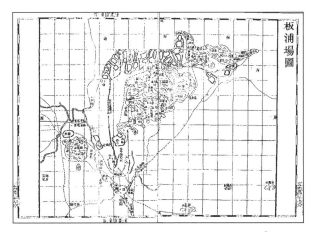
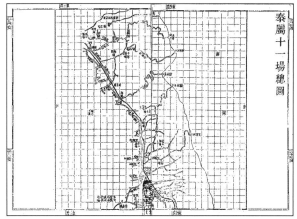

图 7　光绪《两淮盐法志》板浦场图⑤　　　图 8　光绪《两淮盐法志》泰属十一场总图⑥

① （清）阮元修，伍长华纂：《两广盐法志》，清道光十六年刻本，第 22 页。

② （明）杨选、陈暹修，（明）史起蛰、张榘撰；荀德麟等点校：《两淮盐法志·图说第一》，嘉靖三十年刻本，《北京图书馆古籍珍本丛刊》第 58 册，书目文献出版社，1997 年，第 602 页。

③ （明）杨选、陈暹修，（明）史起蛰、张榘撰；荀德麟等点校：《两淮盐法志·图说第一》，第 609 页。

④ （清）谢开宠撰：《两淮盐法志》，清康熙刻本，吴相湘主编：《中国史学丛书》，台湾学生书局，1966 年，第 102—103 页。

⑤ （清）王定安纂：《重修两淮盐法志》卷 18《图说门》，清光绪三十一年刻本，第 4—5 页。

⑥ （清）王定安纂：《重修两淮盐法志》卷 17《图说门》，第 2—3 页。

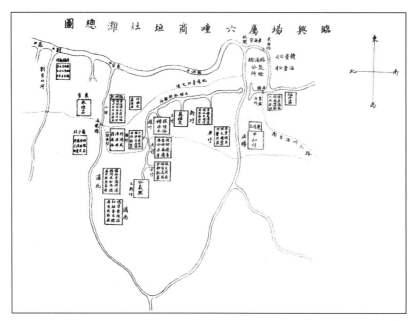

图 9　光绪《淮北三场池圩各图》临兴场属六矔商垣灶滩总图[①]

三、盐图中的海涂盐作环境

盐业生产活动是古代沿海滩涂的重要开发方式，沿海滩涂也是传统海盐生产所依赖的基本生产条件。[②]明清时期江苏、浙江沿海的滩涂资源分布广泛，是该地区的典型地貌环境特征。盐场图记录下了那些与海盐生产紧密相关的海涂地貌、水系，比较清晰地呈现了与盐业生产相关的亭场、荡地、卤水资源、引潮沟等要素的空间分布关系[③]，展示了海涂特殊的盐作环境，这在两淮、两浙盐场图中表现最为明显。尽管这些盐场图是示意性的，但大部分盐场图都能够较好地反映海涂盐作环境，这有助于加深对沿海滩涂的自然环境、盐作景观变化及人地关系的认识，具体表现为以下三点。

第一点，盐场图对滩涂地貌特征的描绘比较准确，能够客观反映滩涂生态类型的地带性分布特征和制盐亭场分布的特点。如清康熙《两淮盐法志》中的梁垛场图，将海涂自陆向海划分为草荡、淤荡以及光沙，这种滩涂地貌的地带性分布特征与今天江苏海涂的草滩、盐蒿滩、光滩等沉积岸段的分布规律一致。[④]由于淤涨滩涂受海涂生态要素演替规律的影响，于是自陆向海草滩、盐蒿滩与光滩这三者的空间分布与制盐亭场的分布密切相关[⑤]。在明清各部《两淮盐法志》所载的盐场图中，一般都能观察到淤涨潮滩制盐亭场均位于草荡与海潮之间并靠近新淤荡地、近潮傍海的分布特征。这是因为在潮滩三个主要分布带上其提供的盐作资源是不同的。草滩带土壤卤水不足，但能提供荡草资源；盐蒿滩与光滩带荡草稀疏，土壤盐含量高，处于积盐阶段，主要为制盐亭场提供制卤的高盐

① （清）毓昌辑：《淮北三场池圩各图》，清光绪年间石印本，于浩辑：《稀见明清经济史料丛刊》第 2 辑第 35 册，国家图书馆出版社，2012 年，第 103 页。

② 鲍俊林：《传统技术、生态知识及环境适应：以明清时期淮南盐作为例》，《历史地理研究》2020 年第 2 期。

③ 鲍俊林：《略论盐作环境变迁之"变"与"不变"——以明清江苏淮南盐场为中心》，《盐业史研究》2014 年第 1 期。

④ 鲍俊林：《15—20 世纪江苏海岸盐作地理与人地关系变迁》，复旦大学出版社，2016 年，第 53—54 页。

⑤ 陈邦本、方明等：《江苏海岸带土壤》，河海大学出版社，1988 年，第 14—17 页。

分土壤，而且距离海潮更近，晒灰、淋卤更为便利。亭场分布的位置受滩面高程、潮浸频率、草卤分布等诸多要素共同制约，需要首先保证制卤的便利，且能够同时获得荡草与土卤资源，这就决定了草丰卤旺的宜盐带主要位于草滩以下光滩之间的潮间带，在此区域内的制盐亭场分布最多。盐场图中就比较准确客观地反映了制盐亭场的空间分布，没有明显的随意性。如小海场的示意图中（见图10），团灶就在淤荡与草荡之间、潮沟之旁，充分展示了草荡与淤荡之间的地带是最适宜滩涂制盐的位置，这一区域是亭灶密集分布地带。① 前临海、后依草荡，循引潮河是大多数制盐亭场的分布特征。②

第二点，盐场图对滩涂水系分布特征的描绘也很准确。在古代沿海图中，海塘外的自然潮滩水系常被忽略，对海塘外侧往往以空白表示、简化表示，或者只是罗列了海塘之外的港汊名称。但由于潮滩上的自然潮沟水系对滩涂制盐十分重要，部分盐场图中会比较具体地描绘潮沟，例如清嘉庆《两浙盐法志》中南汇沿岸的下砂头场图（见图11）、下砂二三场图（见图12），就比较准确地反映了盐场的海塘外侧潮沟水系与盐场、海塘的空间关系。在该图中，头场仍然产盐，海塘外侧的滩涂上就描绘了丰富的潮沟；但二三场由于盐业生产衰落，塘外潮沟已经不再需要，因此没有描绘。同时，一团、二团海塘外的潮沟上端均止于海塘脚外侧，而在一团以南沿岸，由于没有新圩塘的隔绝，潮沟仍可以深入内地至新护塘（外护塘、钦公塘）。另外，该图中可见王塘东侧潮沟的重新调适，潮沟只到海塘根部，也符合潮滩潮沟发育与分布的一般规律。因为海塘兴筑之后往往对潮沟发育具有重要影响，隔断了潮沟与海洋的水体交换，堤内旧潮沟逐渐淤废，但堤外滩面重新调整，新潮沟重新发育，因此没有海塘阻拦，天然潮沟一般会深入内陆直至接近老塘脚。③

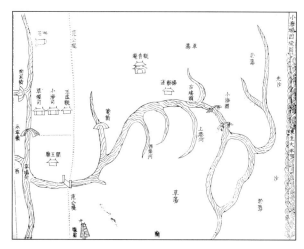

图10　清康熙《淮南中十场志》
小海场四境图④

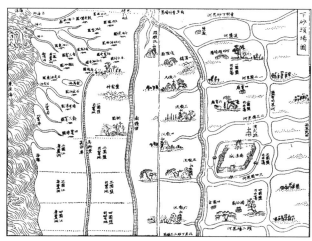

图11　清嘉庆《重修两浙盐法志》
下砂头场图⑤

① 鲍俊林：《明清两淮盐场"移亭就卤"与淮盐兴衰研究》，《中国经济史研究》2016年第1期。
② 鲍俊林：《15—20世纪江苏海岸盐作地理与人地关系变迁》，第116页。
③ 张忍顺、王雪瑜：《江苏省淤泥质海岸潮沟系统》，《地理学报》1991年第2期；吴德力、沈永明、方仁建：《江苏中部海岸潮沟的形态变化特征》，《地理学报》2013年第7期；龚政、耿亮、吕亭豫等：《开敞式潮滩－潮沟系统发育演变动力机制——Ⅱ.潮汐作用》，《水科学进展》2017年第2期。
④ （清）杨大经纂：《淮南中十场志》卷1《图经》，清康熙十二年刻本，于浩辑：《稀见明清经济史料丛刊》第2辑第33册，国家图书馆出版社，2012年，第264页。
⑤ （清）延丰、冯培纂：《重修两浙盐法志》卷2《图说》，第28—29页。

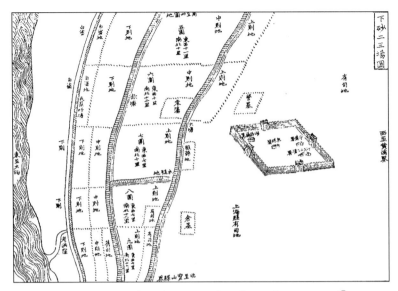

图 12　嘉庆《重修两浙盐法志》下砂二三场图[①]

第三点，盐场图对盐场特有的"灶河－潮沟"水系的描绘也很准确，这一特征在两淮的淮南各盐场图中表现尤为明显。苏北中部沿岸是低平开阔的淤进型潮滩，明代中叶以后，安丰、东台等岸段淤进速度变快，新淤荡地往往相当宽阔，少则数里，多则数十里甚至百里以上，且每年淤涨数十米到百米以上。[②] 宽阔的滩面使得旧亭场远离海水，难以获得咸潮，只有依赖"灶河－潮沟"才能维持盐作活动，故各场支流港汊较多，港汊附近多有亭灶，依靠"灶河－潮沟"及其支流港汊纳潮、晒灰制卤。明嘉靖《两淮盐法志》中对此就有描绘（见图 13）。实际上，淮南各盐场图中对盐作水系的描绘与滩涂潮沟水系演变有关。一般而言，旧亭场距离海潮较远、土卤淡薄，必须通过"灶河－潮沟"纳潮，维持浸渍摊场，以便制卤，即老荡旧亭场对人工引潮更为依赖。通过利用引潮沟、亭场搬迁等协调措施，才能够维持滩涂盐作活动。[③] 伴随海涂淤涨，盐场的人工潮沟逐渐延伸拉长，向陆延伸，同时盐场灶河沟通了官河、运盐河，并向海延伸；部分灶河与人工化之后的潮沟形成沟通水系，逐渐形成了"官河－灶河－潮沟"的盐场水网。[④] 这种独特的"灶河－潮沟"水系与苏北沿海的水文地貌密切相关，是以此为基础经过盐作活动的改造而形成的结果。在开敞式潮滩，潮沟发育是潮滩的重要水文地貌。[⑤] 苏北沿海开阔的淤泥质潮滩最利于潮沟发育，稳定平缓的潮滩发育了大规模的通海潮沟系统。潮滩宽阔、坡度小，多发育树枝状潮沟，在苏北中部沿岸潮滩和长江口一带多见。此外，在没有海堤的干扰下，潮沟系统往往在滩面自由发育，甚至可达十余千米。因此，大量沟通海潮的潮沟系统是滩涂盐作活动的重要水文条件之一。这些大规模的天然潮沟系统是盐作水系形成、发育的地理基础，对滩涂盐作活动至关重要，也成为两淮各盐场图表现盐作环境的重要内容。

① （清）延丰、冯培纂：《重修两浙盐法志》卷 2《图说》，第 30—31 页。

② 张忍顺：《苏北黄河三角洲及滨海平原的成陆过程》，《地理学报》1984 年第 2 期；鲍俊林：《明清两淮盐场"移亭就卤"与淮盐兴衰研究》，《中国经济史研究》2016 年第 1 期。

③ 鲍俊林：《略论盐作环境变迁之"变"与"不变"——以明清江苏淮南盐场为中心》，《盐业史研究》2014 年第 1 期；鲍俊林：《明清两淮盐场"移亭就卤"与淮盐兴衰研究》，《中国经济史研究》2016 年第 1 期。

④ 鲍俊林：《灶河与潮沟：明清苏北中部潮滩水系的演变》，《历史地理研究》第 4 辑，复旦大学出版社，2023 年，第 74—89 页。

⑤ 龚政、耿亮、吕亭豫等：《开敞式潮滩－潮沟系统发育演变动力机制——Ⅱ.潮汐作用》，《水科学进展》2017 年第 2 期；龚政、严佳伟、耿亮等：《开敞式潮滩－潮沟系统发育演变动力机制——Ⅲ.海平面上升影响》，《水科学进展》2018 年第 1 期。

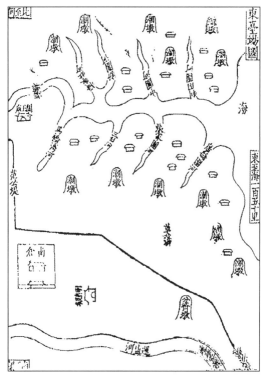

图 13 嘉靖《两淮盐法志》东台场图（局部）[1]

四、小结

明清沿海地区的各类盐场图是沿海传统舆图的重要类型之一，有助于了解历史时期滨海环境与人类开发景观变迁，是沿海环境与历史开发变迁研究的重要资料。沿海盐场图绘法上既延续了传统舆图的山水画风格，也具有盐业生产自身的特点；整体上以反映盐场内部生产要素的空间分布关系为核心内容，目的在于方便盐政官府管理。沿海盐场图能直观地刻画盐场生态、生产要素的分布特征，为盐务官员直观了解盐场设施现状与生产要素特征提供了重要参考。尽管盐场图是示意性的，但能够比较准确地展示盐场内部自然与人文要素的分布位置及相互关系，描绘了海岸环境的关键景观及其特征，也提供了关于盐场总体的模型化、图像化认识。此外，为突出重点，盐场图一般对重点区域采取放大的方法或增加标注文字的方法，对非重点区域多进行缩略或留下空白，便于重点展现盐场内部关键要素的空间分布特征。

舆图从画到图的变化是古代舆图向近代地图转变过程的重要反映[2]，但在沿海各类盐场图的绘法上并没有明显的体现。很大程度上，沿海各类盐场图是画、图并存，除了两淮盐区各代盐场图的平面示意法之外，其他盐区的盐场图整体上以传统山水为主或混合了平立面示意的方法。同时，明清时期中国传统舆地图的近代化转型是地图学史的一个重要研究课题[3]，就明清沿海的盐场图而言，似乎只有两淮盐区历代盐场图对此转型过程有所体现。不同于其他海盐产区的盐场图，两淮盐区盐场图均沿用了平面示意图的形式，缺少传统山水画的痕迹，并且从长期的平面示意图到清末开始近代

① （明）杨选、陈遹修，（明）史起蛰、张榘撰，荀德麟等点校：《两淮盐法志·图说第一》，第 600 页。
② 王慧：《从画到图：方志地图的近代化》，《上海地方志》2019 年第 1 期。
③ 孙靖国：《欧洲文艺复兴时期与中国明清时期地图学史三题》，《中国历史地理论丛》2023 年第 1 期。

化转型，编绘更为科学、准确，提高了盐场图的准确性。这与明清时期两淮盐区是全国海盐生产中心的特殊地位有关。中央朝廷的重视、治理要求的严格，加上明清时期江苏沿海滩涂淤涨规模很大，复杂的滩涂地貌与岸线变迁、盐场荡地淤蚀变化，对盐场图资料的要求不断提高，故在历代盐法志中两淮盐场图整体上编绘质量较好，不仅数量更多，而且反映的范围也更广。

总之，通过调查、梳理沿海盐场图的演变脉络，我们可以从另一角度窥探中国古代舆图演变的过程以及盐场图的特殊性。沿海盐场图是实用性强的专业性舆图资料，编制目的是通过直观形象的舆图服务于地方盐业治理，因此大部分以传统山水或混合平面示意方式为主，只有少数沿海盐场图在清末开始转型，它们通过与西方制图知识及理论实践的缓慢结合，逐渐糅合西方制图技法，日益接近了近代化地图的表达形式，从而为当时提供了更科学、更准确的盐场图资料。

【作者简介】鲍俊林，复旦大学历史地理研究中心副教授、硕士生导师，主要开展海岸生态与人地关系、历史自然地理、区域历史地理研究。电子信箱：baojunlin@fudan.edu.cn。

艾儒略《万国全图》朝鲜彩色改绘本考略 *

杨雨蕾

摘　要：现存韩国的《天下都全图》和河百源《泰西会士利玛窦万国全图》为艾儒略《万国全图》十七世纪初传入朝鲜半岛后的朝鲜彩色改绘本。这两幅世界地图是朝鲜制作者为了更好地展现地图细节，融合了《职方外纪》各大洲分图的详细地理信息以及朝鲜的最新地理认识，将艾儒略的《万国全图》改绘并扩展而成的较大尺幅作品。通过这两幅地图的制作过程可以得知，面对西方汉文世界地图的传入，朝鲜知识分子试图将地图所反映的万国地理知识和传统地理认知会通所作出的努力，同时也展现出东西方地图文化交汇过程中，东方传统地理认识被纳入西方汉文地图框架后所呈现的形态，朝鲜知识分子对西方地图呈现的万国世界的理解由此可见一斑。西方世界地图东传过程中所出现的面向其实并不单一，需要从知识传播的群体视角进一步加以思考。

关键词：艾儒略；《万国全图》；朝鲜绘本；地图学史；东西文化交流

关于东西方地图文化在朝鲜半岛相互碰撞的场景，学界更关注利玛窦《坤舆万国全图》的朝鲜版本及其对朝鲜半岛的影响。不过，除了利玛窦汉文世界地图，艾儒略（Giulio Aleni，1582—1649）的《万国全图》早在 17 世纪初也传入朝鲜半岛，并产生相当的影响，对此学界目前的关注和讨论局限在韩国学界。金良善最早指出艾儒略《职方外纪》《万国全图》传入朝鲜半岛的史事[1]，后卢祯埴在

---

* 谨以此文纪念恩师黄时鉴先生逝世十周年。

[1] （韩）金良善：《韓國古地圖研究抄》，载氏著《梅山国学散稿》，首尔崇田大学校博物馆，1972 年，第 231—234 页。

此基础上有一定说明①；李灿《韩国的古地图》首次刊出韩国国立首尔大学奎章阁藏《天下都全图》颇为清晰的图版，介绍此本即为艾儒略《万国全图》的朝鲜彩绘本，同时也提及另一幅朝鲜绘本的私藏本，并以黑白照片刊出。②杨普景发现河百源《泰西会士利玛窦万国全图》并非利玛窦世界地图，而是受到艾儒略《职方外纪》中《万国全图》影响的作品。③这些研究揭示了艾儒略《万国全图》传入朝鲜半岛的史事及其图存在朝鲜绘本的情况，不过相关讨论基本属于对单一图本较为概括地说明和介绍。本文在此基础上，结合艾儒略《万国全图》的不同版本，着重考察可见的两幅艾儒略《万国全图》朝鲜彩色改绘本，对比分析相关图本的具体地理信息，讨论朝鲜改绘本的制作特点，并对此图东传过程中的演变及 18 世纪至 19 世纪东西方地图文化交流作些阐发。

一、艾儒略《万国全图》版本及其传入朝鲜概况

艾儒略《万国全图》最早出现在其所作《职方外纪》中，该书初刻于明天启三年（1623 年）④，是继利玛窦汉文世界地图之后详细介绍世界地理知识的汉文文献。其中的地图除了《万国全图》，还有《北舆地图》《南舆地图》以及《亚细亚图》《欧逻巴图》《利未亚图》《南北亚墨利加图》。

《职方外纪》除刻本图之外，现可知还有两种单本着色的《万国地图》。其一是单张地图，最早在意大利米兰的安波罗修图书馆（Biblioteca Ambrosiana）被发现，纵 24.3 厘米，横 49.5 厘米，黄时鉴称之为"《万国全图》A"。该图木版刻印，在墨色印本上着色（包括在印本上可见的红字），以不同的颜色勾勒州⑤界。这幅图其实就是抽印《职方外纪》中的《万国全图》，再做着色加工并装裱而成，应该也刊印于该年。A 本流传甚广，之后在许多相关著作中作为插图而印出。⑥其二是三张纸本缀连成的一文二图，三张从上至下被裱糊在白绫上，上《万国图小引》、中《万国全图》，下《北舆地图南舆地图》。此本现藏于意大利米兰的布雷顿斯国立图书馆（Biblioteca Nazionale Braidense），其中的《万国全图》纵 24.3 厘米，横 49.4 厘米。黄时鉴首次在国内学界加以介绍，并将它称为"《万国全图》B"。B 本《万国全图》几大州着色与 A 本有所不同：亚细亚全部涂黄（A 本用棕色线勾勒），墨瓦蜡泥加全部涂浅棕（A 本以红棕色线勾勒），南北亚墨利加则用棕色线勾勒（A 本以浅棕色线勾勒）。另外，A 本中所标的"大明一统"改为"大清一统"，还有部分地名有所不同。B 本当刊印于清顺治五年至六年（1648—1649 年）。⑦

《职方外纪》和《万国全图》流传甚广，其传入朝鲜的时间为明崇祯四年（1631 年），由朝鲜陈奏使郑斗源（1581—?）带入。明天启元年（1621 年）朝鲜至明朝的陆上贡道因为后金势力在辽

① （韩）卢祯埴：《韓國의 古世界地圖의 特色과 이에 대한 外來의 影響에 관한 研究》，《大邱教大论文集》第 18 辑，1981 年。
② （韩）李灿：《韓國의 古地圖》，首尔汎友社，1990 年。
③ （韩）양보경：《圭南河百源의〈万国全图〉와〈东国地图〉》，《全南史学》第 24 辑，第 96 页。
④ 关于《职方外纪》的版本，可参见王永杰：《〈职方外纪〉成书过程及版本考》，《史林》2018 年第 3 期。感谢王永杰博士提供《职方外纪》相关的版本，并提出修改建议。
⑤ 《职方外纪》均以"州"记述各大洲，为统一用词，本文论及图中各洲均用"州"字。
⑥ 参见黄时鉴：《艾儒略〈万国全图〉A、B 二本见读后记》，复旦大学历史地理研究中心编：《跨越空间的文化：16—19 世纪中西文化的相遇与调适》，东方出版中心，2010 年，第 451—457 页。
⑦ 参见黄时鉴：《艾儒略〈万国全图〉A、B 二本见读后记》，复旦大学历史地理研究中心编：《跨越空间的文化：16—19 世纪中西文化的相遇与调适》，第 451—457 页。

东的兴起受到阻隔，朝鲜贡使即通过海上通道来往明朝。起初贡使团"自海至登州"[①]，到崇祯二年（1629年），考虑到"登莱是内地，不宜使外国使臣来往"[②]，所以明政府规定朝鲜使臣海路需至觉华岛往来[③]。郑斗源一行于崇祯三年（1630年）七月通过海路由渤海抵达登州，意欲自此前往京城，不过因违反了当时明朝的规定而迟迟未被允许入京，以至于停留登州数月，直到十月才获准入京。次年六月使团被允许再到登州由海路回到朝鲜。正是在回程登州停留期间，郑斗源与当时同在登州的耶稣会士陆若汉（Joao Rodrigues）交往，并获得一些汉译西学著作。郑斗源和陆若汉的交往也是迄今可见文献所载明代朝鲜使臣与西方传教士的首次交往。[④]

根据朝鲜《（增补）文献备考》记载："郑斗源回自京师，献西洋人陆若汉所赠《治历缘起》一册、《天文略》一册、《利玛窦天文书》一册、《千里镜说》一册、《职方外纪》一册、《西洋国风俗记》一册、《西洋国贡献神威大镜疏》一册、《天文图》南北极两幅、《天文广教》两幅、《万里全图》五幅、《红夷炮题本》一册。"[⑤]这里除《职方外纪》一册外，还有《万里全图》五幅。现存郑斗源译官李荣后在写给陆若汉的书函中提到："《万国全图》地球上合为五州之说，既得闻命。然念中州之地，正当天之中，浑元清淑之气……"又说，"万国图以大明为中，便观览也，如以地球论之，国国可以为中。"[⑥]由此可知《万里全图》当为《万国全图》之误。

日本学者山口正之认为，上述《万国全图》就是利玛窦的《坤舆万国全图》[⑦]，不过金良善并不以为然。他指出，《坤舆万国全图》共6幅，而非5幅。又，朝鲜人安鼎福记载朝鲜李氏王朝英祖二十九年（1752年）有"《职方外纪》五世界图为一卷"，所以此处《万国全图》当为收入《职方外纪》之地图，包括《万国全图》以及四幅各大州分图。[⑧]金良善之说无疑更为合理。需要说明的是，今《职方外纪》藏本主要包括6卷本闽刻本系列和5卷本杭州刻本系列，从包括5幅地图的记载来看，传入朝鲜半岛的《职方外纪》最有可能是5卷本杭州刻本系列的《天学初函》本。[⑨]从现有朝鲜史料看，18世纪中叶《天学初函》在朝鲜半岛确有流播。[⑩]

二、朝鲜彩绘本的图本形式和内容

迄今没有发现传入朝鲜半岛的《职方外纪》以及单幅《万国全图》原本，不过在韩国存有《万国全图》朝鲜彩色改绘本两种：一是收录在韩国国立首尔大学奎章阁所藏地图集《舆地图》中的

① 《明史》卷320《外国一》，中华书局，1974年，第8302页。

② （朝鲜）韩泰东、韩祉：《两世燕行录》，（韩）林基中编：《燕行录全集》第29卷，首尔东国大学出版社，2001年，第283页。

③ 《明史》卷320《外国一》，第8302页。

④ 杨雨蕾：《朝鲜燕行使臣与西方传教士交往考述》，《世界历史》2006年第5期。

⑤ （朝鲜）洪凤汉等编著：《（增补）文献备考》卷242《艺文考》；又可参见《国朝宝鉴》卷35，仁祖九年秋七月条。此处《西洋国贡献神威大镜疏》疑为《西洋国贡献神威大铳疏》。

⑥ （朝鲜）安鼎福：《杂同散异》第22册《西洋问答》，韩国国立首尔大学奎章阁藏本。

⑦ 参见（日）山口正之：《朝鲜西教史：朝鲜キリスト教の文化史的研究》，东京雄山阁，1967年，第44页。

⑧ 参见（韩）金良善：《韓國古地圖研究抄》，第231—234页。

⑨ 《天学初函》杭州刻本所收录的地图包括万国全图、亚细亚图、利未亚图、欧逻巴图和南北亚墨利加图。闽刻本通常还有北舆地图和南舆地图。参见（意）艾儒略著，谢方校释：《职方外纪校释》，中华书局，2000年，第11页；王永杰：《〈职方外纪〉成书过程及版本考》，《史林》2018期第3期。

⑩ 参见杨雨蕾：《燕行与中朝文化关系》，上海辞书出版社，2011年，第166页。

《天下都地图》（见图 1）；二为韩国何来声私藏的其祖河百源① 所绘之图，该图题为"泰西会士利玛窦万国全图"，在韩国中央研究院有藏本，河百源《圭南文集》附有这幅图的影印件。② 另外，韩国朴庭鲁私藏有一幅单色《万国全图》，该本具体情况不详，李灿在其《韩国的古地图》一书论及艾儒略《万国全图》时曾有提及，并附有一张十分模糊的图本。③

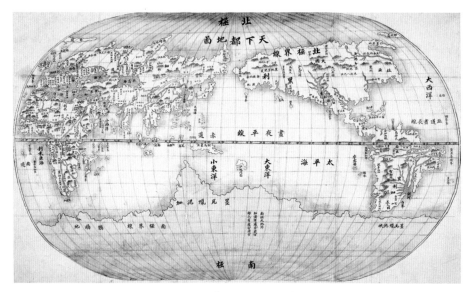

图 1 《天下都地图》

《天下都地图》纵 50.5 厘米，横 103.0 厘米，收录在《舆地图》第 1 册中。《舆地图》共 3 册，纸质彩色绘本，收藏号：古 4709-978。第 1 册共有 6 幅图，首幅即这幅标有"天下都地图"的世界地图，此外，还有标明"北京都城三街六市五坛八庙全图"的北京城图以及没有标注图名的朝鲜日本琉球地图、中国地图、义州北京使行路线图和汉阳城图；第 2 册为 8 幅朝鲜道别地图；第 3 册则收录 16 幅中国省图，分别标明江南省、江西省、广东省、广西省、贵州省、福建省、泗川省、山东省、山西省、盛京省、云南省、浙江省、直隶省、河南省、山西省、湖广省。④

根据收入第 1 册"朝鲜日本琉球国图"和第 2 册朝鲜八道地图中的朝鲜半岛相关地名，推测该地图集的制作时间在 1789—1795 年间。⑤ 由此这幅《天下都地图》的制作年代当在 1795 年之前。这幅图绘制出五大州，不仅有山脉、河流、湖泊等形象，还画有经纬线，标明北极、南极、赤道（昼夜平线）、南极界限、北极界限等，赤道线上标绘有经度度数。图中所有文字均为墨书，山脉着绿色，赤道着淡红色，沙漠着淡棕色，"东红海""西红海"着淡红色，河流、海洋以及湖泊基本为深浅不一的淡蓝色，自南极延及墨瓦蜡泥加的着色从橘黄色渐变到淡黄色，北极着以绿色，向南逐渐变为淡绿。从整幅图所绘制的五大州整体轮廓以及部分地名内容看，和艾儒略《万国全图》趋于一致，所以判断其为根据《万国全图》而绘制。⑥

① 河百源（1781—1845），字穉行，号圭南、沙村，朝鲜学者，祖籍全罗道晋州，出生于全罗道和顺。他早年受学朝鲜性理学大家宋时烈后人宋焕箕（1728—1807），但受朝鲜后期实学思潮之影响，关注西学，积极学习天文、地理、律历、算数等知识，制作水车、地图、自鸣钟、虹吸器等，是朝鲜利用厚生之学的实践者。

② （朝鲜）河百源：《圭南文集》，首尔景仁文化社，1977 年。

③ （韩）李灿：《韓國의 古地圖》，第 351 页。

④ "泗川省"即"四川省"，朝鲜文献常有将"四川"写成"泗川"的情形。"盛京省"指盛京将军辖地。

⑤ 参见《한국옛지도》，서울예맥，2008 年，第 70 页。

⑥ 参见（韩）李灿：《韓國의 古地圖》，第 382 页。

河百源所绘《泰西会士利玛窦万国全图》,纵 80.5 厘米,横 132.0 厘米,图名题于天头,图下是"利玛窦圆球图说"①。图四周有相关文字:右上角述及西教及利玛窦入明传教之事②;左上角说到徐光启、李之藻尊奉利玛窦所传之学③;右下角和左下角说明五大气候带的划分。"利玛窦圆球图说"最后有"无统辛巳道光元年三月上澣沙村重模"字样,即可知该图的绘制时间为 1821 年。河百源除绘制了这幅地图外,还于 1811 年绘制朝鲜地图 9 幅,另一幅《东国全图》和 8 幅道分图。④

《泰西会士利玛窦万国全图》绘有经纬线,标明北极、南极、赤道(昼夜平线)、南极界限、北极界限等,赤道线上标绘有纬度度数,山脉、河流、湖泊等以形象绘制。图中所有文字为墨书,其他色彩因为图本身出现漫漶,再加上所见是模糊的扫描件,所以较难清晰辨认,但大体可以看到山脉着绿色,除"东红海""西红海"着有淡红色之外,其他河流、海洋以及湖泊均为淡蓝色。朝鲜学者常有混淆西方传教士相关著作的情况出现,如李圭景(号五洲,1788—?)《五洲衍文长笺散稿》有多处将《职方外纪》的作者记为汤若望⑤,也有将利玛窦地图记为《万国地图》的情况⑥。上述《泰西会士利玛窦万国全图》虽然题为"利玛窦万国全图",但是对比图本内容,除了图下"利玛窦圆球图说"的文字之外,地图本身与利玛窦汉文世界地图并无直接的关系,而是与艾儒略的《万国全图》有关的地图。⑦若不考虑图下的文字,该图的尺寸与《天下都地图》基本相同,而且无论从五大州整体轮廓,还是从地名内容看,都源自艾儒略的《万国全图》。但是两者存在诸多差异。

首先,大陆和岛屿的细部形状有诸多不同之处。如《天下都地图》中赤道以南标为"新为匿亚"的岛屿向东南延伸出细长的一部分,河百源图中此处岛屿则是向西北延伸出一部分;《天下都地图》无河百源图在北亚墨利加北部沙瓦乃国附近所绘有的海湾;《天下都地图》中日本岛的东北部分狭长,河百源图中的这部分则颇为宽阔,且两者的形状完全不同;朝鲜半岛两图的绘制亦不同,《天下都地图》的形状近似于 18 世纪朝鲜出现的郑尚骥《东国地图》系列,河百源图则不然;《天下都地图》没有河百源图中位于冰海附近的"大茶答岛"及其西部和卧兰的亚岛之间的一无名岛屿。

其次,一些地名存在不同或者同一地名的方位有所不同。如欧逻巴北部的矮人国,《天下都地图》写成"倭人国",并将之与"新增腊"绘于一处,河百源图中"矮人国"和"新增腊"之间则有宽阔的海湾,"冰海"标识于此处;《天下都地图》"大西洋"标识在图右边南北亚墨利加的东部,福岛和绿峰岛也绘于此,"大东洋""小东洋"标在中部赤道以南"沙蜡门岛"附近,河百源图中大西洋、福岛和绿峰岛均位于地图左边"欧逻巴"西部,南北亚墨利加东部有"东大洋";《天下都地图》南亚墨利

① 此源自《坤舆万国全图》上利玛窦的《天地浑仪说》(《坤舆万国全图》图上无标题,《天地浑仪说》为利玛窦《乾坤体义》所题),有删减。

② "耶稣生于汉哀帝元寿二年庚申,西行教于欧罗巴,诸国尊奉之。至大明神宗万历九年辛巳,利玛窦以其学(西人之天学如中国之道学,近世所谓邪学,特其末弊)始泛海九万里抵广东之广州府香山澳,其教始沾染中土。至二十九年辛丑入京师,自称大西洋人,帝嘉其远来,公卿以下重其人,咸与晋接。玛窦安之,留居不去,以三十八年庚戌四月卒于京师,赐葬西郭门外。"

③ "玛窦本欧罗巴意大里亚人,身长八尺,面长四尺,乘圆舟,穷海关,览五界。夷入中国之后,其徒来益众,大都聪明达识,专意行教,不求除仕。所著书多华人所不道。一时好异者,如徐光启、李之藻辈首好其说。其教骤兴,尤精历法,视大统为密。"

④ 这些地图主要依据朝鲜后期十分流行的郑尚骥《东国地图》系列。参见(韩)杨普景:《圭南河百源의〈万国全图〉와〈东国地图〉》,《全南史学》第 24 辑,第 96—102 页。

⑤ 参见(朝鲜)李圭景:《五洲衍文长笺散稿》卷 8《南敦伯纪坤舆外人物辨证说》《南怀仁纪海产辨证说》,首尔明文堂,1982 年,上册,第 285—289 页。

⑥ 参见(朝鲜)李圭景:《五洲衍文长笺散稿》卷 38《万国经纬地球图辨证说》,下册,第 185 页。

⑦ 参见(韩)양보경:《圭南河百源의〈万国全图〉와〈东国地图〉》,第 73—96 页。

加西部 "孛露海" "福峰" 标识在离海岸有距离的海上岛屿附近，河百源图则标识在海岸附近。

最后，山脉、河流等形象描绘手法不同。如《天下都地图》中南北亚墨利加的山脉多以连续的形式绘出，河百源图则多以独立的几座山峰表现；《天下都地图》以双曲线绘出整条长江，但没有明显反映出鄱阳湖，河百源图洞庭湖和鄱阳湖表现得十分明显，洞庭湖以东的河道以双曲线表现，以西以单线绘出。

由此可见两图无承继关系，应为各自独立的彩绘本。从尺幅上看，《天下都地图》及《泰西会士利玛窦万国全图》比艾儒略彩色原本《万国全图》几乎大一倍，着色也不同。从内容上看，两图所标识的地名明显比《万国全图》原图丰富许多。以亚细亚部分为例，《万国全图》原图标绘的地名有 60 余个，而在《天下都地图》及《泰西会士利玛窦万国全图》中则超过 120 个，多出近一倍（参见文末附表）。对照这些地名可知，《天下都地图》及《泰西会士利玛窦万国全图》中增加的大部分地名主要来源于《职方外纪》中的《亚细亚图》《欧逻巴图》《利未亚图》《南北亚墨利加图》四大州图。有韩国学者研究认为两图应该是以《职方外纪》中的《万国全图》为基础绘制的[①]，然而迄今所发现的《万国全图》并没有如此丰富的地名。所以这两幅朝鲜的彩绘本实际上是制作者综合《职方外纪》中《万国全图》和各大州分图而绘制的作品。

三、朝鲜彩绘本的制作特点

前已述及，两幅朝鲜彩色绘本存在诸多差异，不存在承继关系。相比而言，河百源图的大陆轮廓细节、岛屿形状等更接近《万国全图》，上述与《天下都地图》所存在的诸多差异，如新为匿亚、日本岛屿的形状，包括大西洋、福岛等地名的标识位置，明显与艾儒略原图趋于一致。不仅如此，从更多的制作细节看，河百源图也比《天下都地图》更多地与《职方外纪》四大州分图趋同，如朝鲜半岛的形状与其中"亚细亚图"基本类似，对地中海北部沿岸的绘制明显来源于《欧逻巴图》，等等。所以就地图的整体制作而言，河百源图参考《万国全图》，然后选择利用五大州分图增加了细节和相关地名，相比《天下都地图》，其与艾儒略地图的类似成分更多。实际上，若从经纬线的绘制以及各地所处的相对位置来看，河百源图也更为接近艾儒略原图。值得注意的是，对某些细部绘制，尤其是大州之间的交错部分，其差异或与其所参照不同的大州图有关。

以亚细亚和欧逻巴的交界地区为例。北高海位于亚细亚靠近欧逻巴之处，其北有两条河流，靠西是窝尔加河，靠东有阿比河，《天下都地图》中这两条河贯穿北高海和亚细亚北部海洋之间。而在河百源图中，阿比河并未到北高海，窝尔加河没有和冰海贯通。《万国全图》原图中，窝尔加河未标识出，阿比河并没有连接北高海。《职方外纪》的《亚细亚图》所绘制的这两条河道的走向和河百源图基本相同，那么《天下都地图》对这两条河流的绘制依据出自哪里呢？如果看《职方外纪》中的《欧逻巴图》，很明显两者相似。《欧逻巴图》不仅将这两条河绘制成贯通北高海和亚细亚北部海洋的河流，而且和《天下都地图》一样将矮人国和新增腊绘于一处。所以这部分的绘制，与河百源图主要参照《万国全图》和《亚细亚图》不同，《天下都地图》更多参照的是《欧逻巴图》。

综上，《天下都地图》和河百源《泰西会士利玛窦万国全图》是分别参照利用艾儒略《职方外

---

① 参见（韩）양보경:《圭南河百源의〈万国全图〉와〈东国地图〉》，第 96 页。

纪》相关地图制作而成的单幅朝鲜彩色绘本，而且两者也明显具有朝鲜制作的一些特点。

首先，这两幅图作为总图，因为增加了分图的具体地理信息而比艾儒略《万国全图》原图内容丰富，故两图实为该图的朝鲜彩色改绘本，更为确切地说，是增扩改绘本。这种较大尺幅世界总图有选择地综合了原小尺幅总图和分图的地理信息，其制作与中国明代罗洪先改绘元代朱思本大幅《舆地图》为多幅图本的情况正好相反，也可以看出东亚地区传统大尺幅总图（包括世界图和全国图）的一种制作方式，即按一定比例扩大小尺幅总图，将分图的部分地理信息纳入其中，并以分图的绘制方式细化总图的地理表达。罗洪先之所以改大幅为小幅，乃因"朱图长广七尺，不便卷舒"[①]。艾儒略地图之所以绘制为小幅总图和分图形式，是为了方便携带和传播。而朝鲜的改绘显然放弃了携带方便的考虑，作为官方收藏，主要应该是为了便于直观浏览。这种改绘方式我们还能在1747年《天下舆地图》的制作中看到，该图实际上综合了《增订广舆记》刻本中的相关地图绘制而成。[②]18世纪朝鲜利用自中国传入的小尺幅刻本地图绘制大尺幅舆地总图的方式，在朝鲜地图学史乃至东亚地图学史上都值得关注和进一步讨论。

其次，从所描绘的地理内容来看，尽管源自艾儒略《万国全图》和各大州分图，但两图都不同程度融入了自己的认知，尤其对于了解的朝鲜相关地理内容做出增加和改变，如此也使地图更能为朝鲜人所关注和接受。最为明显的例子就是在朝鲜半岛及其附近海域这些朝鲜熟悉的地区，两图都各自增绘了艾儒略图中没有的内容：《天下都地图》增加的地名包括宁古塔、盛京、蒙古、白头山、鬱陵、大琉球国等，河百源图也增绘有白头山、大宁、鬱陵、对马岛、耽罗、大琉球以及京、咸、平、黄、忠、全、庆、江代表朝鲜八道的地名等，且两图都将艾儒略图中的"女直"改为"女真"，反映出朝鲜对此的明确认识。《天下都地图》同时特别将"一目国""矮人国""长人国""女人国"以较大字体明显标出，应该与这些名称在《山海经》等古代中国文献中经常出现且为朝鲜所熟悉有关。《天下都地图》还在南方大陆上注有"南极火地外，红黄有处皆炎方，绿色有处皆凉方"，并将南部绘制成橘红色，以此表现出绘制者对南极、北极气候的认识。需要看到，与河百源图相比，《天下都地图》更多纳入了朝鲜学者所认知的地理知识，特别是将朝鲜半岛改绘为郑尚骥《东国地图》形状，表现更为明显。

下面再凭着模糊的黑白图版对朴庭鲁私藏的《万国全图》做些说明。该图尺寸不详，椭圆形图四周有"万国全图"字样。整体来看，该图和河百源图趋于一致，包括各大陆、岛屿轮廓，以及各大州名称、赤道、昼夜平线、南道、北道、大西洋等文字标注所在，地名标识的密度看起来也类似。特别是两图均在墨瓦蜡泥加州大陆北部"昼短线"附近一小海湾标出"小爪洼"，而且在爪洼岛下有文字说明[③]，《天下都地图》则无这些内容。然而同时也能发现若干不同的地方，如"昼长线"的标注位置明显比原本靠近中线，"太平海"比原本更靠近赤道，"东南海"的位置也存在差异。尤其是地图中心偏东标注有"大东洋"，原本中附近的"小东洋"字不存，而原本中"大东洋"出现在地图最右边，朴庭鲁私藏本则在此处用墨色涂去了三个字；又，各大州名称每个字都用圆圈圈出；地图上部中线右边有"西平线"字，左边有"东平线"字。由此可见此本肯定不是原刻本，从图版看，似乎

---

① （明）罗洪先：《广舆图》序，影印首都图书馆藏明万历七年刊本，国际文化出版公司，1997年。

② 相关研究笔者将另文说明。

③ 根据河百源图，这里从右往左的文字依此是地木岛、巴亚巴、皮马、黄巴落。

有着色的痕迹，且"万国全图"字为楷体，而非原本宋体，所以该图应该是后来的摹绘本，目前尚不能确定是否为朝鲜人所绘。

四、结语

《职方外纪》和《万国全图》传入朝鲜半岛后，引发朝鲜学人诸多关注。李瀷（号星湖，1681—1763）作为朝鲜实学派的重要人物，不仅在其著述及与友人的信件中多次提及《职方外纪》和《万国全图》所记之地、所论之事[1]，而且还专门为《职方外纪》撰述跋文。跋文一方面对书中所记及图中所见"谓有大可验者"，另一方面也以为"其事极异"。[2] 之后，慎后聃（1702—1761）、安鼎福（1712—1791）、魏伯珪（1727—1798）、黄胤锡（1729—1791）、李圭景（1788—？）等对该书的内容和评价也有涉及。可见艾儒略《职方外纪》《万国全图》对朝鲜士人的世界地理认识带来了一定冲击，有认同之士，亦有怀疑论者。[3] 不过就东西方地图文化交流而言，无论是利玛窦世界地图、艾儒略图，还是之后南怀仁《坤舆全图》《坤舆图说》，学界近年较多关注的是面对 17 世纪西方汉文世界地图东传过程中，朝鲜将部分地理新知识简单纳入传统以中国为中心所谓"天下图"框架的情况，尤其是 17、18 世纪大量圆形天下图的流行，表现出朝鲜对传入的西方地理知识的抗拒，莱德亚德（Gari Ledyard）更是因此认为"朝鲜人看到西式世界地图时，很难建立与那个世界的联系"[4]。

但是《天下都全图》和《泰西会士利玛窦万国全图》的绘制也提醒我们存在的另一种情形，即 18 世纪末 19 世纪初朝鲜人对西方汉文地图所呈现世界的接纳。两幅地图并非简单摹绘艾儒略《万国全图》，而是为了更好地观览，融合《职方外纪》大州分图的详细地理信息以及朝鲜学者的地理认识，改绘《万国全图》，将之扩展为较大尺幅作品。尤其是《天下都地图》这幅地图虽然变异的成分较多，且图名也改以传统"天下"名之，但根本上还是艾儒略图所展现的世界万国形态。该图收录在朝鲜奎章阁（现为韩国首尔大学奎章阁）藏《舆地图》中，与流行于坊间的圆形天下图不同，其阅读对象为朝鲜王室成员和士大夫阶层。圆形天下图尺幅小，除了单幅本，通常收录在具有商业性质的朝鲜"地图帖"中。"地图帖"通常除了天下图，还包括中国图、朝鲜图、日本图、琉球图和朝鲜的八道地图，整体强调的还是传统中国中心观念。

而《舆地图》地图集所收录的地图，第 1 册除了这幅世界图，还有中国图、朝鲜日本琉球图两幅国别图，北京、汉阳两幅城市图，以及义州北京使行路线图，朝鲜日本琉球图中朝鲜半岛尤大，显然是将中国和朝鲜并列；第 2 册和第 3 册又分别收入朝鲜八道地图和中国十三省地图，这种将两国置于同等地位的观念表达得就更为清晰。《职方外纪》对传统中国中心的挑战、瞿式穀《职方外纪

---

① 参见（朝鲜）李瀷：《星湖僿说》卷 1《天地门》，卷 4—5《万物门》等，韩国民族文化推进会，1976 年。

② （朝鲜）李瀷：《星湖先生全集》卷 55《跋〈职方外纪〉》，《韩国文集丛刊》第 199 册，韩国民族文化推进会，1997 年，第 514 页。

③ （韩）千기철：《〈職方外紀〉의 저술 의도와 조선 지식인들의 반응》，第 97—121 页。

④ （美）哈利（J. B. Harley）、大卫·伍德沃德（David Woodward）主编，黄义军译：《地图学史》第二卷第二分册，中国社会科学出版社，2022 年，第 302 页。

小言》由艾儒略图所阐发的"东海西海，心同理同"①在此也得到某种回应。《天下都地图》的制作以及《舆地图》地图集的出现让我们看到，面对传入的这些西方汉文世界地图，朝鲜知识阶层试图将其中所反映的万国地理知识和传统地理认知交会融通所做出的努力，也展现出东西方地图文化交会的另一种形式，即将东方传统的地理认识纳入西方汉文地图的框架中，以表达对西方地图呈现的万国世界的理解。西方世界地图东传过程中接收者接收的角度其实并不单一，需要从知识传播的受众视角进一步加以思考。

附表　相关地图亚细亚部分标绘地名一览表

天下都地图	河百源图	万国全图A	亚细亚图	备注
登都国	登都国	登都国	登都国	
	胡山	胡布山	胡布山	B本无此
来金山	东金山		东金山	
包得河	包得河		包得河	B本有"包得"
白湖			白湖	
奴儿干	奴儿干	奴儿干	奴儿干	
			西金山	
单务得	单务得		单务得	
鞑而靼河	鞑而靼河		鞑而靼河	
罗山	罗山	罗山	罗山	
鞑而靼	鞑而靼	鞑而靼	鞑而靼	
女真	女真	女直	女直	
宁古塔				
辽东	辽东		辽东	
	大宁			
盛京				
蒙古				
白头山	白头山			
朝鲜	朝鲜	朝鲜	朝鲜	
	咸			即咸镜道
	平			即平安道
	京			即京畿道
	黄			即黄海道
	江			即江原道
	忠			即忠清道
	全			即全罗道
	庆			即庆尚道
鬱陵	鬱陵			
	耽罗			

---

① （意）艾儒略著，谢方校释：《职方外纪校释》，中华书局，1996年，第9页。

续表

天下都地图	河百源图	万国全图 A	亚细亚图	备注
	对马岛			
日本	日本	日本	日本	
小东海				
弥亚可	弥亚可		弥亚可	
大明海	大明海	大明海	大明海	
小西海				
大琉球国	大琉球		大琉球	
	月山岛			
万里城				
河套			河套	
北京	北京	北京	北京	
大明一统	大明一统	大明一统	大明一统	B 本为"大清一统"
山西	山西	山西	山西	
山东	山东	山东	山东	
直隶				
陕西	陕西	陕西	陕西	
江南	南京	南京	南京	
河南	河南	河南	河南	
泗川	四川	四川	四川	
黄河	黄河		黄河	
浙江	浙江	浙江	浙江	
江西	江西	江西	江西	
福建	福建	福建	福建	
广东	广东	广东	广东	
广西	广西	广西	广西	
	庾岭		庾岭	
鄱阳	鄱阳		鄱阳	
洞庭	洞庭		洞庭	
湖广	湖广	湖广	湖广	
贵州	贵州	贵州	贵州	
云南	云南	云南	云南	
昆仑山	昆仑	昆仑	昆仑	
星宿海	星宿海	星宿海	星宿海	
	西番		西番	
安南	安南	安南	安南	
	缅甸	缅甸	缅甸	
占城	占城	占城	占城	

续表

天下都地图	河百源图	万国全图 A	亚细亚图	备注
琶牛 ①	琶牛	琶牛	琶牛	
暹罗	暹罗	暹罗	暹罗	
真腊	真腊		真腊	
甘波牙	甘波牙	甘波牙	甘波牙	
三伏齐	三佛齐	三佛齐	三佛齐	
满刺加	满刺加	满刺加	满刺加	
若耳国	若耳国		若耳国	
榜葛剌	榜葛剌	榜葛剌	榜葛剌	
亚口敢	亚辣敢		亚辣敢	
安日河	安日河		安日河	《天下都地图》在河流的左右分别标绘，有两个"安日河"
大流沙	流沙	流沙	大流沙	
			吐蕃	
	塔尔			
沙漠		沙漠	沙漠	
瀚海	瀚海		瀚海	
意貌山	意兔山		意貌山	
金山	金山		金山	
岛洛侯	乌洛侯	乌洛侯	乌洛侯	
乐伯野	乐伯野		乐伯野	
	阴山		阴山	
天方	天方		天方	
加勒野	加勒野		加勒野	
回回	回回	回回	回回	
度而格	度而格斯单		度而格斯单	
斯单撒	撒马尔罕	撒马尔罕	撒马尔罕	B 本为"擦罵儿"
		□鲁□		B 本无此
	沙加特		沙加特	
第苏亚	茅苏亚		茅苏亚	
加尔谟几	加尔谟几		加尔谟几	
一目国	一目国		一目国	
	阿比河	阿比河	阿比河	
黄沙漠				
典尔生亚国				疑为"其尔目西国"误写
	其尔目西国	其尔目西国	其尔目西国	
新增腊	新增腊	新增腊	新增腊	B 本为"新增威"
倭人国	矮人国	矮人国		《欧逻巴图》中有，B 本此处为"女人国"

---

① 又作白古、摆古、北古、北沽，即今缅甸南部的勃固（Pegu），历史上掸人及得冷人等都曾雄踞于此，建立过政权。故白古有时也作为王朝或王国之称。另见《西南夷纪》《缅甸琐记》《清续通考》卷 333 和《清史稿》卷 528 相关记载。

续表

天下都地图	河百源图	万国全图 A	亚细亚图	备注
详尔京				《欧逻巴图》中有"诺尔京"
可未亚	莫斯哥未亚	莫斯哥未亚	莫斯哥未亚	
亚斯德辣罕	亚斯德辣罕		亚斯德辣罕	
窝尔加河	窝尔加河		窝尔加河	
北高海	北高海	北高海	北高海	
如德亚	如德亚国	如德亚国	如德亚国	
沙海	死海		死海	
西刀山	西山		西乃山	
默加			默加	
亚辣彼亚	辣波亚	亚剌比亚	亚辣波亚	
亚雅漫	亚雅漫		亚雅漫	
噜密登亚	噜密西登		噜密登亚	
亚辣彼亚国	亚辣波亚国		亚辣彼亚海	
白儿西海	白儿西海		百儿西海	
小西洋	小西洋	小西洋	小西洋	
西红海	西红海	西红海	西红海	B 本为"西红河"
度儿格	度儿格	度儿格	度儿格	
亚尔默利亚	亚尔默尼亚		亚尔默尼亚	
把彼乱	巴波乱		把彼乱	
巴尔第亚	巴尔齐亚		巴尔齐亚	
白儿西亚	百儿西亚	百儿西亚	百儿西亚	
阿尔模斯	模斯		阿尔模斯	
默第亚	默弟亚		默弟亚	
喜尔甘亚			喜尔甘亚	
曾斯丹	西日斯丹		西日斯丹	
第西河	弟而河		弟而河	
加辣麻斯	巴辣马斯		巴辣马斯	
峨罗斯	峨罗斯		峨罗斯	
	加补尔		加补尔	
印度斯当	印度斯当		印度斯当	
莫卧尔	莫卧尔	莫卧尔	莫卧尔	
劳尔	劳尔		劳尔	
坎巴牙卧亚			坎巴牙卧亚	
天竺		天竺	天竺	
印度亚	印度亚	印第亚	印度亚	
比私那亚	比私那亚		比私那亚	

续表

天下都地图	河百源图	万国全图 A	亚细亚图	备注
阿利沙婢	阿利沙弹		阿利沙弹	
圣多默	圣多默		圣多默	
印度河	印度河		印度河	
葛耳哥兰	哥烂		葛耳哥烂	
万岛	万岛		万岛	
	各正			
古木领峰	古木领峰		古木领峰	
则意兰	侧意兰	则意兰	则意腊	B 本"兰"字不见
	珍珠海			
	榜葛剌海	榜葛剌海		
苏门答剌	苏门答剌	苏门答剌	苏门答剌	
	新加峡		新加峡	
勤泥	渤泥	渤泥	渤泥	B 本"渤"字不同
爪洼	爪洼	爪洼	爪洼	河百源图该岛屿上部另有"地木岛""巴亚巴""皮马""黄巴落"字，疑为来自利玛窦图
则勤伯	则勒伯		则勒伯	河百源图该岛屿另有"明大闹""色利皮"字，疑来自利玛窦图
马路岛	马路古	马路	马路古	
	古地力 食力日私			
吕宋	吕宋	吕宋	吕宋	
泯大脑	泯大脑		泯大脑	
盗岛	盗岛		盗岛	
	角岛			
新为匿亚	新为匿亚	新为匿亚	新为匿亚	

【作者简介】杨雨蕾，浙江大学历史系教授，主要从事中外关系史、历史地理研究。

地图科技

基于大模型的高精地图的生产与应用

侯燕　胡小庆　武冰冰　申雅倩　刘玉亭

摘　要： 面对汽车产业革命的发展新趋势以及用户日益精细的出行需求，车道级导航、驾驶辅助与自动驾驶的实现，都亟须高精地图的支撑。高精地图精度高、路面信息丰富，数据量超过普通标准导航电子地图的数十倍。针对如此海量的数据和迫切的市场需求，仅依靠传统人工制图手段难以满足，而大模型则为此提供了新的技术突破口，使得高质量、规模化的高精地图数据产品出现成为可能。在百度文心大模型技术加持下，百度地图落地行业首个地图生成大模型的技术实践成果，通过构建端到端车道网络生成新范式，可显著提升地图的全流程制作技术，有效解决传统模式中的行业难题，具有强大的应用潜力。

关键词： 大模型；高精地图；地图生产；地图应用；百度地图

一、引言

人工智能正在成为人类创新的焦点，越来越多的人认可以人工智能为标志的第四次产业革命正在到来。在人工智能领域，大模型拥有千亿级参数的深度神经网络，能够处理海量数据、完成各种复杂的任务。大模型带来的变革影响着包括地图行业在内的千行百业，也成功地压缩了人类对于整个世界的认知，让社会看到了实现通用人工智能的路径。

高精地图作为自动驾驶和智能交通的重要基础，能够提供精准的定位和导航信息，为驾驶员和乘客提供更安全和高效的出行体验。以大模型为代表的人工智能技术，也为高精度地图的生产和应用带来了新的机遇。百度地图已在电子地图领域深耕多年，拥有行业领先的 AI 技术能力和海量的地图数据，当人工智能技术到来的那一刻，能够快速反应，运用大模型带来生产模式的变革。

二、新趋势下的地图行业痛点

高精地图是服务于自动驾驶系统的专题地图，蕴含更为丰富细致的静态信息和动态信息。传统导航地图在精度、内容、生产流程和更新频率等方面存在痛点，已不能够满足自动驾驶的需求，需要用高精地图来补足。[①]

（一）亟须高级辅助驾驶地图产品

面对汽车产业智能化和网联化发展的新趋势，伴随着用户日益精细的出行需求，汽车产业与地图行业正面临一系列的机遇和挑战。其中，实现车道级导航、驾驶辅助与有条件自动驾驶等功能，已成为行业的迫切需要。为满足这些功能，高级辅助驾驶地图产品将成为关键的一环。

在大众出行应用方面，地图产品需要解决车主在日常驾驶场景中较常遇到的痛点。例如，主路和辅路、高架桥上和桥下的位置区分不明，容易造成混淆和误导航；在复杂的道路网络中，无法按照车道标线和标识进行正确转向。以上问题都亟待解决，以提高驾驶的便利性和准确性。在智能驾驶应用方面，地图产品也面临着挑战。其中的关键问题在于，如何在低成本的前提下，快速满足智能网联新型汽车的需求，包括车道保持、自适应巡航、自动紧急制动、辅助泊车、换道辅助、燃油控制、有条件自动驾驶等功能，并实现安全节能行车。

在这一背景下，AI 原生高级辅助驾驶地图产品的开发和应用显得尤为重要。AI 原生高级辅助地图产品不仅能提供精准的导航信息，还应结合以大模型为代表的人工智能技术，为驾驶者提供更加智能、安全的驾驶体验。随着技术的不断进步和需求的日益增长，高级辅助驾驶地图产品将在未来的汽车产业中发挥越来越重要的作用。

（二）亟须自动化、智能化的全流程地图制图

在大模型应用于地图制图领域前，地图数据生产已经完成了从模拟测绘到数字化测绘，再到信息化测绘的重大变革，目前正在逐步由信息化测绘迈向智能化测绘时代。这一过程中，地图制图面临着以下三点问题。

第一，定制化业务专业模型泛化能力差。定制化业务专用小模型，往往是针对不同的业务应用场景或数据要素，面向特定任务及特定数据类型进行训练。传统地图制图模式应用视觉模型，主要采用语义分割或识别方法，只能学习"所见即所得"特征，针对实地无车道线、路面被车辆等遮挡、以及地图制图标准（车道组、虚拟车道线、车道拓扑连接等）等，无法实现理解、推理及生成。高昂的标注成本限制了样本量（万级别），模型参数量小导致模型表达能力有限，模型泛化能力差，难以应对现实世界复杂场景。

第二，全流程的自动化水平不够。传统地图制图自动化采用分模块分环节流水线设计，而非端到端模型，识别模型只是应用部分环节，或是部分数据要素，策略效果存在漏斗效应，全流程的自动化能力瓶颈明显。传统的导航电子地图生产技术已经无法满足行业和客户对高精度、高丰富度、高新鲜度地图提出的迫切需求。

① 王冕：《面向自动驾驶的高精度地图及其应用方法》，《地理信息世界》2020 年第 4 期。

第三，无法形成有效的数据飞轮。分模块分环节的流水线设计构成了一个全局不可微系统，无法结合用户最终的数据反馈，实现端到端的模型迭代，也无法形成有效的数据飞轮，驱动模型能力的持续突破和提升。

上述问题制约了地图制图领域的进一步发展，并且高精地图的制作难度远高于传统地图，需要采取相应的技术和方法来解决。

三、大模型与高精地图生产应用的结合

（一）大模型与高精地图生产

近年来，大模型技术的崛起让高精地图大规模、低成本、高质量、高时效生产成为可能。以百度文心大模型的技术底座为基础，百度地图推出了新一代 AI 原生数据生产平台（AIGD）。该平台采用了行业首个地图生成大模型，通过构建轻量化图像 BEV 辅助结果，构建了端到端车道网络生成新范式。地图生成大模型在技术上采用统一的矢量化建模方式，构建了集检测、分割于一体的多任务框架，可以同时生成地图要素。地图生成大模型极大扩充了数据量与模型参数量，基于端到端的新范式，充分地利用了海量地图标注和作业成果，同时基于 Transformer 模型架构的全局注意力与车道级与矢量点多级查询机制，加强了地图要素特征学习，最终实现高精度、高召回的端到端地图生成。地图生成大模型的应用，使得地图制图成本降低了 95%，显著提升了地图的全流程制作技术，尤其表现在车道级地图数据生产自动化水平的提升方面，有效解决了传统模式人工依赖程度高、数据生产效率低、成本高、场景泛化能力差等行业难题，实现了车道级地图规模化量产能力。

在采集硬件方面，百度地图是国内最早开始高精地图研发的企业之一，具备完整的自主知识产权，拥有从采集设备到数据制作全流程自主技术研发能力。通过持续的自主研发，采集硬件实现了高精度、高稳定、高时空同步和低成本。在成图模式上，基于百度自主研发的硬件系统，通过建立一套创新型高精度、高清晰度的车道级路面底图图像资料以及新的模式，可以大幅降低作业成本，有效降低标注和识别难度。

地图生成大模型，相较于传统地图数据生产模式，自动化效率大幅度提升。传统地图数据生产，一般采用分环节、分要素的模式，通过图像识别等技术辅助人工标注。由于采用多阶段的方式，策略效果存在漏斗效应，且系统全局不可微，无法通过作业标注反馈提升模型效果。例如，以往业内处理车道级网络数据时，自动化程序会输出若干车道边界线，后期需要人工完成多个步骤形成车道级路网，人工依赖度及成本高，而生成大模型后，通过端到端的模式，输入高清图像俯视图，输出矢量地图成果，只需人工辅助进行局部修正。

（二）大模型与高精地图应用

规模化的高精地图是自动驾驶安全、舒适体验的必选项。目前，在大模型的加持下，百度建立了全国规模最大的导航电子地图数据库，车道级网络覆盖程度处于行业领先位置，已实现一线、新一线、二线城市 100% 覆盖，三线城市 85% 覆盖。大规模、低成本、高时效的高精地图，也是服务用户和赋能产业的关键支撑。

为更好地服务用户，百度地图充分利用了上述的车道级数据成果，推出了全新的车道级导航产品，为驾驶者提供更为精确和细致的导航服务。当前，百度地图车道级高精度地图已经实现规模化量产，依托于此面向导航用户的城市车道级导航服务已完成对京津冀、长三角、珠三角、成渝等核心城市区域的覆盖，预计 2024 年将实现全国覆盖。

在产业赋能方面，百度地图推出车用地图解决方案，不仅可为车企提供精度和覆盖率领先的多级地图数据应用能力，还可提供安全合规的智能汽车数据专有云服务，全方位应用于车载导航、辅助自动驾驶、预见性巡航、手车互联、车联网数据分析等车用场景，并已与多家智能汽车标杆企业达成深度合作。同时，百度地图推出的交通数字孪生地图，也已成功落地广东高速等智能项目，成为智能交通示范样板，在提升市民出行体验的同时，也提升了交通管理部门的业务效率。

四、结论与展望

大模型时代，面向自动驾驶的高精地图实现了从表达到表征、从高精度到高丰富度、从离线到实时融合闭环的发展，在生产和应用中发挥着重要作用。随着大模型技术的进一步发展，高精地图生产将朝着更智能化的方向发展，为自动驾驶、智能交通、城市规划管理等领域的发展提供强大的支持。

从地图生产到地图应用，大模型正在为包括高精地图在内的整个地图行业带来巨大改变。首先，大模型能够支持应用反馈驱动形成数据飞轮。随着车道级导航城市的全部覆盖及用户规模的快速增长，以及地图生成大模型的规模化运用，高精地图能够获得更多用户反馈，推动数据及产品体验提升，从而进一步扩大数据规模，形成数据飞轮，持续提升大模型的理解、生成及推理能力。其次，大模型能够支撑建设多模态的地图行业大模型基座。通过将图像数据、时空数据、遥感数据等空天地多源多模态数据编码到统一的向量空间，可以构建出对地理信息更强认知的地图行业大模型基座，助力多维行业应用。未来，大模型技术将引领地图代际变革、服务用户和赋能产业新发展。

【作者简介】侯燕，女，百度智图副总经理，主导地图数据采集合规、数据生产及平台运维安全、测绘业务评审及合规管理等工作；胡小庆，男，百度智图业务经理，注册测绘师；武冰冰，女，百度智图测绘安全专员，测绘工程师；申雅倩，女，百度地图数据工艺专家，测绘工程师；刘玉亭，男，百度地图副总经理，全面负责百度地图基础数据研发管理、制定百度地图基础数据发展战略和总体规划工作。

数字化转型背景下综合地图集的探索和实践 *

忻静　张雯　汪敏

摘　要：地图集作为重构复杂非线性地理世界的"百科全书"，其编撰技术体现了当代科学技术的水平。在数字化转型背景下，综合地图集经历了承载媒介、编制手段、内容结构、视觉表达和数据管理等方面的发展变革。本文以《上海市地图集》为实践案例，介绍了在叙事架构、数字化管理与智能编图、数字化新技术应用、时空信息表达和数字化产品方面的转型探索，以期为其他综合性地图集设计提供理论依据与实践参考。

关键词：数字化转型；地图集；数字化技术；《上海市地图集》

2021年3月国务院发布了《中国人民共和国国民经济和社会发展第十四个五年规划和2035年远景目标纲要》，提出要激活数据要素潜能、加快数字化发展、建设数字化中国，明确了数字化转型的重要意义。作为全国改革开放和创新发展的先行者[①]，上海市委、市政府2020年年底公布《关于全面推进上海城市数字化转型的意见》，上海将进入新发展阶段，全面推进城市数字化转型，要坚持整体性转变、全方位赋能、革命性重塑。2021年上海市城市数字化转型工作领导小组办公室发布《推进上海经济数字化转型 赋能高质量发展行动方案（2021—2023年）》，2021年10月24日上海市人民政府办公厅印发《上海市全面推进城市数字化转型"十四五"规划》，统筹推进"经济、生活、治理"各领域全面数字化转型。

数字化转型的核心要义是基于信息技术赋能作用，获取多样化、高效率的发展模式。地图集是

---

* 本文为上海市科技计划项目（项目号：21DZ1204100）的成果。

① 张朝：《城市数字化转型标准化建设思考》，《品牌与标准》2021年第5期。

重构复杂非线性地理世界的"百科全书"①，定期出版城市综合性地图集，是全面回顾一个时期以来经济社会建设成果、展望未来发展远景的重要手段，综合性地图集能够记录城市发展的印记，反映文化传承与创新，具有重要的科学、文化和历史价值。地图集的编撰技术体现了当代科学技术的水平，在数字化转型背景下，综合地图集是如何发展变革的？如何充分利用新型数字化技术，创新地图集编制的思维、表达和应用？为解决上述问题，本文对综合性地图集的发展变革进行了探讨，以《上海市地图集》为实例，介绍了地图集在数字化技术和表达方面的转型经验，以期为其他综合性地图集设计提供理论与实践参考。

一、综合地图集的发展变革

地图集的发展本质是地图学的发展。②回顾和总结地图学的历史轨迹可以看出，它既是 20 世纪 60 年代以前地图学成果的积累和总结，又是信息时代地图学形成和发展的基础和起点。③数字化时代，综合性地图集在承载媒介、编制技术、内容结构、视觉表达和数据管理等方面有了新的转变。

（一）承载媒介的发展

早期的地图承载介质多为具象的客观物体，例如布匹、牛皮、纸张等，其中纸张是最为普遍通用的地图媒介。随着数字时代的到来，移动电子设备逐渐成为地图新的承载媒介。现阶段，随着移动电子设备的广泛应用，地图逐渐走入智能手机与平板电脑等全新环境中，地图的阅读方式趋向于"线上线下"融合，地图集的发展在这一趋势上与地图是一致的。④充分利用"第五媒体"手机实现地图的线上线下一体化动态展示和交互阅读，发掘新媒体地图多视角的认知可能性，有利于进一步提升与用户的交互体验。⑤

（二）编制技术的发展

地图作为描述客观世界的创新思维，是运用一定的地理学知识进行综合取舍后的表达，是客观世界信息的搬运者。搬运的方式方法随着信息化的发展，经历了由传统手工制图、数字化制图到智能自动化制图的过程。

传统制图技术，是根据实测地形图和其他制图资料，由手工依靠简单的绘图工具，经过编绘、清绘及制印等工序，编制出版各种比例尺的地图，俗称"小笔尖"工艺。⑥ 20 世纪 60 年代以来，现代数字制图技术逐步发展，地图的生产告别了手工编绘，实现了数字化，这是地图学发展史上具有里程碑意义的事件。⑦数字化制图融合应用了现代测绘技术、统计分析技术、装帧技术，体现了现代

---

① 王家耀：《地图集：重构复杂非线性地理世界的"百科全书"》，《测绘地理信息》2021 年第 1 期。
② 华林甫：《110 年来中国历史地图集的编绘成就与未来展望》，《中国历史地理论丛》2021 年第 3 期。
③ 王家耀、陈毓芬：《理论地图学》，解放军出版社，2000 年，第 11—17 页。王家耀：《关于信息时代地图学的再思考》，《测绘科学技术学报》2013 年第 4 期。
④ 杜清运、任福、侯宛玥等：《大数据时代综合性城市地图集设计的思考》，《测绘地理信息》2021 年第 1 期。
⑤ 褚传弘：《艺术地图与上海城市：地图绘制实践与新型城市体验》，《时代建筑》2019 年第 2 期。
⑥ 孙梦婷、魏海平、李星滢等：《数字地图制图产生历程与发展研究》，《测绘与空间地理信息》2020 年第 2 期。
⑦ 王家耀：《时空大数据时代的地图学》，《测绘学报》2017 年第 10 期。

编图技术水平。智能自动化制图是对数字化制图的进一步提升，至今仍是国内外的研究热点。[①] 如多尺度时空大数据的自动综合、数据库自动制图、地图自动综合质量评估等，利用算法、模型和集成工具软件等推动数字化制图向智能自动化制图升级。

（三）内容结构的发展

传统地图集通常以图组、图幅的形式来组织各种主题，如序图、自然资源、人口、社会经济、区域地理等专题图组。随着编图理念的转变，为了更好地向受众传达理念，地图集逐渐打破常规组织方式，近年来兴起的叙事地图学方向就是创新后的产物。叙事架构的地图集整合了叙事学在时间维度表达上的优势和地图学在空间维度表达上的优势，为地图集组织架构提供了一种新的演绎方式和设计思路。[②] 通过叙"事"的方式，地图集利用地图空间各个元素的有机联系，把丰富的专题信息融入事件中，让读者更容易了解地图所表达的内容，形成对事物和现象更深层次的认识，从而更容易与受众产生互动并获得情感认同。[③]

（四）视觉表达方式的发展

地图集不仅是一部"百科全书"，也是一部"艺术作品"。[④] 以往地图集对于数据的表达方式多为统计图表和几何图形，所表达的专题趋于单一。随着大数据时代的到来，海量的时空信息成为地图集编制过程中的宝贵素材，但同时对地图可视化也提出了更高的要求。从地图设计、地图符号、统计图表、色彩效果到装帧设计，视觉表达不断引入认知学、心理学、视觉设计等新的学科和理念，从标准普通专题地图逐渐演变为凸显个性的非标准专题地图，地图的表达方式更加生动易懂，容易激发读者的审美艺术体验。[⑤]

（五）数据管理方式的发展

资料的收集与整理一直是地图集编制过程中的难题，作为先导任务其工作量是不容忽视的。[⑥] 时空大数据时代，大大增加了地图集编制可用的数据资源，但也对多源数据的管理和分析提出了更高的要求。以往传统纸质、零散的资料管理方式不利于资料的整理和提炼[⑦]，数字化时代，利用数据库管理地图资料的方式可以有效提高地图制图、检查的工作效率，为智能自动化制图奠定了强有力的技术基础。

二、《上海市地图集》的数字化转型探索

《上海市地图集》至今已编制四版。1984 年第一版为内部出版，是根据国家测绘局、上海市基本建设委员会布置的任务而编纂的。图集比较全面系统地反映上海的自然条件、社会经济、行政区

---

① 王家耀：《地图制图学与地理信息工程学科发展趋势》，《测绘学报》2010 年第 2 期。
② 阿瑟·H. 鲁宾逊著，李响、华一新、吕晓华译：《地图一瞥：对地图设计的思考》，测绘出版社，2012 年，第 42 页。
③ 萧沁、高嘉诗：《创意地图设计中的叙事性理念与空间建构》，《装饰》2018 年第 2 期。
④ 杜清运、任福、侯宛玥等：《大数据时代综合性城市地图集设计的思考》，《测绘地理信息》2021 年第 1 期。
⑤ 刘雨晴、马晨燕、苏正猛：《基于用户认知的新版〈深圳市地图集〉视觉艺术设计》，《测绘地理信息》2021 年第 5 期。
⑥ 赵飞、杜清运：《现代专题地图制图研究进展与趋势分析》，《测绘科学》2016 年第 1 期。
⑦ 刘美兰、汪敏、余晨曦：《城市综合地图集数据库的构建》，《测绘地理信息》2021 年第 5 期。

划等概况，着重反映中华人民共和国成立以来的上海城市建设成就。图集采用的是传统手工制图工艺。

1997 年第二版《上海市地图集》成功编制并公开出版发行，图集分中文版和英文版两个版本，综合反映上海资源条件、城市规划建设、社会经济发展，特别是上海"八五"期间的建设成就。图集编制首次采用了计算机辅助制图技术。

在 2010 年上海世博会拉开帷幕之际，为了向全世界展示上海、推荐上海，围绕"城市，让生活更美好"的世博主题，编制了中英文对照版本的第三版《上海市地图集》，用地图语言图文并茂地介绍了世博会概况，同时也记录了上海改革开放 30 年以来取得的辉煌成就。

2021 年是中国共产党建党 100 周年，也是《上海市城市总体规划（1999—2020 年）》实施方案初见成效之际，为了更好地展示上海规划建设成就，全面服务《上海市城市总体规划（2017—2035年）》的实施，更具时代特色的 2021 版《上海市地图集》（以下简称《图集》）应运而生。《图集》以人的感知为切入点，用地图语言来直观展示 2035 年将上海建成"卓越的全球城市，令人向往的创新之城、人文之城、生态之城"的发展愿景，体现"建筑可以阅读，街道适合漫步，城市始终有温度"的城市理念，在反映城市风貌的同时，更注重用地图语言表达人对城市的感知与感受，让"城市，让生活更美好"的主题进一步得到升华。历年《上海市地图集》封面见图 1。

图 1　历年《上海市地图集》封面

（一）三轴联动的叙事架构

《图集》采用叙事架构，实现了空间、时间、专题三轴联动。空间轴由远及近，从全球一员到中国一隅，再到上海地域微观呈现，通过跨尺度的全方位视野来凸显上海这座城市的角色定位，透视其个性特质。时间轴由近及远，立足现状，再回溯历史，展望未来，梳理上海城市的文化脉络和发展轨迹。围绕上海"长江三角洲世界级城市群的核心城市、'四个中心'、科创中心和文化大都市，国家历史文化名城"的城市定位，整体建构取舍有道、点面相宜、虚实结合、动静兼顾的"多面体""多维度"叙事流，形成"江海之汇　东方明珠""中国门户　世界枢纽""追求卓越　创新之都""海纳百川　文化之城""以人为本　宜居之地""别样视角　百变魔都""区域纵横　魅力申城""来路回望　明日畅想"8 个篇章，从资料型浅表性堆叠的初阶产品，拓展升级为叙事型系统性"有机"集成的高附加值作品。

（二）数字化管理与智能编图

为方便数据管理和应用，图集编辑部专门构建了数据库，一方面通过数字化手段对多源异构数据进行空间化集成，收集了 39 家行业单位、16 个区、多所高校的空间数据、文档、图片等资料近8000 份，数据量达 47.9G，充分利用门址自动匹配、数据批量入库等信息化手段，将多源异构数据空间集成为图集专题数据库，再通过对数据的分析挖掘，实现地图可视化表达。另一方面，采用了基于数据库的自动制图技术，实现基础底图和专题数据的自动提取，减少在数据整理、空间定位、质量检查方面的工作量，高质高效编制了 192 幅地图、322 个统计图表和 118 张图片，通过数字自动化的方法提升了传统制图工艺的制图效率。

（三）数字化新技术驱动下的知识挖掘

信息化时代，《图集》不仅融入了夜光遥感影像（见图 2）、实景三维模型、多维空间分析等新型测绘技术，还结合社会感知大数据，如轨道交通刷卡流量、手机信息口令、移动通信感知等进行数据挖掘，展现更加立体、丰富、多源的专题内容。融合图、文、数等地理学要素，通过运用地图学语言进行地理时空表达与分析，描述人与城市和谐相处的规律，揭示城市中蕴含的人地关系及其时空模式，充分展示城市现状和发展趋势。

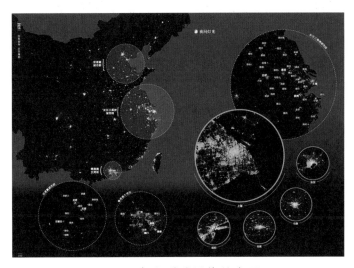

图 2　夜光遥感影像的应用

（四）时空信息表达的创新形式

《图集》立足"地理底图定制化、普通地图专题化、专题地图多元化"的设计理念，结合视觉艺术相关理论，在图表形式、数绘地图方面进行了表达创新，展现了《图集》的现代感和艺术感。在实现手段上，通过融入电子屏幕中时空大数据的可视化设计彰显地图的表现力，构建象形符号体系辅助叙事，将三维多方位空间视角与手绘水彩元素相结合，实现情景化再现，利用明暗交错的地图设计编排营造节奏感，同时倡导去模板化的定式模态，探索时空信息表达的创新形式，凸显数据多维特征，力求地图集整体表达形式的升级。

（五）数字化产品的个性化服务

为满足数字化时代的阅读需求，《图集》在纸质线下地图的基础上，通过一体化的设计手段，拓展了网页端和移动端的线上地图作为配套产品，通过扫码或微信小程序即可实现线上和线下互动。

内容结构上，除了保持与纸质版图集相对应的八大篇章内容外，移动端还增加了运用静态高清图片、动态 H5 展示页来展现上海战略地位的概览动态展示页，以及运用 WebGL 技术以动态专题地图的形式叙述红色足迹、上海一日、轨交流量、手机信令等特色内容，利用数字化手段全景式展现了上海的城市风采，综合体现了专题信息的内在价值和地图的多功能角色。比如，基于手机信令等社会感知大数据的挖掘，小程序展示出了 24 小时内上海人口分布的特征趋势：12 点到 13 点市中心的人口密度相对较大，20 点之后慢慢下降（见图 3）。

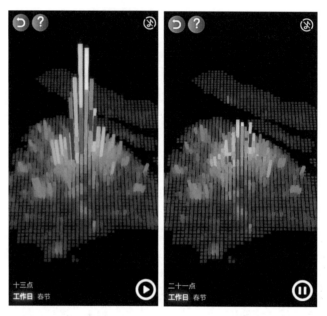

图 3　基于手机信息口令的专题展示

三、结束语

地图集的编制是一项集政治性、权威性、科学性、现势性和艺术性于一体的系统性工程。[①] 随着城市数字化转型的发展，云计算、大数据、物联网、人工智能、虚拟现实和增强现实等技术都将给地图集的编制带来新的机遇和挑战。本文总结了地图集的发展变革过程，以不同年代编制的四版《上海市地图集》为例，阐述了地图集编制转型升级的过程。作为测绘地理信息的科学文化产品，综合性地图集应与时俱进，彰显个性和特色，为政府管理提供决策支持，服务民生，进而推动地图学的发展和进步。数字化转型带动地图集实现高效率、高质量的发展，丰富的技术手段为知识挖掘和表达创新带来了更多的可能性，新媒体传播扩展了地图的应用场景，使之以更鲜活的姿态展现在大众的视野中。

参考文献

[1]张朝.城市数字化转型标准化建设思考［J］.品牌与标准化，2021（5）：3—5.

[2]王家耀.地图集：重构复杂非线性地理世界的"百科全书"［J］.测绘地理信息，2021，46（1）：1—8.

---

① 陈能坦：《浅谈城市地图集的设计》，《测绘标准化》2020 年第 4 期。

［3］华林甫.110年来中国历史地图集的编绘成就与未来展望［J］.中国历史地理论丛，2021，36（3）：110—125.

［4］王家耀，陈毓芬.理论地图学［M］.解放军出版社，2000：11—17.

［5］王家耀.关于信息时代地图学的再思考［J］.测绘科学技术学报，2013，30（4）：329—333.

［6］杜清运，任福，侯宛玥等.大数据时代综合性城市地图集设计的思考［J］.测绘地理信息，2021，46（1）：16—20+3.

［7］褚传弘.艺术地图与上海城市 地图绘制实践与新型城市体验［J］.时代建筑，2019（2）：14—19.

［8］孙梦婷，魏海平，李星滢等.数字地图制图产生历程与发展研究［J］.测绘与空间地理信息，2020，43（2）：204—207.

［9］王家耀.时空大数据时代的地图学［J］.测绘学报，2017，46（10）：1226-1237.

［10］王家耀.地图制图学与地理信息工程学科发展趋势［J］.测绘学报，2010，39（2）：115—119+128.

［11］阿瑟·H.鲁宾逊：《地图一瞥：对地图设计的思考》［M］.李响，华一新，吕晓华译，测绘出版社，2012，第42页。

［12］萧沁，高嘉诗.创意地图设计中的叙事性理念与空间建构［J］.装饰，2018（2）：113-115.

［13］刘雨晴，马晨燕，苏正猛.基于用户认知的新版《深圳市地图集》视觉艺术设计［J］.测绘地理信息，2021（5）：143—147.

［14］赵飞，杜清运.现代专题地图制图研究进展与趋势分析［J］.测绘科学，2016，41（1）：80—84.

［15］刘美兰，汪敏，余晨曦.城市综合地图集数据库的构建［J］.测绘地理信息，2021（5）：169—171.

［16］陈能坦.浅谈城市地图集的设计［J］.测绘标准化，2020，36（4）：47—49.

【作者简介】忻静，上海市测绘院第四分院副院长，中国地理信息产业协会地理信息文化工作委员会副主任委员、中国测绘学会边海地图工作委员会委员。长期从事地图开发与编制、地理信息融合与挖掘、互联网专题地图服务等研发与应用方面工作。

数字地图的制图六要

——基于"国家大运河文化公园（北京段）全域数字地图"项目实践

费新碑

摘　要："国家大运河文化公园（北京段）"是重要的文化遗产，这一文化遗产不仅是北京的，是中国的，更是世界的。为了以数字地图的方式全域性显现大运河北京市域内长度 80 千米、跨越元明清 600 余年、覆盖 6200 平方千米的整体形态，我们从六个方面进行了数字地图制图的项目实践。通过项目实践，可以看到数字地图的"制图六要"与传统地图"制图六体"之间的主要区别。数字地图已然是一个功能齐备的新型地图信息服务平台，这体现了时代的进步和地图制图技术的进步。

关键词：大运河（北京段）；地理信息；数字技术；数字地图；数字制图

"国家大运河文化公园（北京段）"［以下简称"大运河（北京段）"］是重要的文化遗产，这一文化遗产不仅是北京的，是中国的，更是世界的。但在许多人眼里，大运河仅仅是家门口银锭桥的水兽、德胜门的水关、张家湾的通济桥、昌平的巩华城等，这些孤立零散的"大运河遗址"是碎片化的，人们很难对京杭大运河有一个全域性的整体印象，自然就更无法对在时间上跨域元明清三代 600 余年，在空间上贯穿整个北京湾平原 6200 平方千米的"大运河（北京段）"有一个清晰的认识了。在北京市科委的支持下，我们承接了"国家大运河文化公园（北京段）全域数字地图"项目实施工作。

一、全域历史复现的文化叙事

数字地图的文化叙事是地图语言表达向历史深度、宽度、广度的拓展和延展。人们对把握全域性地理、地形、地貌和其伴生信息的渴望由来已久。地图因全方位地显示了地球表面各种自然和社会事物的位置、方向、分布、关系等时空信息，而成为人类认知世界的重要工具。

通常全域性地图绘制方法有传统以"地物"为基准的"计里画方"法，现代以"经纬"为基点的"投影测绘"法，当代以"数字"为基本的"三维仿真"法。

随着数字技术快速进步，基于地理信息系统（Geographic Information System）的数字地图因纲挈目张、一图了然的表达优势，使数字地图制作不仅是地理图形的绘制，更是历史时间和文化空间的一种文化叙事。

为更好地体现数字地图的特点，"国家大运河文化公园（北京段）全域数字地图"项目特别关注了地图技术差异、历史补证、文化叙事三项工作。

（一）技术差异

地图表现全域性天、地、人的时空文化关系，古今绘制技术差异很大。古代地图以裴秀提出的"制图六体""计里画方"技术和谢赫《画品》的"绘画六法""应物象形"技术绘制。此两种制图技术法绘制的地物位置概略，关系意象粗简，高差几无显示。明清两代，利用传统地图画法表现大运河全域性地图主要有《运河全图》《水程图》《清代京杭运河全图》《京杭运河图》《全漕运道图》《清乾隆漕运图》《京杭道里图》等。现代地图采用地球曲面投影测绘数据，虽可以精准绘制全域性地图，但受平面制图和纸质媒介的局限，地图标注内容表述和文化叙事功能受限，局限于"为地图而地图"的单向功能制作，其表现北京大运河的地图有《北京历史地图集》《北京历史舆图集》《北京水系图》等。

当代全域性地图因数字技术介入，不仅可应用三维仿真技术以立体、虚拟、孪生模式模拟和再现地图真实环境，还可应用数据技术实现图、文、声、像、影各类信息的海量存储和推送，亦可应用网络技术通过无限传感、交互系统、模块接口等手段实现以地图为信息平台的全方位数字服务，真正实现地图"举一纲而万目张，解一卷而众篇明"的功能。

（二）历史补证

数字地图的历史补证工作依赖多维、多元、多向、多能的技术特征。《北京市大运河国家文化公园建设保护规划》要求大运河（北京段）全域数字地图内容覆盖"一线八区四水"范围，即白浮泉至张家湾一线长度达80千米的运河河道，昌平、石景山、海淀、密云、东城、西城、朝阳、通州八个区域范围，永定河、温榆河、潮白河、北运河四条水系范围。这一要求涵盖了大运河（北京段）两岸单侧200米区域约129.2平方千米面积及42个历史遗址（其中河道5项、水源4项、工程7项、航运10项、码头2项、仓库5项、其他9项）等历史地理节点内容，在准确的地理标点基础上，又对大运河沿岸全域性的空间做了拓展及历史注释。

数字地图的历史注释主要是以图、文、声、像、影、动六种语言形态，通过人机交互的多媒体形式补证的。补证，是基于地图的地理信息对北京西山"大运河之源"自然地形、气候、土壤、水系等要素进行的全面注释，同时对北京西山"水泽皇畿"历史成因和文化要义给出了地图语言的进一步解释。

（三）文化叙事

数字地图的文化叙事是信息无限载量的功能特征所决定的。它以时间和空间轴线为坐标系，建立地图模式的大运河（北京段）地理、勘测、文献、考古、图像等文化信息集成结构，来展示和表述大运河（北京段）600 余年的主要文化事件。

宏观上，"国家大运河文化公园（北京段）全域数字地图"项目表述了元代为解决大都漕运之困，在永定河上游引水白浮泉至翁山泊始建通惠河致使大都隆兴之举，明代为镇守北京戍边之需，在燕山东北山根引白、潮开启新漕运河道致使新北京城兴盛之为，以及清代为重振北京漕运之脉，在管理机制方面下足功夫而最终未能拯救大运河之命运的重要文化史实。

微观上，围绕大运河（北京段）社会群落的城市风情、传统习俗、器物使用、饮食服饰、工艺技巧、建筑样式等具象文化现象叙事，所谓"观乎天文，以察时变，观乎人文，以化成天下"。数字地图"百揆时叙"的特征可以通过地图语言完整显示"漕运之制，为中国大制"的历史结论，完美展示关系着国家命脉的大运河的文化使命，超越了传统地图对文化叙事的局限。

二、海量数据架构的透明组织

数字地图的透明组织数据架构建设主要是解决地图所承载的海量信息问题，其数据库建设是按信息采集、贮存、传递、处理、利用等功能架构空间模型设计。它要求这种海量数据条件下的架构是完全透明的，即地图的所有数据都组织在无死角的通透开放的架构空间模型里，使终端使用者可以在此空间里自由跳转、自行进出、自由搜索、自在行为。数字地图的架构空间模型遵循"进入"和"出来"两个方向的安全、友好、快捷、方便界面设计原则。

进入，是指数据库存贮功能的架构组织（architecture），是以信息的逻辑架构、物理架构、系统架构支持的软件架构设计。出来，是指数据库查询功能的结构组织（framework），是以信息的概念框架、程序框架、应用框架支持的软件架构设计。

（一）可视图像

可视图像（visible image）是在 20 世纪 80 年代心理学"短时记忆"研究基础上发展出来的一种记忆理论。1987 年，美国国家科学基金会发布《科学计算中的视觉化》一文首次提出可视图像概念，并发展了数字技术"信息可视化"的编码、储存、加工等技术。数字地图认知形式与一般地图一样是典型的可视图像认知模式，其制作特别关注可视图像的应用问题。

历史上，大运河（北京段）的漕运水源问题是在北京湾小平原由西向东不断寻找、不断选择的复杂过程，通过永定河、温榆河、潮白河、北运河、琉璃河水系的数字地图，将这一过程中的数据信息经过计算机图形和图像的编码、处理、推送、转换成可视图像信息，使信息输出由复杂变简洁，能做到"一图了然"。从可视图像的三维、仿真、虚拟、元宇宙、数字孪生等技术发展趋势来看，这是数字技术快速发展的主流趋势，也是我国推进数字化社会解决"最后一公里"的关键一环。

（二）分类交叉

数字地图的分类交叉意即信息架构里的所有信息处在一个开放、通透、清晰的空间组织里可自由行走的状态。分类交叉要求任何静态的文字、标点、比例和动态的图表、影像、动画等数据信息，以及内容的抽象结论、定义、象征和形式的具象河流、闸名、码头等数据信息，均可在透明组织的分类、分层、分级、分项等架构里自由交叉和交互。

比如，数字地图大运河（北京段）的漕运水系里包含地质、航运、灌溉、抗灾、饮水、工程等信息，分类交叉架构不仅可呈现数据信息准确的地图位置，还可揭示数据信息内部的结构和规律，亦可针对数据信息更好地理解和分析其复杂的联系和关系。数字地图分类交叉所建立的由一个信息点延展出多个信息点的关联架构，是一个信息扩展至自然、社会、人文、工程、城市、行业、艺术等信息交叉和关联的生态信息群。这是数字地图与传统地图的主要区别之一。

（三）任意流线

数字地图的任意流线是指信息流通通道的功能。信息通道的"任意流线"是指在透明组织架构下数据信息可以在此空间里上下、左右、前后没有阻隔和阻挡的自由通行，甚至是没有方向和方位的自由通行。这一功能是通过多相架构的多链条、多节点、多层次的网状架构完成的，目的是提高运行机制的判断和分析能力，加快海量信息的传递和传播速度，促进组织架构的通行和通透自由。它将在架构底层逻辑上解决大运河（北京段）数字地图的信息采集、分类、存储、关联、浏览、查询、推送等系列工作，终端用户可以从大运河永定河河口信息，转到辽金元三代水治信息，再由此转至北京小平原洪积冲积扇信息，或换到北京湾地下和地表水信息，实现信息之间的无限转换和延伸。

三、数字地图制图的视觉传播

数字地图的视觉传播是在三维立体图形条件下，通过专门为地图制图而设计的视觉语言符号识别系统推进的。

地图语言的符号化和视觉化是地图与音乐、绘画一起成为世界三大通用性语言的最主要的文化理由。研究表明，大脑信息 80% 以上来自视觉。视知觉是从眼到脑的接收和辨识信息的自然过程，因之，视觉信息的丰富表达、迅速辨识、准确解码、充分认知是人大脑认知活动的高级和高效形式。

历史上，明代《广舆图》使用了 24 种几何图例符号，成为地图视觉的制作之先导。与此同时，荷兰的墨卡托（Gerardus Mercator，1512—1594）以正轴等角圆柱投影绘制地图，其符号化的标注和视觉化的描绘成为现代地图制视觉表现的典范。中西地图制图工艺异曲同工的符号化使视觉表达成为地图表现形式发展的必然趋势。1909 年，国际地理大会（IGC）对地图的几何图形、分层设色、公制单位、灰度梯尺、高程系统、经纬标准、测绘比例等符号标准和视觉语义作了修订和规范。这是地图制图必须遵循的规定，数字地图制图亦然。

（一）三维图像

数字地图的三维模式是要解决三维图像的物理性长、宽、高立体形象的塑造问题。大运河（北京段）数字地图首先是历史性地图，其次是三维地图。大运河（北京段）地图的历史真实景象因文献、考古、实测数据信息的局限，无法完全复原。大运河（北京段）元、明、清三幅数字地图的三维制图工作以侯仁之《北京历史地图集》《北平历史地理》以及《元大都大内宫殿的复原研究》《中国古代建筑史》《乾隆京城全图》为主要参考资料，按正确的经纬度制图规范采用数字地面高程的几何模型，首次从"大尺度、全景式、多学科、跨时空"维度复现大运河（北京段）全域全景三维地图，以期得到相对准确的历史景象。

（二）色彩导航

数字地图色彩导航按地图制图"分层设色"和"灰度梯尺"的规范进行设计。色彩有色度、色相、色差、色阶、色温的区别，也有形状、光度、尺寸、密度、位置的差别，故自然而然形成了前后距离、上下区分、左右相对三个维度的层次递进关系。这既是视觉意义上的导航关系，亦是数字地图可视化和艺术化色彩导航设计的依据。

大运河（北京段）数字地图项目绘制地图五张。在数字地图的交互应用中，如果没有色彩导航的分层设计，终端用户极容易产生视觉交错和混乱，所以我们按历史文献所记各时代的色彩倾向将地图设计为不同的色彩。"元人尚白"将元代地图设计为白色序列，"明人崇土"将明代地图设计为黄色系列，"清人紫微"将清代地图设计为紫色系列，而北京地形地图和北京当代城市地图则因辅助功能而设计成金属灰系列。如此，五张地图无论是处于叠加形态，还是处在分层形态，均可显示其时序有秩、层次分明的历史顺序。

大运河（北京段）数字地图色彩导航的核心目标是要通过清晰的地图色彩分层设计实现地理位置点对点的时空穿越，使大运河（北京段）每一个地理节点的历史演进和演化情况一目了然。

（三）符号语义

数字地图的符号设计主要解决界面符号语义（semantic）问题。符号语义是依据数据信息对应的具体事物所代表的抽象意义，以及各意义之间的关系。大运河（北京段）数字地图的符号设计分为静态、动态、动静态三种，它们是根据内容主次和顺序通过软件程序而设计的专门符号。

静态符号是传统的带有语义和象征所指的符号。如，大运河（北京段）河道于元、明、清各时代不同水路和闸门的流线和节点，因其线性特征仅需以静态符号作路线标注即可。

动态符号是利用软件程序设计的跳跃、闪动、滑行、感应等动态符号。它们是需要特别强调和注意的提示符号。如，大运河（北京段）的通州地理标注因位置处于北京湾最低洼地的水流汇聚处，既是大运河（北京段）的终端码头，又是大运河（北京段）的故事源头，需做动态符号的特别提示。

静动态符号是前两种符号的合成应用，即通过提示注意、连接内容、弹窗发言的连续动作符号来显示其特别的语义。如，大运河（北京段）河道串联着永定河洪积冲积扇平原上一系列泉水、湖泊、洼地、水渠等现象，所以不仅要有静态的地理位置标注符号，也要有动态的径流路线提示符号，以及静动结合的平台弹窗服务符号。

四、媒介多维交互的形态感知

数字地图的形态感知特征是通过媒介多维交互功能显示的。数字地图里自然与社会信息的空间分布、内在联系、时间变化的各种标注是地图形态感知的目标物。数字地图通过光电屏幕媒介多维度、多模式、多媒体、多语态、多通道的人机交互模式完成。这种媒介多维人机交互模式是以数字地图的仿真、虚拟、孪生等形式显示的，并随着数字算力的提高而进步。

数字地图形态感知的底层逻辑分为感觉过程和知觉过程。感觉过程，是通过觉察心理的感觉、领悟、联想形态演绎信息。知觉过程，是通过感觉生理的注意、觉察、认知形态归纳信息。为此，项目特别关注触觉交互、视觉认知、听觉氛围三项工作。

（一）触觉交互

人机交互（Human-Computer Interaction）是数字地图最重要的功能之一。人机交互是通过数字化人机交互的专门和专业设计（Interaction Design）来实现数字地图人与机、机与人、人与人、机与机之间为同一目标的配合和交流。触觉的人机交互主要形式为间接工具触觉和直接人体触觉，即通过外部信号指令和内部智能解读结合而完成。比如，终端用户要获取北京由西北向东南的地形地貌、北京水源地的平均海拔高度、北京山根至平原的水口位置等关于北京大运河水源的相关信息，需要借助屏幕在人机之间进行一系列安全、方便、友好、快捷的人机交互活动。

（二）视觉认知

数字地图的视觉认知活动是通过视知觉实现的。视知觉是一种心理学现象，是人通过眼睛到大脑的视觉刺激后一系列接收和辨识的过程。

大运河（北京段）数字地图的认知活动本身即是视觉的认知活动，这是由数字三维地图形态决定和规定了的。大运河（北京段）数字地图的视觉活动流程如下：首先，吸引人眼球的是我们耳熟能详的元、明、清各时代视觉图像化的大运河模样；其次，寻找自己熟悉的大运河地名和位置；再次，在视觉图像的历史信息中咀嚼和回味；最后，产生关于个人经验、家庭变化、国家命脉等感性和理性的联想过程，从而完成一个视知觉认知过程。

（三）听觉氛围

数字技术声音媒介的交互应用，目的是将无声的静态地图变成有声的活态地图。它也是数字地图表达历史文化内容的优势之一。

数字地图的听觉功能应用有声音导航、声效营造、声音复现三种模式。声音导航是一种成熟的技术应用，其主要技术难点在于语音识别对口音分辨的准确率和语言表述不规范的辨识率。声效营造是地图活化的辅助应用，如何有效地模仿和真实还原大运河的历史声响是非常考究和艺术的。声音复现是历史文化场景体验的重要内容，大运河（北京段）的历史声音主要有北京普通话南言北语的融合、北京船工号子南腔北调的杂糅、北京京剧南剧北戏的交汇，这些声音的复现和活化是再现大运河（北京段）厚重历史文化场景的重要组成部分。

五、主题平台导航的价值推送

数字化时代，特别是在无所不能、无所不在、无所不有的网络条件下，如何将带有主流价值倾向和国家意志的地图信息推送给社会是一个极具挑战性的问题。

数字地图的主题平台导航建设是以优化的代码编程、特定的应用服务、快捷的推送框架实现的。它分为被动式的推送导航和主动式的查询搜索。被动式的推送导航，是指在客观外力作用下的信息导航行为，呈现出要素组合、拼接自适、缩放任意、标注延展、随形比例的数字地图样式。主动式的查询搜索，是指在主观意图作用下的信息检索行动，显示出自动索引、检索排序、网页处理、数据处理、自然语言的数字地图样式。

为此，项目特别关注知识图谱、信息标注、内容引导三项工作。

（一）知识图谱

数字地图的知识图谱（Knowledge Graph）技术应用关键是在知识域进行可视化的分类、分层、分级架构建设。

知识图谱最关键之处是建立各种信息之间关系的图像结构图，这是数字地图最重要的技术依赖。比如，知识图谱技术可以将六百余年前元代始建大运河（北京段）工程的主要信息（如核心人物忽必烈、郭守敬、刘秉忠、张文谦等；地理位置白浮泉、瓮山泊、积水潭、张家湾等；重要河道金口河、金水河、高粱河、通惠河、坝河等；北京燕山和太行山根平均海拔 100 米数据、通州洼地平均海拔 23 米数据、海淀低地平均海拔 50 米数据、北京城平均海拔 45 米数据等）通过知识内在规律整合和连接成关联起来的知识图谱，从而显现知识原本的系统性和相关性特征。

（二）信息提示

数字地图的信息点标注一定要贯彻"少即是多"（Less is more）的设计原则，否则数字地图会因信息的不堪重负而响应缓慢或终止响应。

这里有两点需要注意：以人机功能和功效的信息标注分层，以及按时间轴和空间轴的信息标注分类。信息标注分层，可将明代大运河（北京段）"攘外安内"的安防历史主题设计为具有竖向递进关系的三层结构样式：一层是明代大运河（北京段）的全域地图，二层是明代大运河（北京段）的工程改造，三层是大运河（北京段）与明代迁都的历史事件，三者显现出完整的历史顺序。信息标注分类，可将明代大运河（北京段）"天子守边"的军事历史主题设计为具有横向逻辑关系的多级分类模式：解释放弃积水潭为大运河（北京段）终点的地理信息，说明北京东城大通桥遗址的水运信息，复现通州张家湾码头兴起的社会信息，显示北京温榆河与北运河关系的工程信息，展示北京潮白河合流的漕运信息，标点北京密云古北口漕运粮仓的军事信息，从而展示出丰富的历史内容。

（三）内容引导

数字地图的内容引导是通过"思维导图"（The Mind Map）和"界面设计"（User Interface）相互作用完成的。思维导图是发散性的，可使信息充盈；界面设计是结构性的，可使信息归纳。

按思维导图,一个信息节点可以联结和关联出无数个发散和松散信息的结构模式。我们可从清代"精办漕务"这个信息点,关联到清顺治元年(1644年)将漕运总督升为一品官秩,跳转到昆明湖扩建而形成的北京第一个人工水库,转换到大运河改泊运终点至通州张家湾,到北京每年漕粮食300万—400万石等信息。虽然,这些信息似乎没有秩序,处于分散状态,但可以显现出信息丰富而充分的本质。按界面设计的平台导航推送,可以使各类主题信息、关系图表、层级链接成有紧密逻辑关系的信息结构模式。我们可以以时间为序,从清代"漕运机构"这个信息点,引出因黄河泛滥和漕弊丛生而改走海运漕粮的决心,从黄河决口改道大运河南北断航的因由,显示清末因铁路兴建而导致大运河功能弱化等信息。这些信息将归纳为清代大运河(北京段)海运漕粮、黄河泛滥、农民起义、铁路修建、外邦入侵等重大历史事件,以真实的信息展示大运河与世代发展的关系。

六、共享时空开放的信息回收

数字地图的信息回收是通过信源、信道、信息的循环往复实现的,主要解决的是信息从生产到再生产的问题。

随着新一代宽带移动通信高速率、低时延、大容量技术的广泛社会应用,这种以毫秒为时间计量单位的平台响应于瞬间完成信息投送到接受的过程,几乎让人感觉不到时间和空间的存在。它使得信息发布者和信息接收者的双方边界模糊、弱化,以至消失。因而,如果不对其机制下的信息进行干预控制和有效回收,则会形成信息泛滥和信息灾难。为此,数字地图制作特别设计了一个信息预设、信息增减、信息回收的曲面球形的运动信息轨道,使其始终处在可控和有益的范围之内。

(一)信息共享

数字地图的信息共享是个双向选择问题,特别是主动介入信息而带来的亲切感,满足了人不是信息的旁观者,而是参与和参加的行动者的愿望和冲动。信息共享的参与和参加形式主要有接受信息和发布信息两种。

以"永定河·母亲河"的议题为例。在接受信息方面,数字地图可以标注永定河之于北京湾和北京城的水源、土源、雨源、风源、冷源等五源发轫处的详细地理信息。水源,可标注永定河水从官厅古湖处汇桑干河、洋河、妫河三水直接跌落三家店冲入北京湾的水流情形;土源,可标注永定河泛滥而形成北京湾洪积冲积平原的堆积形态;雨源,可标注永定河河谷每年1000~2000毫米雨水汇聚的形成缘由;风源,可标注永定河河谷风道形成的地理特征;冷源,可标注永定河河谷每年西北冷风通贯的自然模式。在发布信息方面,数字地图可以表现永定河数千年来维系北京湾芸芸众生的生存日常,以及几百年来大运河(北京段)利用永定河所带来的生活变化。数字地图将通过平台信息服务系统为所有感觉、感受、感恩永定河·母亲河话题的人提供信息发布空间,进而在信息的反馈和响应中形成一个"永定河·母亲河"共享机制。

(二)实时同享

在新一代数字技术条件下,数字地图的实时同享是一个时间速率和空间容量问题。

当前数字技术的低时延效率和大容量使我们对时间产生出消弭和消失感。它在信息推送与信息同享之间取得了接受者与发布者同步的技术突破，消除了业内和界外、行家和外行、专家和百姓等各种自然人和社会人的区别，随之带来在信息面前人人平等的观念。

比如，"大运河（北京段）西来的永定河五次改道孕育了北京城"观点的接收与发布。首先，数字地图显示永定河的古清河、古高粱河、古㶟水、古永定河由北向南摆动而形成北京湾小平原的洪积冲积扇平原的地理形态，以及三千年来在此平原上靠永定河孕育的北京城核心区基本没挪地方的地理史实，来表述永定河与北京湾和北京城的地理关系。其次，数字地图设计没有信息间隔和间隙的人机交互同步窗口，以实现永定河历史与现实信息的同时演示和同享功能，使举凡在这片土地上生存、生活的生命个体均可享受信息面前人人平等的技术体验，并获得发表意见的权利和责任。

（三）判断分享

在数字地图信息传输的过程中，虽然技术使主观和客观的边界模糊，使感知和认知的释读含混，但可以从设计层面强化和解决主观能动性的信息选择问题，而不是简单地一股脑加载信息。

比如，"大运河（北京段）东去的大运河三朝经营滋养了北京城"观点的接收与发布。首先，我们将元代为大都漕运之困所做的重开金口河、浚畅阜通河、开源通惠河三事，明代为大运河疏建所做的头闸大通河、壮引潮白河、疏通昌平河三事，清代为大运河命运所做的精办漕务、漕粮海运、停漕谕旨三事，即大运河（北京段）的元明清三朝和九大事件信息予以显示。其次，再通过有回收目标的信轨设计最终使信息指归于光绪二十七年（1901 年）的"停漕谕旨"颁布和漕运总督撤废，运行了六百年的千里大运河漕运寿终正寝，同年《辛丑条约》签订，此时"中国已完全沦为半殖民地半封建社会"，至此可以得出"运河败，国家败"这一令人唏嘘的历史结论。

总之，在"国家大运河文化公园（北京段）全域数字地图"项目实践过程中，我们感到数字地图"制图六要"和传统地图"制图六体"的主要区别有五：无限和有限的信息载量，动态和静态的信息交互，三维和平面的信息显示，多媒和单媒的信息表达，导航与导览的信息释读。如此，地图已然不仅是地图，而成为新型的地图信息服务平台。这是时代的进步，技术的进步，也是随之而来的地图的进步。

【作者简介】费新碑，北京航空航天大学教授。

地图文化

中国传统地图图例理论的建立

——以四种文献为中心的考察 *

汪前进

摘　要： 中国传统地图具有悠久的历史，20世纪便有战国、秦汉的实物地图陆续出土，传统地图的测绘理论——"制图六体"也在西晋初年诞生，后历代屡有地图佳作，尤其到了宋代，地图的绘制技巧已经到了令人叹为观止的程度，如《华夷图》《禹迹图》《地理图》《舆地图》《平江图》等。这些地图符号多种多样，但直至明嘉靖之前，还未见对这些地图符号的理论与方法进行系统地总结。嘉靖以后情况有所不同，有关地图图例论述的文献面世，这是中国传统地图学发展史上的重大事件，值得深入研究。本文以《杨子器跋舆地图》《广舆图》《九州分野舆图古今人物事迹》《大明一统山河图》四种文献为中心，对中国传统地图图例理论进行了系统、深入的分析梳理。笔者认为，在中国传统地图的发展过程中，虽然专题地图的图例还有待进步，但普通地图图例设计的基本问题均已得到规范，如图例的名称、类型、数量、形状、等级、色彩、寓意与共用等，这是划时代的成就，标志着中国传统地图图例学理论与方法由此创立，并对后世的地图学发展产生了深远的影响。

关键词： 传统地图；图例理论；建立

由目前所能见到的出土地图可知，中国传统地图使用图例在战国时期就已经出现，到汉代已经有所发展，如长沙马王堆汉墓出土的《地形图》与《驻军图》。最晚到宋代，图例的使用便已完全成熟，各种类型的图例基本都已出现。[①] 但就目前掌握的史料来看，真正对图例的设计与含义进行文字

---

* 本文为国家社科基金冷门绝学专项"中国传统地图绘制方法系统研究"（项目号：21VJXG012）阶段性成果。

① 相关文章参见曹婉如：《中国古代地图绘制的理论和方法初探》，《自然科学史研究》1983年第3期。

叙述的探讨则出现在明朝嘉靖年间。现就四份文献对中国传统地图图例理论与方法的相关情况进行梳理与探讨。

一、《杨子器跋舆地图》①

《杨子器跋舆地图》，原图无名，因图底部有杨子器跋文，故称。据图中出现的年号可知，其为明嘉靖五年（1526 年）的重绘本，现藏大连旅顺博物馆。

杨子器曾绘《天文图》与《地理图》，这二图均于明正德元年（1506 年）刻石。②《天文图》碑刻现存常熟市碑刻博物馆。《地理图》原不知去向，2015 年常熟市博物馆文庙整修时，于施工工地挖出了几乎完好无损的此图碑，今重立于常熟文庙学宫礼门右侧。此图碑图额刻有"地理图"三字，中间为全图，下面有杨子器跋文，但并无凡例。而《杨子器跋舆地图》所附凡例中，则较为详细地叙述了该图地理要素的绘法。

《杨子器跋舆地图》附凡例曰："京师八其角，以控八方也；蕃司为圆，府差小焉，治统诸小，非一方拘也；州为方，县则差小，大小各一方也；附都司、卫、所加城形者，示有捍御，不附书，总具圆空，不得已也；守御所特设者，斜其方，以武非治世之正御，与都司以次而大，因其势也；夷邦三其角，偏方也，不多及者，纪其所可知者耳；宣慰司以下无别者，王化所略也；山川、陵、庙，各随形以书其名，非特纪名胜，正以定疆域也。嘉靖五年岁次丙戌春二月吉日。"

《杨子器跋舆地图》图例主要包括以下几方面的内容。

（一）名称
凡例。

（二）数量
共 15 种，包括京师、蕃司、府、州、县、都司、卫、所、守御（所）、夷邦、宣慰司、山、川、陵、庙。

（三）类型
1. 行政单位：京师、蕃司、府、州、县。
2. 军事机构：都司、卫、所、守御、宣慰司。
3. 自然：山、川。
4. 古迹：陵、庙。
5. 边疆地区：夷邦。

① 关于本图的相关研究，可参见郑锡煌：《杨子器跋舆地图及其图式符号》，曹婉如等：《中国古代地图集（明代）》，文物出版社，1994 年；成一农：《中国古代地图上的空间秩序》，《社会科学战线》2022 年第 10 期。
② 陈颖主编：《常熟儒学碑刻集》，苏州大学出版社，2017 年，第 103—106 页。

（四）描述顺序

1. 京师。

2. 蕃司。

3. 府、州、县。

4. 都司、卫、所、守御。

5. 夷邦。

6. 宣慰司。

7. 山、川。

8. 陵、庙。

（五）图形

1. 八边形：如，"京师八其角"，即八边形。

2. 圆形：如，"蕃司为圆，府差小焉"，即正圆形。

3. 方形：如，"州为方，县则差小"，即正方形，但彩图上为圆形。

4.（圆）城形：如，"都司、卫、所，（圆）加城形"，即将带有墙垛的城墙画成正圆形。

5. 斜方形：如，"守御（所），斜其方"，即菱形。

6. 三角形：如，"夷邦，三其角"，即倒三角形。但图上并非标准三角形，而是左右两条边为长弧形线，如朝鲜、日本、琉球等地的标记。

7. 随形：如，"山、川、陵、庙，各随形以书其名"，即无定形，依据原物形状简绘。

（六）色彩

黑、白。但图上为彩色。

（七）图形等级

1. 蕃司与府：蕃司为圆，府差小焉。

2. 州与县：州为方，县则差小。

3. 都司卫所：附都司、卫、所，（圆）加城形者。

4. 都司与守御所：守御所特设者斜其方，以武非治世之正御，与都司以次而大。

5. 宣慰司及以下：宣慰司以下无别者，王化所略也。

（八）寓意

1. 以控八方：京师八其角，以控八方也。

2. 治统诸小：蕃司为圆，府差小焉，治统诸小，非一方拘也。

3. 大小各一方：州为方，县则差小，大、小各一方也。

4. 示有捍御：附都司、卫、所加城形者，示有捍御，不附书，总具圆空，不得已也。

5. 以武非治世之正御：守御所特设者，斜其方，以武非治世之正御，与都司以次而大，因其势也。

6. 偏方：夷邦三其角，偏方也，不多及者，纪其所可知者耳。

7. 王化：宣慰司以下无别者，王化所略也。

8. 定疆域：山川、陵、庙，各随形以书其名，非特纪名胜，正以定疆域也。

（九）表现方式

文字描述，没有图形。

（十）附加说明

1. 不附书，总具圆空，不得已也。

2. 不多及者，纪其所可知者耳。

3. 宣慰司以下无别者，王化所略也。

由上述可知，此图例是为黑白地图所设计，而地图则是彩色的，故图上的图例也以色彩相区别，这说明此图使用的图例是在原图凡例规定的基础上修改过的。此外，图上绘有长城的地物，而凡例中未见，说明长城图案还未被视为固定的图例。

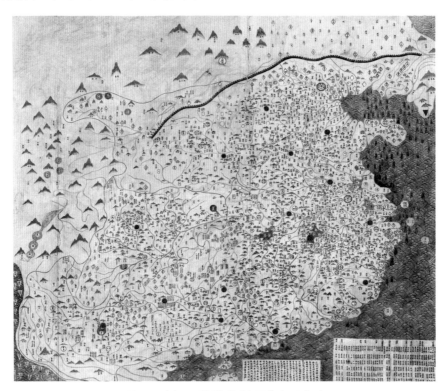

图 1 《杨子器跋舆地图》（局部）

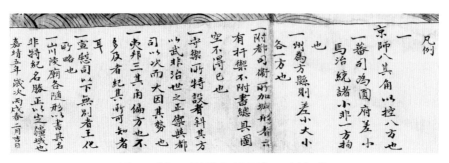

图 2 《杨子器跋舆地图》凡例部分

二、罗洪先《广舆图》

《广舆图》，明罗洪先编制，初刻约在嘉靖三十二年至三十六年（1553—1557 年）之间，现藏国家图书馆。[①] 罗洪先的《广舆图》主要依据元朱思本的《舆地图》，采取分幅缩编的方法，改编成书本形式，并增加其他重要地图。全图集包括"舆地总图"一幅，"两直隶和十三布政司图"十六幅，"九边图"和"诸边图"十六幅，"黄河图"三幅，"漕河图"三幅，"海运图"二幅，最后则是"朝鲜图""朔漠图""安南图""西域图"以及"东南海夷图"和"西南海夷图"等地图。各图之后还附政区图表和说明文字。罗洪先的《广舆图》初刻后影响深远，后又有不少于六次的刻印，而且图数有所不同。

罗洪先《广舆图》题跋曰："大明丽天，声教无外、远轶古今，可以观德，作舆地总图一；内畿外邦，域民建守，小大相承，动无遗法，作两直隶、十三布政司图十六；王公设险，安不忘危，中外大防，严在疆圉，作九边图十一；山谷藏疾，时作弗靖，俪兕窜伏，功在刊涤，作洮河、松潘、（建昌）、虔镇、麻阳诸边图五；壶口既治，宣房载歌，沉玉负薪，群策毕效，作黄河图三；水陆萦纤，漕卒岁疲，储峙孔艰，国用攸赖，作漕河图三；四海会同，溟渤远输，髳髳往踪，用备不虞，作海运图二；四夷来王，兵革不试，治之极也，作朝鲜、朔漠、安南、西域图四终焉。凡沿革附丽，统驭更互，难以旁缀者，各为副图六十八；山川城邑，名状交错，书不尽言，易以省文二十有四；正误补遗，是在观者。省文二十有四：山从⋔，水从⟋，界从╲，路从╲，府从▢，州从◇，县从○，驿从△，卫从■，所从◆，屯从●，堡从▲，城从▣，隘从◈，营从◉，站从◭，关从𝚒，寨从⛰，墩从⌂，台从⛫，宣慰司从◪，宣抚从◊，安抚从○，长官从▴云。"

此题跋与《杨子器跋舆地图》中凡例的最大区别在于，它对于每种类型地图的原因（或意义、目的）均作了精练的概括，这是罗洪先的一个重要的学术创造，在地图史上有极其重要的地位。因本文主题重在研究罗氏的"省文"方法，故在此不作详细探讨。

罗洪先在题跋中简要交代了设计"省文"的简单理由，即"山川城邑，名状交错，书不尽言，易以省文二十有四；正误补遗，是在观者"。但没有像其他地图那样对各"省文"的含义做画龙点睛式的阐述，这使后人难以准确地知晓其设计的原则与思想。这里讲出了"省文"设计的根本原因在于"山川城邑，名状交错，书不尽言"，即自然（即"山川"）与人文（即"城邑"）地理要素无法用文字表述，只能用"省文"来表示。这是一种直白的符号学思想。

《广舆图》图例主要包括以下几方面的内容。

（一）名称

省文。

（二）数量

共 24 种，包括山、水、界、路、府、州、县、驿、卫、所、屯、堡、城、隘、营、站、关、寨、墩、台、宣慰司、宣抚（司）、安抚（司）、长官（司）。

[①] 任金城：《广舆图在中国地图学史上的贡献及其影响》，曹婉如等：《中国古代地图集（明代）》，文物出版社，1994 年。

（三）类型

1. 自然：山、水。

2. 境界：界。

3. 行政单位：路、府、州、县，宣慰司、宣抚（司）、安抚（司）、长官（司）。

4. 军事机构与设施：驿、卫、所、屯、堡、城、隘、营、站、关、寨、墩、台。

（四）图形

1. 随形：山从𝅝；水从𝄐；界从﹨；路从﹨。

2. 方形：府从□，卫从■，城从◉，宣慰司从◘。

3. 斜方形：州从◇，所从◆，隘从◈，宣抚（司）从◈。

4. 圆形：县从○，屯从●，营从◉，安抚（司）从○。

5. 三角形：驿从△，堡从▲，站从△，长官（司）从▲。

6. "且"字形：关从𝐀，寨从𝐀，墩从𝐀，台从𝐀。

（五）叙述顺序

1. 自然：山、水。

2. 境界：界。

3. 行政单位：路、府、州、县。

4. 军事机构与设施：驿、卫、所、屯、堡、城、隘、营、站、关、寨、墩、台。

5. 边疆地区：宣慰司、宣抚（司）、安抚（司）、长官（司）。

（六）色彩

黑，白。

（七）表现方式

图文兼备。

这里需要说明的是，除了在凡例中对图例有系统论述外，在分幅的地图前也有特别论述，如：

《北直隶舆图》：府从□，州从◇，县从○，卫从■，后仿此。

《湖广舆图》：宣慰司从◘，宣抚（司）从◈，安抚（司）从○，长官（司）从▲，后仿此。

《四川舆图》：昭（招）讨司亦从○。

《松潘建昌分图》：安抚招讨从○，宣抚（司）从◈，长官（司）从▲，站从△，驿从△。

《麻阳图》：营从◉，寨从𝐀，长官司从▲。

《虔镇图》：隘从◈。

分图中只有《四川舆图》中的"昭（招）讨司亦从○"，为"凡例"中的"省文"所没有（《松潘建昌分图》也曰"安抚、招讨从○"），其他均见于"省文"。因此也可以说罗洪先的"省文"是25 种，而不是 24 种，只不过"昭（招）讨司"的"省文"与安抚司的相同而已。这里就有一个问题，即它们为什么还要在分图前重列，是不是为了强调这些"省文"在该图中具有重要地位，亦或是有其他原因，暂不得而知。

另一点就是与上节所述一样，图中有一些地物均有图形，而"省文"却没有，如布政司、长城、湖泊、沙漠和海洋等。

在这里还要讨论一个重要问题，就是"省文"的顺序。从上面分析可知，省文的顺序依次为自然、境界、道路、行政单位、军事机构与设施、边疆地区。为什么不是行政机构或权力机构放在首要位置，而是自然地理要素呢？是罗洪先没有这种"权力"意识，还是他认为自然地理要素是一切人文地理要素的物质基础？可惜的是，后人乃至于现代人所绘地图都是将人文地理要素图例摆在前列的。

将总图与分图所使用的"省文"进行比较，发现罗洪先所列的 24 个"省文"主要是针对分图而言，总图则不尽然。如："省文"中"水"的画法是"双线"，而《舆地总图》中除黄河与长江外，均是采用"单线"，"省文"中并无使用"单线"的规定，分图中则是所有河流都采用了"省文"规定的"双线"。

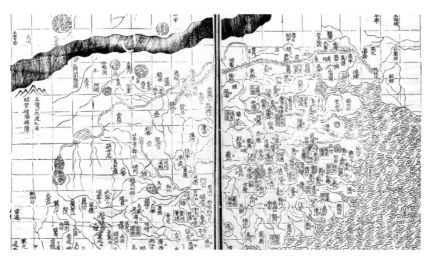

图 3 《广舆图·舆地总图》（局部）

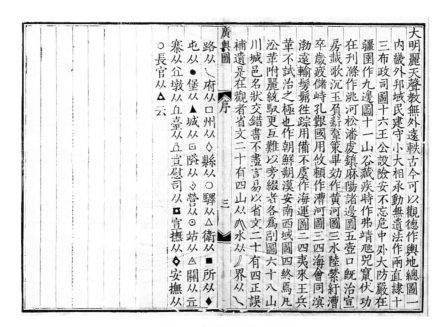

图 4 《广舆图》凡例

三、《九州分野舆图古今人物事迹》[①]

《九州分野舆图古今人物事迹》现藏加拿大英属哥伦比亚大学（University of British Columbia）亚洲图书馆（Asian Library）。此图可纵向划分为三部分，上部为图题与图序，全部为文字；中间为主图，图中附有注记；下部为"两京十三省图考"，亦全部为文字。其左下角有一牌记，曰："癸未仲秋日南京季名台选录梓行"。据韦胤宗考证，此图编刻之"癸未"当为明万历十一年（1583 年）。

图序分为两部分，右侧为总说，介绍明代疆里、州府县卫司之数量等基本信息；左侧主要说明图中各种符号意义及绘制此图之依据，类似于今日之"图例"与"说明"。现录图序全文于下，以便分析。

尝谓为学而不识乎今，无以尽经理之妙；居今而不博乎古，无以得事变之宜。

前代方舆，固无论已，试以我朝之盛言之。

东尽辽左，西极流沙，南越海表，北抵沙漠，莫不来庭。

其疆理之制，则以京畿、府、州、县直隶六部，天下府州县分为十三布政司以统之，都司卫所又错置于其间，以为防御。猗与密哉！

总之，为府一百四十有六，军民府十一，州二百三十九，县一千一百四十九，卫四百九十三，仪卫司二十九，所二千九百一十，宣慰司［十］一，宣抚司十一，安抚司十九，招讨司一，长官司一百七十九，巡检司一千三百二十五，东方九夷，西方六戎，南方八蛮，北方五狄，皆具载于图。

至于人物，或施政事，有益于生民；

或征诸节义，有神于风化；

或发明理学，有补于《六经》者，则注于其某府州县之侧。

然钱粮户口尤为政之不可缓者，则于各直各省之区逐一以开之。

庶有吉四方者，不出户庭，而天下古今了然在目。

九州一统之盛，超越千古，开泰万世者，于斯有征云。

阅此图者，当先定两京、十三省疆域，次审《禹贡》九州及春秋、战国、秦、汉、唐、宋、元建国都会形胜，又次及古今人物出处事迹、各府州县名山大川异产。

至于黄河、江、汉、淮、泗，名为天堑，必穷源极流。

而会通、卫水二河，又国家转漕要渠，不敢不备。

其余河道、湖荡不系切务者，槩不录焉。

又须识：京、省城郭，俱以大围重方；之外其余各属府分俱重围方图；

直隶州小重围方图，属府、州单方图；县小员（圆）图。

在省都司不录，而在外行都司，俱重围方图。

在府州卫不录，而在外卫分俱系斜角。

其小斜角有所字者，为守集（御）所。

① 韦胤宗：《加拿大英属哥伦比亚大学亚洲图书馆藏〈九州分野舆图古今人物事迹〉》，《明代研究》2016 年第 27 期。

宣慰司、宣抚司、军民府，重围长方图；安抚司重围短方图；长官司单围长方图。

大黑路者，为各直各省之大界；小黑路者，为各直各省所属府分置小界。

各直、各省之大四至及各直、各省所属府分之小四至，又并各府所属州、县在各府之东、西、南、北，与东北、西北、东南、西南者，其道里远近，皆本于《一统志》书，考评详悉，览者其自得之。

有关图例描述的文字具体分析如下。

（一）名称

无名。

（二）数量

共 16 种，包括京、省、属府、直隶州、属府州、县、（外）行都司、（外）卫、守集（御）所、宣慰司、宣抚司、军民府、安抚司、长官司、大界、小界。

（三）类型

1.行政单位：京、省、属府、直隶州、属府州、县；宣慰司、宣抚司、军民府、安抚司、长官司。

2.军事机构：外行都司、外卫、守集（御）所。

3.境界：各直各省之大界；各直各省所属府分置小界。

（四）图形

1.大围重方：京省城郭，俱以大围重方。

2.重围方：之外其余各属府分俱重围方图；而在外行都司，俱重围方图。

3.小重围方：直隶州小重围方图。

4.单方：属府州单方图。

5.小员（圆）：县小员（圆）图。

6.（围方）斜角：而在外卫分俱系斜角。

7.（围方）小斜角：其小斜角有所字者，为守集（御）所。

8.重围长方图：宣慰司、宣抚司、军民府，重围长方图。

9.重围短方图：安抚司重围短方图。

10.单围长方图：长官司单围长方图。

11.大黑路：大黑路者，为各直各省之大界。

12.小黑路：小黑路者，为各直各省所属府分置小界。

（五）描述顺序

1.行政单位：京、省、属府、直隶州、属府州、县。

2.军事机构：外行都司、外卫、守集（御）所。

3.边疆地区：宣慰司、宣抚司、军民府、安抚司、长官司。

4.境界：各直各省之大界；各直各省所属府分置小界。

（六）图形等级

1.大、小围重方：京省城郭，俱以大围重方；直隶州小重围方图。

2.小员（圆）图：县小员（圆）图。

3.大、小斜角：而在外卫分俱系斜角；其小斜角有所字者，为守集（御）所。

4.大、小黑路：大黑路者，为各直各省之大界；小黑路者，为各直各省所属府分置小界。

（七）色彩

黑，白。

（八）表现方式

文字描述，没有图形。

（九）附加说明

在省都司不录，在府州卫不录。

从数量上讲，《九州分野舆图古今人物事迹》中的图例仅 16 个，少于《广舆图》的 24（或者说 25）个；而且"序"中所列的仪卫司、招讨司和巡检司没有专门设计图例。从类型上讲，这幅图中没有设计自然地理要素的图例。从形状上讲，除道路为线条外，其余均为几何图形，如方、员（圆）、斜角、长方、短方。而且图中出现了重方图形的图例，即大围重方、小围重方、重围长方、围长方和重围短方。从取舍上讲，行都司在省城不录、卫在府州城不录。

图 5 《九州分野舆图古今人物事迹》(局部)

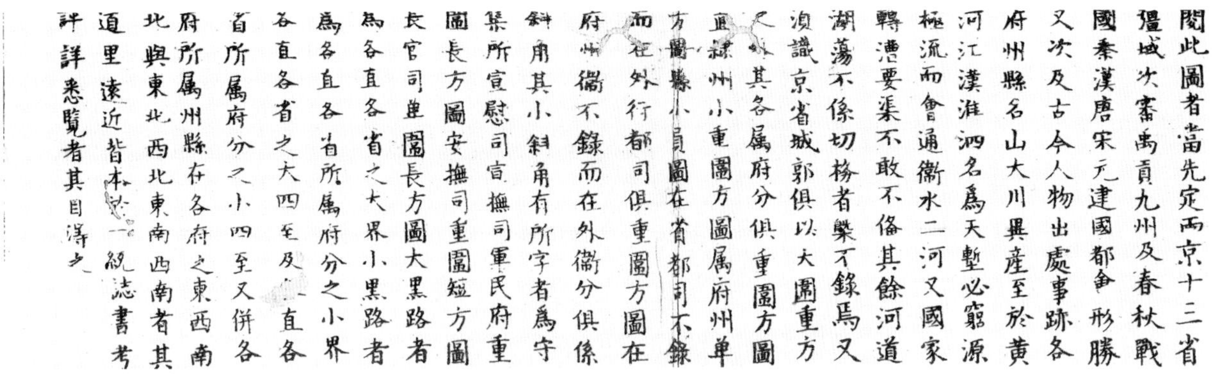

閱此圖者當先定兩京十三省、疆域次審禹貢九州及春秋戰國秦漢唐宋元建國都舍形勝、又次及古今人物出處事跡各府州縣名山大川異產至於黃河江漢淮泗為天塹必窮源極流而會通衡水二河又國家漕運要渠不敢不備其餘河道湖蕩不係切柺者樂不錄焉、又識京省城郭俱以大圈重圖而各州小重圖方圖屬府州、面諸州小員圖在省都司方圖縣小員圖俱重圖方圖、府州僻不錄而在外衞分俱係斜角其小斜角有所守者為州、集所宣慰司宣撫司軍民府重圍長方圍安撫司重圍短方圍長官司重圍圍長方圖大黑路者、為各之省所屬府分之小黑路者、為各之省所屬府分之小黑界、為直各之省所屬府分之小黑界、各之直省之大四至及各、首所屬府分之大四至又併各、府所屬州縣在各府之東西南、地與東北西北東南西南其、道里遠近皆本於一統志書考、詳悉覽者其目瞭然

图 6 《九州分野舆图古今人物事迹》凡例部分

四、《大明一统山河图》

《大明一统山河图》，纸本墨绘，着色，共 9 幅，每幅各具图名，尺寸不一。每幅的图题、凡例、税例、周尺及各图"谨封"者姓名，均墨书于图背。根据作者在《大明一统天下图序》中所言，此图为朝鲜画师依据《大明一统志》"按其实，撮其要，而摹之，遂为大明天下之图"。《大明一统天下图序》的末尾记："上元年辛丑季夏上浣愿学生书于南川寓所"，据考证，朝鲜王朝序列中只有景宗元年（1721 年）为辛丑。由此可知，此图绘于 1721 年，即清康熙六十年。此图现藏美国国会图书馆。[①]

虽说此图为朝鲜画师所绘，但从地图参考的图籍与绘制思路上看，应该是与中国传统地图学一脉相承的，故我们将此图与中国的文献放在一起讨论。

《大明一统山河图》凡例如下。

一、此图虽或旁考他书以成，而专用《一统志》为主，故命曰《大明一统天下图》。郡邑山川、纵横、远近依志所载，里数皆以一寸准百里，一尺准千里为度，而尺用我世宗朝所定周尺，仍图形于下，以备考焉。其有不合者则量其裁定，不能尽从，而荒裔无可考者则略之。

一、京省府、司、州、县、卫所减其府、司、县、卫、所字，各为圈且加红色以别之；而两京则作两重方圈黄之外加以朱回；十三省则作内方外八面重圈而内黄外朱回；各府与县皆作单方圈，而府黄县朱囗，惟军民府四隅内斜加截回……（此处被遮蔽，看不清）下更加横画囗，以表宣慰；其宣抚则黑之，而三皆加黄囗；安抚则内置小圈圆而加朱囗，长官则黑其小圈囗，提柒则置小尖圈囗，而蛮夷长官则黑之囗，军民宣慰则置小方圈囗，而军民指挥则黑之囗，唯招讨使则首作三面圈囗，诸州则皆作八面方圈而黄之囗；诸卫所作圆圈囗，诸所作尖圈◇，而惟卫则加青焉。其府司之京省及州、县、卫、所之附郭于府司者，各置于京省府司圈内，而卫、所之旁设者随其方而书之，其与州、府同号者只标空圈，其县之隶府下之州者则系黄画于州，若直隶本府者否，其直隶于京省者虽至司京卫所之微皆加黄采焉。

一、各府地界皆以黑画，环其四至，而其京省大界则加朱；其有山水跨于两地者，则以山水为界，而以海为限者画至海而止焉。

① 李孝聪：《美国国会图书馆藏中文古地图叙录》，文物出版社，2004 年，第 10 页。

一、志中诸山水不能画载，随意概举。诸山画山，书名而加绿而减山字，惟峰岭则不减；诸水江河之类画水，书名加青，而惟大河则加黄，其水字或减或否，而水之同名于所出之山者更减其名；其郡、县古号及关寨、地台诸地名之类或间见一二焉。

一、四川、广西等多山处，颇有空地者，以志中不著山名及山脉，故……（此处被遮蔽）可图他亦仿此。陕西之浩亹水，以志考之，当在西河之南，而诸图皆……（此处被遮蔽）之以传疑。云南南北盘江诸图皆流入广西下属广东之西江，而按志之文，当为乌江之上流，故今姑从之，而未敢保其必然，诸水亦或有类此者，惟在览者审焉尔。

一、列宿分野及九州地方标圆圈于各京省所建之府，而九州则各黄，其有异者，则随府别标焉。

一、四裔诸国山川地名亦略举其相概，而附著焉。

一、两京宫阙城府卫所求凡不得尽载于本图者，附见左海空处。

一、秦之长城圮毁已久，诸图所存非其实也，故此图则删之，而凡阙所载务从简案，然本志既不免间有疏谬，所考又不能致其精博，自知颠错谬戾者甚多，恐未足为据，总在览者择焉而已。后观怀仁所著《坤舆全图》者，彼固自以为全矣，然今难从而考信，且吾学问所资莫近于中国，图籍如彼说者，姑宜存而不论云。

十三省总例

一、黄帝万国，帝喾创九州，尧分十二州，禹更制九州，周初千八百国，战国并为七，秦置四十郡，汉加置郡国，武帝分十三州刺史，晋置十九州，隋唐尽以郡为州，贞观分十道，开元增十五道，宋分十五路，宣和增二十六路，元内立中书省一领腹里，外立行中书省十领天下。

一、边地有都司、卫、所及宣慰、招讨、宣抚、安抚等司与四夷受□封者。盐司在南京、浙江者为都转运盐使司，在福、广、川、陕者□□盐课提举司，市舶、市船皆为提举司。

一、承宣布政使司领府州，府领州县，州领县，都指挥使司领卫所，卫领所，行都指挥使司全按察司，分道无察。诸府州卫所总计天下百六十府、二百三十四州、千一百十六县。

一、袭封衍圣公，府在曲阜鲁城中。

有关图例描述的分析如下。

（一）名称

凡例。

（二）数量

约 29 种（因有阙文，不能尽计），包括府、司、州、县、卫、所、两京、省、军民府、都指挥、宣慰、宣抚、安抚、长官、提举、蛮夷长官、军民宣慰、军民指挥、招讨使、府界、京省界、山、水、海、郡县古号、关、寨、地台、列宿分野、"九州"。

（三）类型

1.行政单位：两京、省、府、司、州、县；军民府、都指挥、宣慰、宣抚、安抚、长官、提举、蛮夷长官、军民宣慰、军民指挥、招讨使。

2.军事机构：都指挥、卫、所、关、寨、地台。

3.自然：山、水、海。

4.境界：府界、京省界。

5.古迹：郡县古号。

6.列宿分野。

7."九州"。

（四）图形

1.圆

（1）圈：如，"京、省、府、司、州、县、卫所，减其府、司、县、卫、所字，各为圈且加红色以别之"。

（2）内外重圈：如，"都指挥圈，而余外圈，下更加横画，以表宣慰。其宣抚则黑之，而三皆加黄"。

（3）圈内置小圈圆：如，"安抚则内置小圈圆。长官则黑其小圈"。

（4）小圈：如，"提举则置小圈。而蛮夷长官则黑之"。

（5）圆圈：如，"诸卫所，作圆圈；列宿分野及'九州'地方，标圆圈于各京省所建之府，而九州则各黄，其有异者，则随府别标焉"。

（6）圈内：如，"其府司之京省及州、县、卫、所之附郭于府司者，各置于京省府司圈内"。

（7）空圈：如，"其与州、府同号者只标空圈"。

2.方形

（1）两重方圈：如，"两京，则作两重方圈黄之外加以朱"。

（2）内方外八面重圈：如，"十三省，则作内方外八面重圈而内黄外朱"。

（3）单方圈：如，"各府与县皆作单方圈，而府黄县朱，惟军民府四隅内斜加截"。

（4）小方圈：如，"军民宣慰则置小方圈。而军民指挥则黑之"。

（5）方：如，"而卫、所之旁设者随其方而书之"。

3.三角形

三面圈：如，"唯招讨使，则首则三面圈"。

4.八边形

八面方圈：如，"诸州，则皆作八面方圈而黄之"。

5.尖圈

如，"诸所，作尖圈。而惟卫则加青焉"。

6.随意概举

如，"志中诸山水不能画载，随意概举。诸山画山，书名而加绿而减'山'字，惟峰岭则不减；诸水江河之类画水，书名加青，而惟大河则加黄，其水字或减或否，而水之同名于所出之山者更减其名"。

7.未述画法

如，"其郡县古号及关寨、地台诸地名之类或间见一二焉"。

（五）色彩

1. 红：京省府、司、州、县、卫所，减其府、司、县、卫、所字，各为圈且加红色以别之。

2. 黄：两京则作两重方圈黄之外加以朱；十三省则作内方外八面重圈而内黄外朱；各府与县皆作单方圈，而府黄县朱；诸州则皆作八面方圈而黄之；其县之隶府下之州者则系黄画于州；若直隶本府者否，其直隶于京省者虽至司京卫所之微皆加黄采焉；而惟大河则加黄。

3. 朱：两京则作两重方圈黄之外加以朱；十三省则作内方外八面重圈而内黄外朱；各府与县皆作单方圈，而府黄县朱；而其京省大界则加朱。

4. 黑：其宣抚则黑之，而三皆加黄；长官则黑其小圈；而蛮夷长官则黑之，而军民指挥则黑之；黑画：各府地界皆以黑画，环其四至。

5. 青：而惟卫则加青焉；诸水江河之类画水，书名加青。

6. 绿：诸山画山，书名而加绿。

（六）共用图形

其府司之京省及州、县、卫、所之附郭于府司者，各置于京省府司圈内，而卫、所之旁设者随其方而书之，其与州、府同号者只标空圈，其县之隶府下之州者则系黄画于州，若直隶本府者否，其直隶于京省者虽至司京卫所之微皆加黄采焉。

（七）描述顺序

1. 先讲总体问题：京、省、府、司、州、县、卫所，减其府、司、县、卫、所字，各为圈且加红色以别之。

2. 次按行政等级：而两京则作两重方圈，黄之外加以朱回；十三省则作内方外八面重圈而内黄外朱◎；各府与县皆作单方圈，而府黄县朱□，……其宣抚则黑之，而三皆加黄◻；安抚则内置小圈圆◻，长官则黑其小圈◻，提举则置小尖圈◻，而蛮夷长官则黑之◻，军民宣慰则置小方圈◻，而军民指挥则黑之◻，唯招讨使则首则三面圈◻，诸州则皆作八面方圈而黄之◻；诸卫所作圆圈◻，诸所作尖圈◇，而惟卫则加青焉。

3. 再对特殊绘法说明：其府司之京省及州、县、卫、所之附郭于府司者，各置于京省府司圈内，而卫、所之旁设者随其方而书之，其与州、府同号者只标空圈，其县之隶府下之州者则系黄画于州，若直隶本府者否，其直隶于京省者虽至司京卫所之微皆加黄采焉。

4. 再述境界表达：各府地界皆以黑画，环其四至，而其京省大界则加朱；其有山水跨于两地者，则以山水为界，而以海为限者画至海而止焉。

5. 再述山水表达：志中诸山水不能画载，随意概举。诸山画山，书名而加绿而减'山'字，惟峰岭则不减；诸水江河之类，画水书名加青，而惟大河则加黄，其水字或减或否，而水之同名于所出之山者更减其名。

6. 最后叙述末节事项：其郡、县古号及关寨、地台诸地名之类或间见一二焉。

（八）通名省略

京、省、府、司、州、县、卫所，减其府、司、县、卫、所字，各为圈且加红色以别之；诸山，画山书名而加绿，而减山字，惟峰岭则不减；诸水江河之类画水，书名加青，而惟大河则加黄，其水字或减或否，而水之同名于所出之山者更减其名。

（九）图形等级

1. 两京则作两重方圈黄之外加以朱。

2. 十三省则作内方外八面重圈而内黄外朱。

3. 各府与县皆作单方圈，而府黄县朱；惟军民府四隅内斜加截。

4. 其宣抚则黑之，而三皆加黄。

5. 安抚则内置小圈圆，长官则黑其小圈。

6. 提举则置小圈，而蛮夷长官则黑之。

7. 军民宣慰则置小方圈，而军民指挥则黑之，唯招讨使则首则三面圈。

8. 诸州则皆作八面方圈而黄之。

9. 诸卫所作圆圈，诸所作尖圈，而惟卫则加青焉。

10. 各府地界皆以黑画，环其四至，而其京省大界则加朱。

（十）表现方式

图文兼备。

（十一）附加说明

1. 其有山水跨于两地者，则以山水为界，而以海为限者画至海而止焉。

2. 志中诸山水不能画载，随意概举。

3. 其郡、县古号及关寨、地台诸地名之类或间见一二焉。

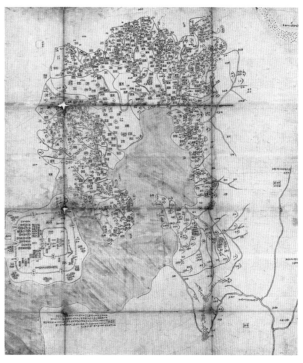

图 7　大明一统山河图（封面）　　　　图 8　《大明一统山河图》京城部分

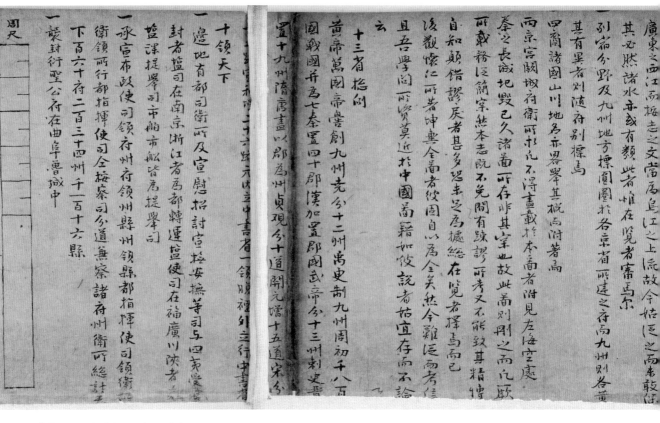

图9 《大明一统山河图》凡例

五、讨论与结论

上面对四份文献进行了逐一分析，可知各自的特点，这里再做一综合分析。

（一）名称

关于图例的名称，当时还没有统一与固定的形式，有称"凡例"或"省文"，还未见称"图例"。而"凡例"有广义与狭义之别，广义的包括"图例"内容，但不限于"图例"；狭义的可专指"图例"。"凡例"之称来源于书籍，但凡字数多一些、分章节者大多会列有"凡例"。① 还有"图例"二字包含在序言、题跋之中，说明这时对图例的命名规则还未定型。

（二）数量

图例的数量有多有少，《广舆图》有24个，《大明一统山河图》不少于27个。图例的数量取决于地图的区域大小和地图的类型。一般来讲，全国总图图例便多一些，过窄的专题地图图例便少一些。当然，数量并不是越多越好，要适量，既不能太多，又不能太少。

（三）类型

从类型上看，还是人文社会地理要素居多，尤其是行政区划单位，包括边疆地图的行政建制与

---

① 马刘凤、曹之：《中国古书编例史》，武汉大学出版社，2015年，第267页。

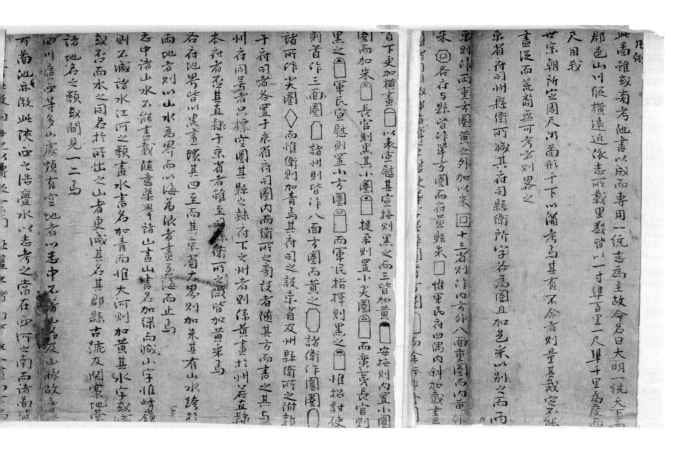

境界线，其次是军事机构与设施；自然地理要素较少，多为山、河流与海洋，湖泊有时还没有。个中原因可能是许多地理类型的图形无法概括，或者还没有定型，故此可以随意绘制艺术图像，不必列入图例之中。

行政单位中京、省、府、司、州、县等设计有符号，但《广舆图》中居然没有京城的符号，这或许是因为法定的京城一般只有一座（多则两座），所以可以写实一些，或艺术创作一番，不必列入简单的图例之中。

（四）图形

图形多为单体圆形、圆点、方形、矩形、八面形、三面形、尖形、菱形，这些均是最为基本的几何图形。[①]有时用双圆、双方等，或者圆、方、点套用。这些几何图形画起来简单，所占空间不大，说明古人遵从了"从简从明"原则。

（五）色彩

古人使用颜色很少采用后来广泛使用的分层设色与分区设色，而是将色彩区分的意图用在图例设计或文字的书写上。《大明一统山河图》在图例设计时使用了红、黄、朱、黑、青、绿六种颜色。中国传统色是"五色"，即青、赤、黄、白、黑。[②]《考工记》曰："杂五色，东方谓之青，南方谓之赤，西方谓之白，北方谓之黑，天谓之玄，地谓之黄。"可知五色与五方相对应，这是中国人的五原

① 高俊：《试论我国地图的数学要素和表示方法的演进特色》，《测绘学报》1963年第2期。
② 冯时：《自然之色与哲学之色——中国传统方色理论起源研究》，《考古学报》2016年4期。

色，故其用途极广。地图中没用白色来表示图例，这样，除红（赤）、黄、黑、青，还用了绿和朱两种颜色。在中国传统绘画中正是运用青来表示水、用绿表示山。[①]"朱"色在历代宫廷礼制中是正色，皇帝御批用它，称为"朱批"；朱砂制成印泥，墨书朱印，钤盖是最重要的印记；王公贵族的府第大门漆成朱色，称为"朱门"。图例正是用朱色表示京城与地方衙门。

（六）共用图例

为了在节省空间的同时准确地表现位置与行政机构之间的所属关系，故采取共用图例的方法。如《大明一统山河图》便作了如下的设计："其府司之京省及州、县、卫、所之附郭于府司者，各置于京省府司圈内，而卫、所之旁设者随其方而书之，其与州、府同号者只标空圈，其县之隶府下之州者则系黄画于州，若直隶本府者否，其直隶于京省者虽至司京卫所之微皆加黄采焉。"

（七）描述顺序

描述（列表）顺序，大多以行政单位在前。但是在《广舆图》上则是自然地理要素在前，这也许说明设计者意识到只有先确定了山脉、河流位置，其他人文地理要素才好定位。而其他设计者可能站在官本位的立场，首先叙述各级行政单位和边疆地区管理机构，其次叙述军事机构与设施。

（八）通名省略

为了节省空间，在标有图例的前提下省去地名的"通名"，这不失为一种高明的办法，但也易造成读图者的疑惑或误会。

（九）图形等级

为了显示行政单位、军事机构和境界的等级关系，在图例设计上也运用特殊的方法来设计图例的等级关系，做到名实相副。

（十）图例寓意

在《杨子器跋舆地图》凡例中，首次出现了图例设计的思想或者说是对"图例哲学"的论述，这是十分有意义的。我们不能说之前的设计者都是这样思考的，虽然设计的图例大都相同或相似；但是，从这时起就意识到了这个问题并加以实践，是十分有价值的。

（十一）表现方式

地图绘制者在描述图例时采用了两种方式：一是图文兼备，一是只用文字描述。应该说前一种较佳，后一种常常使人不明所言或产生误解。在前一种中也分两种情况：一种是用文字具体说明图例的含义以及与相关图例间的关系；另一种则非常简单，只讲图例代表何种地理要素，故以第一种图文兼备为佳。

---

① （英）迈克尔·苏立文著，徐坚译：《中国艺术史》，上海人民出版社，2022年，第259页。

（十二）附加说明

附有说明文字的图例，会交代哪些已设计了图例、哪些没有，跨界的如何表示，哪些地理要素应全标图例、哪些则选择部分标上。

（十三）图例多元化的问题

从上述四份文献的内容看，它们的图例并不一样，由此可见，当时关于图例的设计虽然有一些基本的思路，但还没有完全统一，处在多元状态。这也是事物发展的规律，尤其在没有一个行业公会的时代，没有人来主持制定一个统一的标准，但是为了便于交流与使用，这四份文献上的图例还是具有很强相似性的。

综上所述，明后期与清初出现了四种关于图例的文献，这是传统地图学史上的大事，标志着地图图例学理论与方法的创立。虽然专题地图的图例还有待进步，但普通地图图例设计的基本问题大多已得到规范，如图例的名称、类型、数量、形状、等级、色彩、寓意与共用等，这是一项划时代的成就，对中国传统地图学的发展产生了深远的影响。

【作者简介】汪前进，中国科学院大学科学技术史系教授。

王朝时期政务处理中的"地图"*

成一农

摘　要: 虽然《周礼》等先秦时期的著作中记录了王朝政务处理过程中使用的地图,一些学者也对某些政务处理时地图使用的情况进行了详细分析,但它们仍无法让我们对王朝时期政务处理中地图的使用情况有全面的了解。虽然留存下来的中国古代地图基本局限于宋代之后,但通过对文本文献以及近年来出土文献、民间文书和民间史料的梳理,可以认为:首先,至少自战国末期开始,在某些政务处理中对地图的使用可能已经较为常见;其次,秦汉之后地图越来越多地出现在各类中央和地方的日常政务处理中;最后,从史料来看,在日常政务处理中,地图流动并不是单向(自下而上)的,而是双向的。由此得出结论:与文本一样,地图在各个政府机构之间行使着传递信息的功能。

关键词: 政务处理;地图;信息传递

一、问题的提出

长期以来,历史研究所使用的主要材料是各类文本文献,如正史、官修志书、著名文人的文集等,基于此,长期以来有关王朝时期的官制、政治事件的研究,以及近年来出现的信息传递、信息渠道等的研究,大都关注文本文献,由此带来的印象就是,王朝时期政务处理中主要使用的就是文本。

近年来随着史学研究的转型以及所谓"新史料"的不断被发现,民间文书、笔记小说、地方档案、简帛等也被纳入史料的范畴,其中也有以地图为代表的图像史料。随着这些史料的出现,我们不得不对以往研究中构建的以文本为核心的王朝时期日常政务处理的模式,以及以往研究中构建的

---

* 本文为 2022 年度国家社会科学基金特别委托项目"黄河国际文化传播研究"(项目号 22@Zh022)的阶段性成果。

日常政务信息传递过程中文本的垄断地位进行重新思考。

虽然以往学界对上述问题缺乏直接的研究，不过在以往中国古地图研究中使用的史料里确实可以看到一些日常政务处理中使用地图的证据，如先秦时期就存在专门负责绘制和管理地图的官员，典型的就是《周礼》中的相关记载；在荆轲刺秦王等故事中也展现了地图对于国家统治的重要性。此外，在一些中国古代地图和地图学史的论著中，特别是在明清时期的有关研究中，河工图、运河图等作为日常政务使用的典型史料被时常提及。但上述这些零散的史料无法让我们获得一种整体印象，即在王朝时期"地图"是否以及何时被广泛用于日常政务处理，这方面少有的研究见于潘晟《宋代地理学的观念、体系与知识兴趣》一书。①

不过，潘晟的研究只是集中在宋朝，那么，在日常政务中对于地图的广泛使用是否从宋代开始？不仅如此，在公务处理中对地图的使用，是否存在"自上而下"的地图传递，由此构成通过地图达成的信息的双向流动？还有，基层或者说州（郡）县处理政务时，是否存在对地图的使用，其广泛使用又是在什么时期？对这些问题的初步回答也就构成了本文的研究主旨。

二、汉代政务处理中地图的使用

在《周礼》中有如此记载："大司徒之职，掌建邦之土地之图与人民之数，以佐王安扰邦国。以天下土地之图，周知九州之地域、广输之数，辨其山林、川泽、丘陵、坟衍、原隰之名物"②；"职方氏掌天下之图，以掌天下之地，辨其邦国、都鄙、四夷、八蛮、七闽、九貉、五戎、六狄之人民与其财用，九谷、六畜之数要，周知其利害。"③虽然这些记载在现代人看来颇为理想化，似乎不太可能是对现实的真实描述，但即使如此，也可窥见在《周礼》成书时代④人们已经意识到了地图在日常政务处理中的重要性。春秋战国时期的文献中偶尔也提到地图，如前文提到的荆轲刺秦王的故事。不过，整体而言，由于史料的不确定性和相对缺乏，要分析先秦时期日常政务中地图使用的整体情况，不仅颇为困难，而且也难以得出确凿的结论。

但在汉代的史料中，已能看到对日常政务处理使用地图的众多记载，大致集中在以下三个方面。

首先，是中央使用"舆地图"分封诸侯王。之所以如此，可能是因为"舆地图"中绘制或者记录有政区以及户口、租赋等信息，典型代表就是《史记·三王世家》中的记载："高皇帝建天下，为汉太祖，王子孙，广支辅。先帝法则弗改，所以宣至尊也。臣请令史官择吉日，具礼仪上，御史奏舆地图，他皆如前故事'。制曰：'可'。四月丙申，奏未央宫。太仆臣贺行御史大夫事昧死言：'太常臣充言卜入四月二十八日乙巳，可立诸侯王。臣昧死奏舆地图，请所立国名。礼仪别奏。臣昧死

---

① 在潘晟的研究中，主要从国家层面讨论了宋朝地图的绘制，对各类政务活动中地图的使用也有详细的论述，大致涉及军政、边备、河工以及以营建城池为主的工程，还有"地亩"等方面。其中如工程方面，潘晟总结到，在宋朝"无论是军事还是民政，绘制地图皆为说明与解决政务之重要手段"。此外，该书第三章中引用的大量材料都涉及地图在政务处理中的使用。见潘晟：《宋代地理学的观念、体系与知识兴趣》，商务印书馆，2014 年。

② （清）孙诒让：《周礼正义》卷 18《地官司徒上·大司徒》，中华书局，1987 年，第 689 页。

③ （清）孙诒让：《周礼正义》卷 63《夏官司马下·职方氏》，第 2636 页。

④ 关于《周礼》的成书年代目前依然存在争议，其中最早的认为其为周公所作，最晚的认为是西汉末刘歆所作，也有学者认为其是逐步成书的。

请。'制曰：'立皇子闳为齐王，且为燕王，胥为广陵王'。"①

其次，在一些军事和"外交"活动中搜集相关地区山川形势的资料并绘制地图。如《汉书·李陵列传》载，"陵于是将其步卒五千人出居延，北行三十日，至浚稽山止营，举图所过山川地形，使麾下骑陈步乐还以闻"②；《汉书·张汤列传》载，"初，安世长子千秋与霍光子禹俱为中郎将，将兵随度辽将军范明友击乌桓……画地成图，无所忘失"③；《后汉书·南匈奴列传》载，"单于畏汉乘其敝，乃遣使诣渔阳求和亲。于是遣中郎将李茂报命。而比密遣汉人郭衡奉匈奴地图……"④

再次，在治水或兴建水利设施过程中绘制和使用地图。如《汉书·沟洫志》载，"是时方事匈奴，兴功利，言便宜者甚众。齐人延年上书言：'河出昆仑，经中国，注勃海，是其地势西北高而东南下也。可案图书，观地形，令水工准高下，开大河上领，出之胡中，东注之海。如此，关东长无水灾，北边不忧匈奴，可以省堤防备塞，士卒转输，胡寇侵盗，覆军杀将，暴骨原野之患。天下常备匈奴而不忧百越者，以其水绝壤断也。此功壹成，万世大利'。"⑤

上述材料涉及政务活动对地图的绘制和使用大都集中在中央，但在秦汉的文献中已经可以看到郡县等地方机构绘制地图的例子，如出土的里耶秦简中有对"舆地图"的记载："其旁郡县与棳（接）界者毋下二县，以□为审，即令卒史主者操图诣御史，御史案雠更并，定为舆地图。有不雠、非实者，自守以下主者……"⑥从这段文字看，早在秦朝中央政府就已经命令各地绘制地图且要上交给御史进行审核并基于此编绘"舆地图"。不仅如此，地方政务处理中使用地图也有更早的记录，如《史记·龟策列传》载："宋元王二年，江使神龟使于河，至于泉阳，渔者豫且举网得而囚之，置之笼中。夜半，龟见梦于宋元王曰：'我为江使于河，而幕网当吾路。泉阳豫且得我，我不能去。身在患中，莫可告语。王有德义，故来告诉。'元王惕然而悟……于是王乃使人驰而往问泉阳令曰：'渔者几何家？谁名为豫且？豫且得龟，见梦于王，王故使我求之。'泉阳令乃使吏案籍视图，水上渔者五十五家，上流之庐，名为豫且。泉阳令曰：'诺。'乃与使者驰而问豫且曰：'今昔汝渔何得？'豫且曰：'夜半时举网得龟。'……"⑦由这条资料来看，春秋宋国的泉阳就留存有地图，且与户籍配套可以很容易查到各地人户的数量，甚至姓名。

此外，秦汉时期的墓葬中也出土了一些地图。如1986年出土于甘肃天水北道区党川放马滩秦墓的"天水放马滩地图"。据相关研究，该墓主人为秦国人丹，这幅地图大约绘制于战国秦惠文王后元十年至秦昭襄王八年（公元前305—前299年）。图中绘有山脉、河流、沟溪、关隘、道路、寺庙，注记山川、关隘和乡里聚邑名称，并注明乡里聚邑之间的交通里程。又如1973年出土于湖南长沙马王堆三号汉墓中的"长沙国南部地形图"。该图绘制时间在西汉吕后七年至文帝十二年（公元前181—前168年）之间，图中绘有8个县城和74个可辨认的乡里，分别以方框和圆圈符号表示；用实线和虚线分别表示大道与小路；河流用线条粗细区分源流，在河口处注出河名，在部分河流源头

① 《史记》卷60《三王世家》，中华书局，1963年，第2109页。
② 《汉书》卷54《李陵列传》，中华书局，1964年，第2451页。
③ 《汉书》卷59《张汤列传》，第2656页。
④ 《后汉书》卷89《匈奴列传》，中华书局，1965年，第2942页。
⑤ 《汉书》卷29《沟洫志》，第1686页。
⑥ 陈伟主编：《里耶秦简牍校释》（第一卷），武汉大学出版社，2012年，第118页。
⑦ 《史记》卷128《龟策列传》，第3229页。

标注"某水原";且用三种不同的方法表示山岭。虽然这些地图出土于墓葬，但可以被认为是当时地方上使用的地图，或地方上使用地图的摹本。由此可以推测，至少在战国末期，地方机构就已经绘制、保存和使用地图了。

总体而言，从文献记载来看，秦汉时期政务处理中就已经开始广泛使用地图，同时也没有将使用地图作为一件新奇的事情。

三、三国至五代政务处理中对地图的使用

汉代之后直至隋代的文献中也有在政务处理中使用和绘制地图的记载，特别是在不同行政区之间存在边界纠纷的时候，地图被用作解决纷争的证据。如《三国志·孙礼列传》载，孙礼被贬为冀州牧时，曾以地图为证，断清河、平原两地纷争八年之久的界限之争。其中提到："界实以王翁河为限，而诈以鸣犊河为界。假虚讼诉，疑误台阁。窃闻众口铄金，浮石沉木，三人成市虎，慈母投其杼。今二郡争界八年，一朝决之者，缘有解书图画，可得寻案橘校也。平原在两河，向东上，其间有爵堤，爵堤在高唐西南，所争地在高唐西北，相去二十余里，可谓长叹息流涕者也。"[1] 甚至两国之间在确定"疆界"时也使用地图，如《北史·周本纪上》载"（恭帝元年）梁元帝遣使请据旧图以定疆界"[2] 等。

地图还被用于各类工程，如《宋书·元劭列传》载："去年十一年大水……既事关大利，宜加研尽，登遣议曹从事史虞长孙与吴兴太守孔山士同共履行，准望地势，格评高下，其川源由历，莫不践校，图画形便，详加算考，如所较量，决谓可立……"[3]

同样，在分封诸侯王的时候也要参考地图，如《北史·杨雄列传》载："雄乃闭门不通宾客。寻改封清漳王。仁寿初，帝以清漳不允声望，命职方进地图，指安德郡示群臣曰：'此号足为名德相称。'乃改封安德王。"[4]

唐和五代时期，文献中也记载有在上述这些类政务中使用地图的众多例证，而且地图的使用范围进一步扩大，受篇幅限制，这里不再罗列。值得注意的是，此时已经出现了明确的用于治水的地图，如《旧唐书·萧倣列传》载，"四年，本官权知贡举，迁礼部侍郎，转户部。以检校工部尚书出为滑州刺史，充义成军节度、郑滑颍观察处置等使。在镇四年，滑临黄河，频年水潦，河流泛溢，坏西北堤。倣奏移河四里，两月毕功，画图以进。懿宗嘉之……"[5] 治河工程完成后上呈地图的现象不止这一条，如《旧五代史·明宗本纪》载，"六月壬子朔，幽州赵德钧奏：'新开东南河，自王马口至淤口，长一百六十五里，阔六十五步，深一丈二尺，以通漕运，舟胜千石，画图以献。'"[6] 而这种现象按照潘晟的研究，在宋代已经成为了"常态"，那么其源头至少可以追溯至唐代。

此外，还出现了朝廷为了解情况要求地方绘图的情况，《唐大诏令集》"却置潼关制"条中记载：

① 《三国志·魏志》卷24《孙礼列传》，中华书局，1964年，第692页。
② 《北史》卷9《周本纪上》，中华书局，1974年，第329页。
③ 《宋书》卷99《元劭列传》，中华书局，1974年，第2435页。
④ 《北史》卷68《杨雄列传》，第2370页。
⑤ 《旧唐书》卷172《萧倣列传》，中华书局，1975年，第4482页。
⑥ 《旧五代史》卷43《明宗本纪第九》，中华书局，1976年，第592页。

"神都四面应须置关之处，宜令检校文昌虞部郎中王玄珪，即检行，详择要害，务在省功，斟酌古今，必令折衷，还日具图样奏闻（圣历元年五月十九日）。"① 这一现象在后代尤其在清代是比较多见的。

四、宋至明政务处理中对地图的使用

如前文所言，潘晟对于宋代政务活动中地图的使用情况进行了详尽的研究，对此不再赘述。不过，可能是由于留存的资料更为翔实，因此这一时期除了对地图使用的概要性记述之外，还可以看到日常政务处理中地图具体发挥的作用。这样的例子颇多，如《宋史·赵希言列传》载，"（希言）调衢州司户，合郡民以计，表其坊里，标其户数，为图献于守，守才之"②；《宋史·王罕列传》载，"罕字师言，以荫知宜兴县。县多湖田，岁诉水，轻重失其平。罕躬至田处，列高下为图，明年诉牒至，按图示之，某户可免，某户不可免，众皆服"③；《宋史·黄洽列传》载，"洽亟奏：'使者一出，官吏必须知畏。其常平一司，所职何事？淮、浙、江东见有使，以五使分五路，尚虑不周。知今遣一人兼二三路，不过阅图帐户口多寡，地里辽邈，安能遍历乎'"④；《宋史·赵尚宽列传》载，"嘉祐中，以考课第一知唐州。唐素沃壤，经五代乱，田不耕，土旷民稀，赋不足以充役，议者欲废为邑。尚宽曰：'土旷可益垦辟，民稀可益招徕，何废郡之有？'乃按视图记，得汉召信臣陂渠故迹，益发卒复疏三陂一渠，溉田万余顷……"⑤ 这些例子涉及的地方政务类型繁多，相当具体，如统计户口、标记田亩范围、救荒等。

不仅如此，在宋代的一些官箴之书中也强调了地图在地方政务处理中的重要性。如《州县提纲》载："迓吏初至，虽有图经，粗知大概耳。视事之后，必令详画地图，以载邑井都保之广狭，人民之居止，道涂之远近，山林田亩之多寡、高下，各以其图来上。然后合诸乡邑所画总为一大图，置之坐隅，故身据厅事之上，而所治之内，人民、地里、山林、川泽俱在目前。凡有争讼，有赋役，有水旱，有追逮，皆可以一览而见矣。昔吕惠卿，虽不足言，观其以居常按视县图，究知乡村、地形、高下为治县法，盖亦有所见也。"⑥

明代各类史料中同样有着大量政务处理中使用地图的记载。以《明太祖实录》为例，其中军事方面如，"戊午，徐达率兵取兴化。先是上命达图泰州、兴化、海安、通州、高邮山川地势要害以进，览之……至是遂取兴化，淮地悉平"；工程建筑方面如，"戊子，命江夏侯周德兴往福建以福、兴、漳、泉四府民户三丁取一，为缘海卫所戍兵以防倭寇。其原置军卫非要害之所即移置之。德兴至福建，按籍抽兵，相视要害可为城守之处具图以进。凡选丁壮万五千余人，筑城一十六，增置巡检司四十有五，分隶诸卫以为防御"；水利工程方面如，"庚寅，河决河南开封府阳武县，浸淫及于陈州、中牟、原武、封丘、祥符、兰阳、陈留、通许、太康、扶沟、杞十一州县，有司具图以闻。乞发军民修筑堤岸，以防水患，从之"，"洪武二十九年九月丙辰朔，修广西兴安县灵渠三十六陡，其

---

① 《唐大诏令集》卷 99《却置潼关制》，商务印书馆，1959 年，第 499 页。

② 《宋史》卷 247《赵希言列传》，中华书局，1977 年，第 8750 页。

③ 《宋史》卷 312《王罕列传》，第 10243 页。

④ 《宋史》卷 387《黄洽列传》，第 11874 页。

⑤ 《宋史》卷 426《赵尚宽列传》，第 12702 页。

⑥ 《州县提纲》卷 2，四库全书本。

渠可溉田万顷，亦可通小舟。国初尝修浚之，至是兵部尚书致仕唐铎以军务至其地，图其状以闻，且言修治深广可通官舟给军饷……于是可通漕运矣。"[1]

此外，虽然地方政务处理中使用地图的例证留存下来的不多，但在明代晚期的一些官箴之书中对地方政务处理中绘制和使用地图则予以了强调。如《官箴集要》载，"凡有司官到任之初，采访画工，令各乡都里长将本管地面山川、四至、寺观、祠庙、田土、沟渠、陂塘、桥道、急递铺、旌善亭、乡社、坛所、大小烟居画为一图，务要详细，不可简率。待各都图本齐备，即令画者以县治为主，自近而远集为一总图。遇有贼人出没、互争田地、侵葬坟茔，按图而观，可知其大略，不为吏民所欺。"[2]

五、清朝政务处理中对地图的使用

在清代的资料中可以看到，在处理水利工程、海塘工程以及军事问题时，通过绘制地图向中央呈报相关情况已是一种惯例。可能受到史料的制约，对于清代之前政务处理中地图的使用，我们看到的往往是地方上呈朝廷的文牍或者奏札中的地图，很难看到朝廷的反馈。清代保存下来大量的材料，使得我们可以对此有更为具体的了解，如："癸酉，兵部议覆广东广西总督石琳等疏言：黎人地方丁田无多，不便设立州县。总兵官吴启爵所奏于黎人地方筑建城垣、添设官兵之处，应无庸议。上曰：'阅琼州舆图，周围皆服内州县，而黎人居中。如果此处应取，古人何为将周围取之，而在内弹丸之地反弃而不取乎？不入版图必有深意，创立州县、建筑城垣，有累百姓。部议不准，良是！'"[3]

当然，上述例子中的反馈是通过文本达成的，但我们能从中看到"地图"的反向流动。尤其是在乾隆时期，如："谕军机大臣曰：李奉翰、福宁奏，会看江境各坝，先行拆展南北两坝一折……再阅李奉翰等绘进图样内，毛城铺一处所绘殊不明晰。毛城铺系为分泄河水而设，谁不知之，但遇放水时，系由何处分泄，或径从大河相对毛城铺处所泄水，则中间层层坝埝甚多，均须过水，又何必筑此坝埝，拦截泄涨水之路乎？已用朱笔于图内标识。若由他处放水，图内又并未绘出水道，贴说声叙，所办实不明晰。著传谕苏凌阿等四人，会同察看，另行展宽尺寸，绘一大图，将毛城铺放水时，系由何路分泄，及所筑各坝埝，详细绘图进呈，以便观览，毋仍草率牵混，以致眉目不清。将此五百里驰谕知之。仍令速行明白绘图贴说来奏。阿桂于河工素为经历，韩镈系由河员出身，著将现降谕旨，钞寄阿桂、韩镈，阅看朕逐一指示之处。其意以为何如。伊等如别有所见，亦即一并据实覆奏。"[4]在这一例子中，乾隆皇帝在"李奉翰等绘进图样"之上标绘自己的意见，然后将地图"钞寄阿桂、韩镈"，由此地图也就达成了"自上而下"信息的流动。由于意识到了地图的重要性，在军事战争中乾隆还将中央掌握和绘制的地图送给相关官员作为处理具体事务的资料，如："又谕，此次岳钟琪所报，攻克跟杂、葛布基等处看来似距贼巢不远，但此处图中未经注明。著将军机处奏片并

① 以上四条记载分别见于《明太祖实录》卷20、卷181、卷215、卷247，"中研院"史语所，1962年，第276、2735、3170、3583页。
② （明）汪天锡辑：《官箴集要》，明嘉靖十四年刊本，《官箴书集成》第1册，黄山书社，1997年，第301页。
③ 《清圣祖实录》卷155 "康熙三十一年四月至七月"，中华书局，1985年，第713页。
④ 《清高宗实录》卷1459 "乾隆五十九年八月下"，中华书局，1985年，第472页。

金川舆图寄与傅尔丹、岳钟琪，令其将现在攻克地名，并各路官兵、某人所领已至某处、某人所领尚驻某处、计离贼巢道里若干，逐一粘签，即速驰奏。"①

此外，在其他众多类型的现存文献中都能看到清代地方政务处理中对地图的使用。

清代的官箴之书中同样不断强调地图的重要性，如明代《官箴集要》"图地理"的内容就出现在《政学录》卷三中。②不仅如此，清代官箴书中对于地图的记载更为多样，如《福惠全书》"到衙门"中就提到"吏房吏率各房投递县志县图"③；《牧令要诀》中记"到任之时，众尚观望不敢懈怠之时，令出必行。先阅舆图、志书，传齐快壮皂六班总役，令其照舆图将境内村镇之大小、道里之远近，分配六路，各管一路，发给门牌户册格式纸张，每村各造一本……"④；《平平言》中有"工房呈舆图"一条，中载"州县到任，工房书办例绘舆图呈核。所呈之图，类多不全、不备，甚至南境山川列入东西，东境山川列入南北，此等舆图全无用处。须仿开方计里之法，另绘确图，以备查核。假如本邑疆域自东至西，横宽一百里，即于纸上横分十格……庶本境形势或长或方或尖斜均可一目了然，而山川村镇道路等项之方向远近亦无不了如指掌。而图所不能尽载者……另载一册，以辅图之不逮。仍随时留心考查，如图册有舛错处，即随时改正，平日肯如此费心，临事可不下堂而理矣"⑤。这些记载的内容虽然不同，但都表明当时已经认识到新任地方官到任之初最为重要的事情之一就是阅览或者绘制所管地方的地图。

而且，在现存的清代地图中确实可以看到一些地方政务处理中使用的地图，如现收藏于中国国家图书馆的清光绪年间彩绘本《灵宝县城池街道图》。其图面四缘标注有正方向，上北下南，左西右东；以侧立面的形式绘制了带有城门、城楼、马面和垛口的城墙；街道用粗细不同的涂以淡褐色的双曲线绘制，并用文字标注了街巷名称；用房屋符号标绘了县署、捕署、书院、贡院以及火神庙等建筑，但数量较少；用贴红标注了各处公馆的数量，如仁里巷"路东公馆二所"。该图应当是灵宝县为统计城内各处公馆数量而制作的。

此外，在最近几十年发现的《南部县档案》《巴县档案》《淡新档案》中都发现了数量不等的在处理各类诉讼案件中绘制的地图。

如吴佩林等曾在《清代地方档案中的政治、法律与社会》一书中对《南部县档案》记录的风水诉讼中有关地图绘制的情况进行了介绍，其中总结到，"需要提及的是，当以风水为参考的某个诉讼提交衙门审阅后，引起纠纷的位置经常会被工书们'细勘、绘图、贴说'。有时，即使知县没有正式要求绘制图示，工书们也会去勘察并绘制图示。其他时候，知县会阅读工书关于某处坟墓的初步报告，随后要求进行地图绘制以助于识别土地景观。"⑥奎恩·贾弗斯（Quinn Doyle Javers）在他的关于巴县的博士论文中也认为，清代的巴县在处理地方法律问题时，绘制地图同样是一件重要的工作。⑦杨森豪等在其报告《绘图注说:〈淡新档案〉之地图绘制与地图使用》中对该份档案资料中地

① 《清高宗实录》卷 32 "乾隆十三年十月上"，第 13 册，第 393 页。
② （清）郑端:《政学录》卷 3，畿辅丛书本，《官箴书集成》第 2 册，第 262 页。
③ （清）黄六鸿:《福惠全书》，濂溪书屋藏板，《官箴书集成》第 3 册，第 237 页。
④ （清）壁昌:《牧令要诀》，清道光刊本，《官箴书集成》第 7 册，第 576 页。
⑤ （清）方大湜:《平平言》，光绪十八年本，《官箴书集成》第 7 册，第 602 页。
⑥ 吴佩林:《清代地方档案中的政治、法律与社会》，中华书局，2021 年，第 145 页。
⑦ Quinn Doyle Javers: *Confict, Community and Crime in Fin-de-siècle Sichuan*, Doctoral Dissertation, Stanford University, 2012.

图的绘制情况进行了详细的数据分析，如在《淡新档案》中记录的总计 1164 件案件中，使用了地图的案例有 68 件，比例占到了 5.8%，主要集中在光绪年间（1875—1895 年）；在总计 182 幅地图中，官方绘制的有 113 幅，而由民间诉讼者绘制的地图则多达 69 幅。

六、结论

通过上文的介绍和分析，本文得出的结论也非常简单：首先，至少自战国末期开始，在某些政务处理中对地图的使用可能已经较为常见；其次，秦汉之后地图越来越多地出现在各类中央和地方的日常政务处理中；最后，从史料来看，在日常政务处理中，地图流动并不是单向自下而上的，而是双向的，由此与文本一样，地图在政府各个机构之间发挥着传递信息的功能。

不过，对于政务处理中地图使用的普遍性的观点还不能过于强调。首先，也有资料说明有些地方可能并没有地图，如《学治一得编》中的《褒城地方情形禀》中提到："县治向无志书，亦无舆图。职曾就见闻所及计里开方，刊有县境舆图并呈览。"[1] 其次，阅读和使用地图是一种能力，至少也是一种习惯，但就现存中国古代的文献来看，其中收录的地图占极少数，甚至在强调"左图右史"的时代，史部中除了地理类之外其他类别的著作中极少收录地图，最为典型的代表就是官修正史，因此中国古代阅读和使用地图是否成为士大夫的一种普遍能力和习惯并不是一个有着显而易见答案的问题。具体到政务处理，官员想要真正读懂一幅地图，需要相关的知识和能力，如关于地理和制度方面的知识，将地图上的地理要素转化为现实地物的能力，以及识别地图绘制者各种"意图""污染"内容的能力，而对这些知识与能力中国古代社会普遍缺乏研究。故中国古代政务处理中确实广泛使用着地图，但是否可以将这种"广泛"定性为"普遍"则还依赖于今后进一步的研究。

上述结论虽然简单，但如果深入发掘的话，还可以探讨众多与此有关的问题。就地图学史的研究而言，以往的大多数研究通常只关注那些留存下来的地图，自 20 世纪以来，中国古地图学史的历史书写就是在这一前提下构建的，但不可否认的是，受到载体形式等的影响，留存下来的地图仅仅是古人曾经绘制过的地图的一小部分，甚至是极小部分；而且除了出土于墓葬的先秦及汉代的几幅地图之外，留存至今的地图主要是宋代之后的，因此根据实物地图撰写的中国地图学史，远远不能反映中国古代地图的全貌。不仅如此，传统中国舆图以及地图学史的研究大都只关注地图本身，而极少考虑地图绘制的"背景"，往往会用今人的眼光来看待这些地图，由此对这些地图会产生各种误解，同时也无法真正理解这些地图的绘制目的、功能，更无法理解地图作为信息的载体在时人认知和改变"世界"和"历史"中发挥的作用。而为了纠正上述偏颇，注意文献中记载的王朝时期日常政务中使用的地图应当是一个比较好的切入点。

此外，以往"信息传递"的研究主要考虑的是复原承载信息的文书的实际传递过程，但这些只是"信息传递"的一部分。面对作为信息载体的文书，首先要考虑的即是其由谁，为了什么目的以及怎么"生产"出来的。虽然以往对于地图的绘制者有过一些相关研究，但依然远远不够，很多"被

---

[1] （清）何耿绳：《学治一得编》，清道光二十二年刻本，《官箴书集成》第 6 册，第 684 页。

记载"的绘制者往往不是地图真正的绘制者。由此产生的问题就是，王朝时期"绘制地图"是否是一种能力，以及这种能力的普及性到底如何。与此同时，地图的"生产"并不仅仅是一个"技术"问题，而且还是一个"知识"生产的问题，而生产出来的"知识"，由于不可避免地受到绘制者各种"意图"的"污染"，因此其必然不是对其所要反映的"地理"的如实反映；而且即使将地图的生产作为一个技术问题来研究的话，那么这也不是一个纯粹的技术问题，其中至少还涉及信息的来源、绘制、加工，甚至再加工的过程。有资料表明，一些地图图像的绘制者和图面文字的书写者可能并不是同一批人。与此对应的还有阅读地图的能力，这点可以参见上文的简要分析。对这些问题的研究，将会拓展中国古代地图研究的领域，并且将会深化对一些历史问题的讨论。

最后，作为比照，可以回顾一下欧洲历史上政务处理中使用地图的历程。

在欧洲的古典时期"尽管文物的缺乏令人失望，但可以表明这些文明都制作、使用了种类繁多的地图。往往起源于神话且总是轮廓不清（如巴比伦世界地图和女神努特的形象），宇宙的、天地万物的和陆地世界的地图亦能在伊特鲁里亚、希腊和罗马的地图绘制传统中找到。早期的大比例尺制图的体现，在美索不达米亚为带有灌溉地产的农村地区地图；在埃及，最具代表性的是都灵纸莎草纸，因其对矿井的处理而无与伦比；在希腊，是几处对大比例尺地图的援引；在罗马，是百分田制产生的地籍图和《罗马城图志》，以及针对隧道、高架渠和排水系统的工程平面图。如行程图和军事地图一样，精心绘制的带防御工事的城镇或宫殿、神庙、花园的平面图在这些文化中也有不同程度的体现"[1]。且"罗马时期使用地图的证据要比其他古代时期多。这些功能包括将地图用作地籍和法律记录、辅助旅行者、纪念军事与宗教事件、作为战略文件、政治宣传，以及用于学术和教育目的等。直到公元前 170 年左右，地图对大多数罗马人来说显然还比较陌生，而在那之后，他们对地图的使用开始逐步增多。但是，尽管罗马社会使用地图的证据比较丰富，也不应忘记，通常被认为不那么有实用倾向的文明，如古典希腊，也可能存在类似的使用"[2]。也即类似于我们的先秦和秦汉时期，欧洲古典时期在政务处理中对地图使用已经达到一定的程度，至少罗马人对于地图的使用并不陌生。

但此后中世纪欧洲绘制的地图数量很少，只是到了中世纪后期至文艺复兴初期，地图才再次与政务活动建立了密切的联系，即"在 1400 年—1472 年之间，在绘本时代，据估计流通有数千幅地图；1472 年—1500 年间，大约有 56,000 幅地图；1500 年—1600 年间，达到了百万幅。需要对可以用于观看的地图数量的急剧增加进行解释。当然，地图开始服务于社会中大量不同的政治和经济功能。当大量满足于公共建设工程、城镇规划、法律边界问题的解决、通商航海、军事策略和乡村土地管理的需求时，行政官僚机构变得更为复杂，这些功能彼此交织，同时产生了对定制地图的需求。在意大利、法兰西、大不列颠等国家，区域档案的结构反映了这些甚至在今日依然存在的行政需求"[3]。"总体而言，王公对待地图、球仪、图景和其他地图学工具的态度，似乎在文章所研究的两

---

[1] O.A.W. 迪尔克著，包甦译：《古代世界的地图学：引言》，J. B. 哈利、戴维·伍德沃德主编，成一农等译、卜宪群审校：《地图学史》第一卷《史前、古代、中世纪欧洲和地中海的地图学史》，中国社会科学出版社，2021 年，第 141 页。

[2] O.A.W. 迪尔克著，包甦译：《古代世界的地图学：结论》，《地图学史》第一卷《史前、古代、中世纪欧洲和地中海的地图学史》，第 386 页。

[3] 戴维·伍德沃德著，成一农译：《地图学和文艺复兴：延续和变革》，戴维·伍德沃德主编，成一农译、卜宪群审校：《地图学史》第三卷第一分册上《欧洲文艺复兴时期的地图学史》，中国社会科学出版社，2021 年，第 15 页。

个世纪左右的时间中经历了深刻的变化，这是一个在地图的制作、传播和使用方面发生了同样深刻变化的时期。在 15 世纪晚期，地图仍然主要是少数熟练从业人员的手艺。它们是昂贵和珍稀的，并且结果它们因为与宗教相联系而得到了尊重。两个世纪后，地图的制作一直在增加，已经大部分由专业化的政府官员承担，或者至少由其利益通常与国家利益是一致的个人或者代理机构所承担。技术进步还意味着地图被广泛传播，可以被接触到，并且容易转化为日常物品。在地图学的商品化过程中，地图相对地被去掉了神秘的外衣，失去了它们之前拥有的一些精神特质。它们从国王的艺术馆转移到了行政管理人员的橱柜中，成为政府行为中不可或缺的组成部分。确实，拥有地图和使用地图成为运营一个国家必不可少的过程的一部分。"①

上述欧洲政务处理中使用地图的发展历程与中国王朝时期存在明显的差异。之所以如此，任何简化的解释都缺乏说服力，但由此能让我们意识到政务处理中对地图的使用不是一种"必然"，从而使得我们能够从更为广泛的角度来看待这一问题。

【作者简介】成一农，云南大学历史与档案学院教授，博士生导师。

---

① 理查德·L·卡甘、本杰明·施密特著，成一农译：《地图与现代早期的国家：官方地图学》，《地图学史》第三卷第一分册上《欧洲文艺复兴时期的地图学史》，第 969 页。

唐代及以前存世舆图述略

徐永清

摘　要： 本文阐述了中国唐代及以前地图的原件还没有完全绝迹，它们以壁画、绢画、纸本、雕刻等各种介质尚存于世，其中以佛教舆图为多；作者对若干种唐代以前的存世舆图进行了简要介绍、分析和总结。

关键词： 唐代及以前；存世地图；佛教舆图

经历了魏晋南北朝的乱世之后，中国古代舆图在大一统的隋唐时期进入了繁荣发展的阶段。可以说，隋唐地图的发展达到中国古代地图测绘史上的一个高峰。但是在宋代以前，尽管文献记载的地图事迹很多，留存下来的地图原件却非常稀少。唐代以前的地图原件更是凤毛麟角，几乎没有留存。这是中国地图史上的一个突出的现象。余定国在《中国地图学史》的结论部分也涉及这一问题："为什么宋代以前的地图流传下来得这么少？一个答案可能是这样，实际上宋代以前的书中插图并没有流传下来，因为在印刷术发明以前书籍十分容易破损……承认地图在军事上和行政上的价值，中央政府收集地图，保存在档案部门，战乱破坏国家档案，许多地图和其他的文件遗失。"[①]

然而，在中国浩如烟海的文物、文献中，仍能寻觅出意外的惊喜。根据笔者的研究，中国唐代及以前地图的原件还没有完全绝迹，除了众所周知的马王堆地图、放马滩地图之外，壁画、绢画、纸本、浮雕等各种介质的唐代及以前的舆图，均有少量尚存于世，其数量大概有数十种，可谓吉光片羽，灵光闪现。只是，这一部分存世地图，长时间以来只被少数学者在各自学科领域（大多数不是地图学）研究中偶尔提及，没有引起普遍的重视和地图学家们的专门研究。

笔者认为，现存唐代及以前的舆图，主要是佛教舆图。佛教舆图，不仅包括描绘自然地理的地

---

① （美）余定国著、姜道章译：《中国地图学史》，北京大学出版社，2006年，第250页。

图，还必然包括形而上世界的地图。佛教舆图，多为虚拟与现实的合体，是图像与文字的融合，是客观写实与主观意象的融合，是象形化与几何化的融合，也是实用工具与艺术品的融合。

中国古代佛教舆图有两类基本模式。一方面，佛教景观神圣广泛，内涵丰富，其鲜明、突出的特征是境界玄奇，通过佛经中的天界幻境，表达其景观理想、神圣境界，构建佛教宇宙观的空间世界。对佛教独特的空间模式，也即佛教神圣景观最直观的反映，就是描绘佛教奇幻世界的虚拟性佛教神圣景舆图。另一方面，佛教僧侣在现实世界中寻找与想象中的天界幻境相似的自然环境，来建构庙宇僧院，以实现景观理想的地理回归。这种情况反映在中国古代佛教舆图的绘制上，就出现描绘佛教生活真实世界的现实性佛地寺院舆图。当然，也有上述二者互相融合的亦真亦幻的舆图。理想景观与现实景观相对应融合，人们在观察现实过程中创造虚拟景观，并通过文化建构实现对完美栖息地的想象和建构。

敦煌洞窟中存有大量唐代及以前描绘佛教内容的壁画、佛像雕塑，其中一部分保留了中古舆图式绘画的诸多特征。敦煌洞窟中发现的多种壁画、《五台山图》绢画，以及《僧院图》《须弥山圣境图》、卢舍那佛法界人中像、《三界九地之图》，都是古代佛教舆图的宝贵遗存。此外，大量敦煌壁画中的须弥山、灵鹫山空间模式，经变画中的诸佛净土图，都是具有舆图性质的地理空间图像资料。

一、唐代及以前的卢舍那佛法界人中像

在古代中国，随着《华严经》的翻译和传播，南北朝时期出现了一种表现法界诸相、纹饰的特殊图像，即卢舍那佛法界人中像。我国古代的卢舍那佛像主要分布于中原、敦煌、龟兹、于阗地区。卢舍那佛法界人中像的特征，是以雕刻或者绘画方式在佛像所穿的袈裟上描绘法界诸相的图像，这是基于佛教的宇宙观而在卢舍那佛法身绘出诸世界地理景观，用以反映佛经描写的虚幻神圣的世界形象，实现法界思想的地理图像化，也可称为佛教天界舆图。

法界，佛学用语，泛称各种事物的现象及其本质，其中也含有空间地理概念。在佛像身上的袈裟中描绘的各种景象，被佛教总结为三界六道（欲界、色界、无色界，天道、人道、阿修罗道、地狱道、恶鬼道、畜生道），这一类图像被称为法界人中像，其中尤以卢舍那佛法界人中像为多。卢舍那，梵文 Losana 的音译，即大日如来。卢舍那佛法界人中像以佛腹部为界，法衣的胸前绘须弥山，山腰两侧或两肩部绘日月，山顶及周围绘宫殿、楼阁建筑及树木，表现切利天宫。法衣上身所绘诸相，即对经文华藏世界海的描绘。[1]卢舍那佛法界人中像所绘法界，大部分可以视为一种佛教虚幻境界舆图。

敦煌莫高窟现存的 14 例卢舍那佛法界人中像，见于北周第 428 窟、隋代第 427 窟、初唐第332 窟、盛唐第 446 窟以及宋代第 449 窟。另外，在一些报恩经变（中唐时期莫高窟第 154 窟，晚唐时期莫高窟第 12 窟、莫高窟第 14 窟、莫高窟第 156 窟）、金刚经变（盛唐时期莫高窟第 31 窟）中也可见到身上画有六道图的卢舍那佛。[2]

建于北周的敦煌莫高窟第 428 窟（见图 1）是突出的一例。该洞窟主室南壁窟中段位置绘卢舍

① 殷光明:《敦煌卢舍那法界图像研究之一》,《敦煌研究》2001 年第 4 期。
② 王惠民:《华严图像研究论著目录》,《敦煌学辑刊》2011 年第 4 期。

那佛法界人中像，卢舍那佛的法衣上，绘有佛教虚幻舆图，属于三界六道题材。佛像的胸前绘须弥山，两侧有龙王围绕，山前阿修罗手托日月；山顶 5 所宫殿各坐 1 人，肩部有天人、飞天，表现天部场景；袖及山下有房舍、人物；膝部绘畜生道，内裙下摆画刀山，内有 6 身裸体，举手拔足，似为挣扎形象。袈裟所画三界之一的"欲界"，分上、中、下三部。上部"天"中有佛、飞天、阿修罗、天宫；中部"人界"中画四大洲，有人间的各种活动；下部"地狱"中有刀山、剑池、饿鬼。

除敦煌莫高窟外，卢舍那佛法界人中像也被发现于其他地区。如 1999 年发现的新疆库车阿艾石窟，位于克孜里亚大峡谷内，这是一所由众多汉人集资开凿于唐代中期的石窟。阿艾石窟的艺术风格受到距离西域最近的敦煌莫高窟的影响，在洞窟形制上采用敦煌唐代流行的平面方形。阿艾石窟内左侧壁所绘卢舍那佛法界人中像（见图 2），其高 1.7 米，有头光，着通肩袈裟，佛像右臂曲至右胸前，左手持衣襟，呈立姿形态。佛像袈裟上绘出法界舆图，表现三界六道的内容，以腹部须弥山为中心构图，两侧龙王缠绕，在山左右侧分别绘出日月，山下为香水海，山前有一野马形象。佛像肩部左右两侧分别为钟、鼓，胸前绘一列佛与四天人坐于宫殿前。

阿艾石窟中卢舍那佛像躯干部分的舆图，由上而下可分为五层：第一层，左肩绘一钟，右肩绘一鼓，象征晨钟暮鼓时间流逝；第二层，佛交脚坐于中间，左右两侧各有两个跪拜的天人；第三层，中间为束腰形的须弥山，山上有数条蛇形龙，山两侧分别是太阳和月亮，山下为海；第四层，一匹白色的奔马；第五层，漫漶不清，仅见两个交脚而坐之人的下肢。左腿见一男一女之立像，男子着胡装，双手捧一盘供品，女子双手合十；右腿见两武士，均披甲戴盔，双手捧一盘供品。此层以下的壁画已残失。

除壁画外，卢舍那佛法界人中像亦广泛存在于唐以前的石刻雕像中。石雕造像的卢舍那法界人中像主要造于北齐、北周、隋、唐时期，工艺复杂，已不多见。目前这种带有精美舆图的古代专门题材造像，尚有少量存世。从南北朝开始即流行此种佛雕，如山东青州地区，至少遗存有 15 件卢舍那佛造像（青州博物馆藏 5 件、诸城博物馆藏 6 件、临朐山旺古生物化石博物馆藏 2 件、博兴博物馆藏 1 件、台湾震旦基金会藏 1 件）。

1996 年青州出土一尊贴金彩绘石雕卢舍那佛法界人中像，该像残高 118 厘米、宽 30 厘米、厚 25 厘米，为石灰石质圆雕立像。卢舍那佛法衣上刻有明确整齐的界格，正面分成纵向三列，每列再分四五格，界格内刻画图案。此雕像头手足已残缺，雕刻手法是先用低浅浮雕刻出画面，再用阴线刻出人物细节。但此像似乎尚未完工，因为线刻部分只刻了几个人物。但从这些可见画面上的内容可大致判断，也是卢舍那佛法界人中像惯常采用的六道轮回经义的图像。

上海震旦博物馆藏有一尊北齐卢舍那佛法界人中像（见图 3），彩绘，高 66 厘米。此尊卢舍那佛法界人中像的彩绘敷金保存完好，是一件十分难得的山东青州造像。佛袈裟上遍施彩绘，正面、背面各分为三直条、五横路，其上布满了彩绘界格，好似百衲衣。正面中央最上一格画的是坐佛，顶有华盖，两肩侧绘飞天；其他田字形方格，表现从天界至地狱的六道，即天道、人道、阿修罗道、畜生道、饿鬼道、地狱道，亦可视为佛教舆图。

现藏于美国弗利尔美术馆的石造卢舍那佛法界人中像（见图 4），残高 175 厘米。该立像可能是河南北部地区邺都附近的隋前期作品。这尊佛像佛身绘出的舆图可分为九层：第一层至第二层表示天界，第三至第六层表示人间世，第八、九两层则作饿鬼和地狱道。胸前第一层代表天界，胸前有宝树和殿堂，这些殿堂下皆有莲台，双肩各有一飞天。第二层是阿修罗道，双龙绕山纠缠，向上拱起云彩朵朵，在双龙两侧各有一手捧日月的四臂阿修罗。腰部是第三层，描绘悉达多太子四门出游的场景。腹部为第四层，中央有一匹马，左右的屋宇中有佛与菩萨说法的场面。第五层是菩萨和弟子礼拜佛塔。第六层有两个华丽的台阁院落。第七层是六神王。第八层的右侧画饿鬼，左侧大半和最下的第九层为地狱。

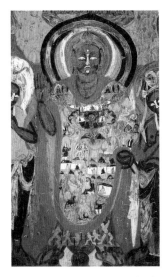

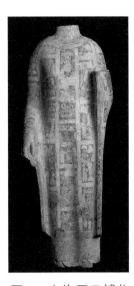

图1　莫高窟第428窟卢舍那佛法界人中像中的六道舆图　　图2　阿艾石窟卢舍那佛法界人中像（局部）　　图3　上海震旦博物馆藏卢舍那佛法界人中像　　图4　美国弗利尔美术馆藏卢舍那佛法界人中像

二、道宣法师绘《祇洹寺图》

道宣，唐代僧人，佛教南山律宗创始人，佛教史学家。他是吴兴长城（今浙江湖州长兴）人，生于京兆长安。道宣生于隋文帝开皇十六年（596年），15岁入长安日严寺受业，16岁时落发出家，20岁在大禅定寺从智首律师受具足戒，并随之学律10年，具有深厚的律学基础。武德七年（624年）入居崇义寺，同年往终南山习定，同时整理他十余年的学律心得。道宣圆寂于唐高宗乾封二年（667年）十月。

唐乾封二年（667年），道宣撰《中天竺舍卫国祇洹寺图经》，以古印度舍卫城祇洹寺为叙述主体，记录了这座佛寺的兴衰历史并详细描绘了其建筑格局。祇洹寺是古印度重要的早期佛教圣地，佛祖在这里居住了25年，因此这里也成为佛教重要的朝圣地。道宣在当年的另一部著作《关中创立戒坛图经》中，附有一幅《祇洹寺图》，图上寺院规模庞大，建筑物绵密，布局严整，气势壮丽。

《祇洹寺图》构建了一个以佛殿为中心的寺院图景。整个寺院围绕大佛殿展开，周围有诸多圣众的殿宇。这张图既显示了道宣对祇洹寺寺院地理、建筑信息的全面了解，也体现了道宣认为的寺院理想模式，它并不是简单的佛寺建筑院落描画，而是反映了道宣佛教理想世界乃至宇宙的图景。虽然道宣的《祇洹寺图》在对祇洹寺的建筑刻画上大量借鉴了同时期的宫殿建筑和寺院建筑的风格，但很显然，他最终目的并不是要精确描绘印度寺院甚或中国寺院建筑，而是提出了一个佛教建筑设计的宗旨——一个理想的寺院规划，应保障对信徒有正确的引导。其描述中的幻想成分，特别是建筑装饰，显示出虽然此规划囿于凡世的建筑设计，但在本质上寄托了道宣理想化的寺院模式构想，体现了唐代中国化佛寺建筑非凡的创造力，以及唐代佛教舆图绘制精细缜密的风格，也对应了佛祖在尘世活动的目的。①

三、敦煌藏经洞纸质地图《僧院图》

敦煌藏经洞纸质地图《僧院图》残卷，现存法国国家图书馆伯希和敦煌经卷，编号为 P.T.993。此图是一幅罕见的唐代纸质地图，是唯一一幅描绘当时敦煌地面寺庙形象的地图。②

《僧院图》为一残卷（见图 5），首尾俱缺，可见部分的图面内容分布有山峦、树木、佛塔、经院，两边还应该有更多的图面。原图应为一幅完整的长卷。此图绘制年代为敦煌吐蕃时期（786—848 年），设色纸本，纵 30 厘米、横 48 厘米。图面以墨笔描绘了山谷的河滩与玉带般环绕的小河，对岸的悬崖峭壁及其上的峰峦叠嶂，7 个佛塔与大片树木环绕的台地，右下方为一处有围墙和门庭的方形佛寺院落，院内分布着三层佛塔、讲经堂、僧舍等一系列佛教建筑，院内空白处有藏文题书。据敦煌研究院赵晓星博士研究认为，此处藏文应译为"下部的讲堂和僧舍"③。图上方山沟处有一字为"shqr"（东），学者杨本加研究认为应是指方向，可知此寺坐北朝南。这就使得这幅图具有了古代舆图的典型特征，即地物和方位。藏族学者德吉卓玛认为，《僧院图》绘制的吐蕃寺庙图和莫高窟城城湾现存的实景、与达仓宗·班觉桑布所著的藏文史籍《汉藏史集》中记载的景象十分吻合。《汉藏史集》记载，9 世纪吐蕃王朝第四十二代赞普赤祖德赞·热巴坚在位时非常推崇佛教，他曾下令在五台山修建了寺院，在沙州修建了千佛神殿寺，在朗域地方修建了仁波寺，在苏毗修建了勒乌神幻寺，在其下方修建了噶扎三宝源泉寺。可以说，现存于敦煌莫高窟南侧、大泉河中段的城城湾遗址，是这幅图中绘制的吐蕃寺院，也就是德赞·热巴坚在沙洲建造的千佛神殿遗址。④

图 5　僧院图（残卷）

① 何培斌：《理想寺院：唐道宣描述的中天竺祇垣寺》，《建筑史论文集》（第 16 辑），2002 年。
② 巫鸿：《空间的敦煌：走近莫高窟》，生活·读书·新知三联书店，2022 年，第 35 页。
③ 赵晓星：《莫高窟吐蕃时期塔、窟垂直组合形式探析》，《中国藏学》2012 年第 3 期。
④ 德吉卓玛：《敦煌文本 P.T.993 吐蕃寺院稽考》，《西藏研究》2017 年第 1 期。

四、8—9 世纪的绢本《须弥山圣境图》

2019 年 2 月，北京荣宝斋征得一件彩绘绢质的《须弥山圣境图》，在是年春拍中推出。这幅《须弥山圣境图》，设色绢本，纵 63.5 厘米、横 48 厘米，断代为 8—9 世纪。

须弥山即为梵语 Sumeru 的音译，又译为苏迷嘘、苏迷卢山、弥楼山，意思是宝山、妙高山。"须弥"一词原为古印度婆罗门教术语，后为佛教引用，相传是古印度神话中的名山。在佛教中，须弥山是诸山之王，世界的中心，体现了佛教的宇宙观。

此幅佛教舆图构图完整统一，布局严谨对称，菩提形象主次分明，用笔细勾，线条流动，红黑色调所渲染之深邃意境，禅味甚足，具有明显的敦煌图像风格，应为从敦煌藏经洞流出的图件。《须弥山圣境图》是一幅描绘虚幻圣境的唐代佛教舆图，是中国古代佛教的一种虚拟空间的地理映射。

五、敦煌莫高窟现存唐代《五台山图》

中唐时期在敦煌莫高窟的洞窟中出现了地图意义上的表现五台山、须弥山及其周围情形的佛教舆图，为山水图像与佛教图像融合的地图遗存。这些地图一般都绘于帐门上或帐形龛内，图幅的规模不大，以多扇屏风的形式表现，这是当时敦煌壁画出现的新样式。从图像形式来看，它们均是于画面的中下部绘出五台山五个台的形象，表现化现的各种图像主要是集中在画面的上部。各窟的五台山图中均有文殊骑狮子形象。

敦煌莫高窟中现存有唐代的《五台山图》，分别绘于莫高窟第 112 窟、第 222 窟、第 159 窟、第 237 窟、第 361 窟、第 144 窟、第 5 窟、第 9 窟。它们多在文殊变的画面之下出现，其中第 112 窟、第 237 窟、第 361 窟、第 144 窟的《五台山图》上有榜题。

莫高窟第 112 窟和第 222 窟为中唐早期洞窟，是莫高窟最早的五台山图。

第 112 窟为吐蕃统治敦煌早期新开凿的小型洞窟，因其太过模糊，一直被学界忽视。五台山图位于此窟西壁正龛下，从南向北由五部分组成横卷式画幅，可惜画面较为漫漶，能提供的图像信息非常有限。全图现可见榜题 11 条，全部无法释读。

莫高窟第 222 窟《五台山图》分别绘于该窟主室西壁佛龛外南侧与北侧。南侧主体图像为文殊化现，文殊化现上部之山峦景象，即为《五台山图》。

莫高窟第 237 窟西壁北侧《文殊并侍从图》下方绘屏风三扇，绘有《五台山图》。根据两扇屏风画的榜题、图像内容看，北扇上、下部分别表现了五台山的东台山、北台山，中扇绘一座山峰，山顶祥云上部有文殊骑狮化现，应为中台山，南扇图像虽模糊不清，但当与北扇对应，分上、下两部分别表现西台山、南台山。

中、晚唐交接之际，在莫高窟第 144 窟中出现了新形式，即背景式的五台山图。这种五台山图实际上是作为文殊、普贤赴会的背景出现的，后来成为五代宋时期最为流行的五台山图样式。莫高窟第 144 窟在普贤赴会图中明确书写了榜题"五台山"，使人们对以往认为普贤背后的山水为峨眉山的观点做出了新的判断。此处的五台山与莫高窟第 112 窟的五台山图都说明，五台山曾作为文殊与普贤的共同道场。

莫高窟第 159 窟西壁佛龛的左右两侧，绘制骑狮文殊（左）和骑象普贤菩萨（右）。其下部以屏风画形式绘五台山化现图，表现五台山代表寺院、灵异、化现或巡礼路线等。山顶五彩云上横立青狮，菩萨身着菩萨装饰，有头光、背光，结跏趺坐于莲花座上的姿势，这应是骑狮文殊菩萨化现五台山的表现。南侧的骑象普贤下部同样绘五台山化现图。

莫高窟第 361 窟主室西、北壁二扇屏风绘《五台山图》（见图 6）。图中文殊乘狮，圆形背光，众菩萨腾云围绕两边，光芒四射上有四鸟，下为五台山的山水图景。下半部分五台山的地理景观，占据全图的多半篇幅。敦煌研究院的学者赵晓星尝试将两扇屏风画进行接合，即将西壁屏风北沿与北壁屏风西沿去掉红色边界，将画面拼合到一起，结果证明两扇屏风构成了一幅完整的五台山图。在这幅拼合后的五台山图当中，以中台为中心，东、南、西、北四台各居画面的一角，每台顶均有一座建筑。图中保存有 23 条榜题，其中绝大多数文字可释读。

图 6　莫高窟第 361 窟五台山图

六、唐代五台山石碑浮雕舆图及开元寺《五台山图》

唐代敦煌洞窟之外，亦出现各种五台山地图。山东曲阜孔府的汉魏碑刻陈列馆，现存唐天宝三年（744 年）一方唐代石碑。其碑首被雕刻成山的形状，还分布有腾龙、建筑、人物等形象。该碑文题有"五台山碑文"，李士强撰，多有漫漶不清处。陈列馆简介称其为"唐大乘寺碑"。

唐大乘寺五台山碑碑首雕刻出五台山的五台所在，堪称立体的五台山地图（见图 7）。上方 4 座耸出的山峰与中央向外突出的一处台地，恰好与现实中五台山各台的位置对应。由左至右的 4 座山峰分别代表着东台、北台、中台、西台，中间台地则代表南台。

五台山碑和其他中唐时期五台山图有相同的制图元素，主要有五个台、骑狮文殊、山中建筑、巡礼者等。除此之外，五台山碑还与五代五台山图有不少同样的图像元素，如圣灯、佛陀波利见老人等，鉴于这些相同元素点的存在，我们可以把五台山碑的碑首也看作是一幅真正的五台山地图，将其置于五台山图系统之中。与其他五台山图相比，唐大乘寺五台山碑有着最早的确切纪年，是一幅独特的浮雕地图。

河北正定开元寺建于唐代，开元寺内的三门楼是一座下为石柱、上为木结构的二层楼阁，下层石柱上满刻柱主题名及佛教经、像等。三门楼石刻《五台山图》为唐乾元元年至大历十二年（758—777 年）作品，其构图为竖式，中、东、北、南和西五个台所标题字方位旁均刻有一丘垄状，可见是在表现五台山的五个台，图左右上方各刻有一图像，但已无法辨认其状，右题"菩萨□君"，左题"菩萨□手"，这幅图已具有后来的《五台山化现图》的基本样式：有五个台，以中台作为全图的中心，其余四个台上北、下南、左西、右东分布于中台四周，图上方左右分绘化现图像。

图 7　唐大乘寺五台山碑碑首的五台

七、敦煌藏经洞的两种唐代星图

《敦煌星图》是在敦煌经卷中发现的一幅古星图，为世界现存古星图中星数较多而又较古老的一幅，堪称世界上最早的星图。有学者推断，此星图绘制于 649—684 年间，[1] 大约为唐高宗时期。1907 年，这卷《敦煌星图》被考古学家斯坦因携到英国，编号为 S.3326，现藏于伦敦大英博物馆。

《敦煌星图》（见图 8）为纸卷，长 3.94 米，宽 0.244 米，分为两个部分。第一部分是云气占经，为 26 幅不同形状的云气图和 80 行文字。第二部分为星图，紧跟在云气图之后没有断开。星图长 2.1 米，由 12 幅图组成，每幅图的左边配有文字，另附一环极天区的星图，星图后还画有一电神形象，共 13 幅图和 50 行文字。全图按圆圈、黑点和圆圈涂黄三种方式绘出一千三百五十多颗星，展示了从中国可见的整个北天星空。

① 让－马克·博奈－比多、弗朗索瓦丝·普热得瑞、魏泓著：《敦煌中国星空：综合研究迄今发现最古老的星图》，《敦煌研究》2010 年第 3 期。

中外专家研究认为，《敦煌星图》用一种相当"现代"的方式描绘了整个星空，用圆柱形投影法绘制了一系列时角图，又用方位投影法绘制环极星图，这是现在许多地图仍在使用的绘图方式。[①]

《紫薇垣星图》是我们见到的第二种敦煌星图，纸本长卷，正面为《唐书地志》，背面绘有《紫薇垣星图》和《占云气书》，长 301.9 厘米，宽 31 厘米，由七张麻纸粘连而成。此图 1900 年出土于莫高窟藏经洞，不久便散落于民间，1944 年由中国学者向达在敦煌发现，现藏敦煌博物馆。

《紫薇垣星图》将紫薇垣诸星绘在直径分别为 26 和 13 厘米两个同心圆内，内垣把紫薇垣的东蕃和西蕃连接起来，外圆外亦绘有一些星。以黑色圆点表示甘德的星，红色表示石申和巫咸的星。由于紫薇垣星图中有西、西蕃、东蕃这些表示方向的文字，由此可以推知本图为左西、右东、上南、下北。这和人们仰视星空的情形是一致的。据学者考证，这幅星图观测地点的地理纬度为北纬 35 度左右，相当于今西安、洛阳等地。

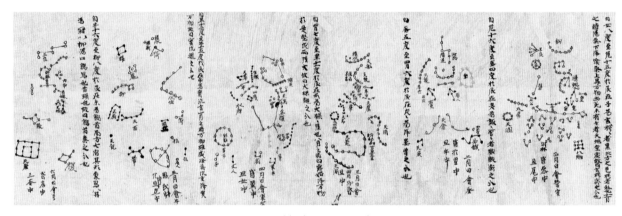

图 8　敦煌星图（局部）

八、小结

（一）中国古代地图的三种空间

地图文化形态多种多样，存在若干层次和类型，不同文明、不同地域的地图文化的特征和功能，形成形态各异的地图文化形态。

中国古代地图呈现出多种类型的空间存在，既有现实的地理空间，也有遥远的天文空间，更有超越的虚幻理想空间。从本文所列举的唐代及以前存世舆图中，都可以看到反映这三种空间的遗存。

纵观中国古代地图呈现的特有的整体面貌，呈现出多向维度、多种内容、多样形式，我们大可从历史和研究的实际出发，将传统地图的定义加以拓宽。

（二）唐代及以前舆图存世稀少的原因

在宋代以前，技术的原因（印刷术和传播市场的不成熟）导致了地图扩散、传播的困难；政治制度的原因（皇家的保密制度、舆图的领土和疆界因素）导致了地图的珍稀、匮乏；文化的原因（对图像资料观念上的轻视与随意处置、古代大量的文盲）导致了地图的散佚；军事的原因（改朝换

---

① 让－马克·博奈－比多、弗朗索瓦丝·普热得瑞、魏泓著：《敦煌中国星空：综合研究迄今发现最古老的星图》，《敦煌研究》2010 年第 3 期。

代、战乱、火灾）导致了地图的损毁、消失。

需要特别指出的是，本文列举的至今存世的唐代及以前舆图，多为佛教舆图。它们能够幸存下来，究其原因，首先是这一时期的佛门寺庙，多喜欢选择在人烟稀少的名山大川，那里毕竟离政治中心、经济中心、军事中心都有一定的距离，被改朝换代的战火硝烟焚毁的几率也要稍小一些。此外，边疆地带的洞窟、西北地区干燥的气候，以及不易销毁的壁画、石材等介质，也有助于保存这些古老的舆图。

【作者简介】徐永清，高级记者，中国测绘学会边海地图工作委员会副主任委员，《地图研究》集刊主编，著有《地图简史》《地图荣耀》等。

"路程书":理解传统蜀道地图的另一种视角 *

刘赟 王社教

摘 要:"路程书"是指所有以"地名+里程"形式书写的文本,是一种地理信息的表现形式。蜀道地图是指以蜀道为绘制核心,通过文字、符号、绘画元素的组合,表现沿途地理要素和空间地理信息的地图。通过《五岳游草》中的《栈道图》、道光《留坝厅志》中的《厅境栈道图》两例,可以发现蜀道地图本身的数据结构与"路程书"具有高度的相似性。蜀道地图实际上是一种图像化的"路程书"式文本。以"路程书"的视角认识蜀道地图,有助于理解古人关于道路行程的线性空间思维,厘清地图的资料来源和图文关系,从而进一步丰富对古代蜀道地图的认识。

关键词:路程书;蜀道地图;地图文本;视角转换

在西方传统行程地图[①]的研究中,"游记"(itinerarium)文本与地图二者之间经常因为具有相似的数据结构而被联系起来加以研究。最为典型的例子莫过于《波伊廷格地图》(*Tabula Peutingeriana*)和可能与之相关的《安东尼尼游记》(*Itinerarium Antonini*)、《波尔多游记》(*Itinerarium Burdigalense*)。学者或将"游记"直接视为地图的资料来源,或将二者看作是反映罗马

---

* 本文为国家社科基金冷门绝学研究专项学术团队项目"陕西古旧地图整理与研究"(项目编号:20VJXT003)阶段性成果。
① 这里所说的"传统行程地图",指的是以从一点到另一点的一系列地名的简单序列为基础的地图,定义可参见(美)J.B.哈利、(美)戴维·伍德沃德主编,成一农、包甦、孙靖国译:《地图学史》第一卷《史前、古代、中世纪欧洲和地中海的地图学史》,中国社会科学出版社,2022年,第695页。下文所说我国古代的行程地图,也是指此种地图。

人地理空间观念的同类文本。[①] 文字形式记载的"游记"与图像形式绘制的地图在形式上本属于完全不同的材料，却由于数据所展现内核的统一性，而存在了联结共通的可能。

我国古代有一类蜀道地图，主要是指以蜀道为绘制核心，通过文字、符号、绘画元素的组合，表现沿途地理要素和空间地理信息的地图。[②] 学界对其已有关注，但关注点主要在于地图本身信息的考证、图中地理要素的梳理等方面[③]，主要还是从地图看地图，缺少其他新视角。20 世纪 80 年代以来，有学者主张将地图视为一种文本。[④] 作为文本的地图有其自身生成的语境、意图体现的权力话语，而文本自身的类型与属性也是一个值得关注的问题。结合上述西方传统行程地图研究中对于"游记"的关注，可以探寻我国传统蜀道地图[⑤]是否也有相类似的"游记"文本，如果有，这类"游记"文本与地图文本之间是一种什么样的关系？以此作为思考的起点，或能发现理解传统蜀道地图的另一种视角。

一、"路程书"及其意涵

我国古代具有类似西方"游记"一类的文本，即"路程书"，又可称作路程图记，是古代人们外出旅行、经商的必备指南。这些文本中包含文字描述和图像说明，旅行者可以据此判定当时所处的地理位置，用以安排自己此后的行程。[⑥] 明清以来，留存了许多民间"路程书"，其中的文字描述部分多以"地名 + 里程"的形式书写，作者亦可能在其间记述与地名相关的其他地理信息，如黄

---

① 如 Richard J. A. Talbert. *Rome's World: The Peutinger Map Reconsidered,* Cambridge University Press. 2010; Emily Albu. *The Medieval Peutinger Map: Imperial Roman Revival in a German Empire,* Cambridge University Press.2014;Brodersen.*The Presentation of Geographical Knowledge for Travel and Transport in the Roman World: Itineraria non tantum adnotata sed etiam picta,* in C. Adams and Laurence（eds），*Travel and Geography in the Roman Empire,* Routledge. 2001；王忠孝：《从殖民地、大道、游记、里程碑和地图看罗马世界观与罗马帝国主义》，《世界历史评论》2021 年第 4 期，等。

② 此处参考了吴寒对古典山岳舆图的定义，见吴寒：《古典山岳舆图的图绘类型与嬗变历程》，《云南大学学报》（社会科学版）2021 年第 4 期。依此定义，笔者目前可见党居易《云栈图》、《陕境蜀道图》、《陕西宝鸡县至汉中府道里图》、《五岳游草》中的《栈道图》、《关中胜迹图志》中的《秦栈图》、嘉庆《汉南续修郡志》中的《南北栈道图》、道光《留坝厅志》中的《厅境栈道图》、道光《续修宁羌州志》中的《栈道图》、光绪《重修宁羌州志》中的《栈道图》、光绪《凤县志》中的《栈道图》共 10 幅蜀道地图。这些地图从属于不同的类别，既有绘本地图，也有刻本地图，其绘制目的、绘制风格、使用途径等方面都存在一定的差异。尽管如此，由于其都属于传统地图，以描绘蜀道景观为主，存在一定的共性特征，具有作为"蜀道地图"整体进行研究的基础。

③ 如毕琼、李孝聪：《〈陕境蜀道图〉研究》，《地图》2004 年第 4 期；冯岁平：《美国国会图书馆藏〈陕境蜀道图〉再探》，《文博》2010 年第 2 期；孔德成：《秦蜀之间：清〈陕境蜀道图〉考略》，《三门峡职业技术学院学报》2020 年第 1 期；冯岁平、田文斌：《清〈陕境蜀道图〉再考》，《陕西理工大学学报》（社会科学版）2022 年第 3 期；冯岁平：《稀见的一幅连云栈道图卷——关于党居易及其〈云栈图〉》，汉中市博物馆等编：《栈道历史研究与 3S 技术应用国际学术研讨会论文集》，陕西人民教育出版社，2008 年，第 423—432 页。此外，陶喻之系统梳理了历代栈道图，其中就有从绘画史角度对蜀道地图的叙述，详见陶喻之：《历代栈道图考述》，《上海博物馆集刊》，上海书画出版社，2000 年，第 453—486 页。

④ 可参见 Harley J. B. *Text and Contexts in the Interpretation of Early Maps, The New Nature of Maps: Essays in the History of Cartography*: edited by Paul Laxton, Johns Hopkins University Press. 2002. 论文原为 1990 年大卫·布塞雷特等所编论文集《从航海图到卫星影像：透过地图诠释北美历史》的前言部分，详见 David Buisseret, ed.. *From Sea Charts to Satellite Images: Interpreting North American History through Maps,* University of Chicago Press. 1990.

⑤ 目前笔者所搜集到的蜀道地图基本可归于行程地图。实际上，蜀道地图与行程地图是依据不同的划分标准对地图的一种分类方式。前者依据的是地图绘制的核心对象，后者主要是参考了地图的表现方式。换句话说，本文所说的蜀道地图实则是一种蜀道行程地图。西方传统行程地图研究中对于"游记"的关注启发了这一问题的思考。

⑥ 王振忠：《清代徽商与长江中下游的城镇及贸易——几种新见徽州商编路程图记抄本研究》，《安徽大学学报》（哲学社会科学版）2019 年第 1 期。

汴《一统路程图记》记"北京至南京、浙江、福建驿路"："北京会同馆。七十里至固节驿。良乡县。六十里涿州涿鹿驿。六十里汾水驿。新城县。六十里归义驿。雄县。七十里鄚城驿。任丘县。八十里河间府瀛海驿。六十五里乐城驿。献县。八十里阜城驿。阜城县。五十五里景州东光驿。六十里德州安德马驿。渡卫河。七十里太平驿。属德州。八十里高唐州鱼丘驿。"① 再如王振忠收集的一册散落民间的佚名商编路程抄本中记"卦治至托口水路程"："卦治，十五里。王寨，十五里。茅坪，十五里。坌处，五里。三门塘，五里。蔡溪，十五里。远口，十五里。鸬鹚，二十里。牛场，二十里。白岩塘，十里。江东，十里。金溪口，二十里。瓮洞，十里。金子，十里。大垅，五里。白马寨，二十里。罗岩港，五里。鸭婆港（溪），十五里。托口。"② 又如一份晋商路程书《清代张吉祥堂折〈太平县至山陕甘三省上路花折〉》："……醴泉县，贰拾里。杨家庄，壹拾四里。柳门，壹拾五里。田家鸟，壹拾里。铁佛寺，四拾里。坚记镇，贰拾里。小台店，贰拾里。永寿县，四拾里……"③ 这种"地名 + 里程"的形式，是这类"路程书"文献的核心组成部分。本文所述"路程书"的含义，实际上就是指这种形式的路程数据，它们是一种地理信息的组织形式，不具有任何其他的功能属性。④ 因此，本文只是借用了民间"路程书"之名，用其指涉所有以"地名 + 里程"形式书写的文本。

从这一意涵出发，"路程书"包含的对象范围被极大地扩展了，比如官方编纂的驿路专志《寰宇通衢》："（京城至直隶各府州）一至镇江府 其路有二：一路水驿，二驿二百一十里。龙江驿九十里至龙潭驿，一百二十里至本府京口驿。一路马驿，三驿一百九十里。会同馆七十里至东阳驿，六十里至炭渚驿，六十里至京口驿。"⑤ 再如方志中记述道路的文本："（留坝厅）东南：二十里至青羊铺，又二十里至南河口。过紫金河，冬春架桥，夏秋船渡。又二十五里至东沟，又三十五里至桅杆石梁，交城固县高岐界。此路自东沟进，险窄，止可人行。"⑥ 部分日记类文本中也有叙述途经地点和相应里数的，比如《额威勇公行营日记》："嘉庆三年五月初二日，自襄阳起程，九十里，宜城县。初三日，九十里，丽阳驿。初四日，一百五十里，荆门州。初五六日，住。初七日，六十里，胡家扛，当阳界。初八日，住，与兴公景伯会兵。初九日，九十里，姚家河。初十日，五十里，北仓。"⑦ 以上三类文本，甚至是部分文人游记均可被纳入本文研究的"路程书"范围之内。

二、"路程书"与蜀道地图的关系

蜀道地图以图像形式呈现，山水背景往往占据了全图的大部分内容，然而如果仅有图像，全

① （明）黄汴纂，杨正泰点校：《一统路程图记》卷 1《北京至十三省水、陆路》，杨正泰：《明代驿站考（增订本）》，上海古籍出版社，2006 年，第 207 页。

② 王振忠：《徽、临商帮与清水江的木材贸易及其相关问题——清代佚名商编路程抄本之整理与研究》，《历史地理》第 29 辑，上海人民出版社，2014 年，第 179—180 页。

③ 《清代张吉祥堂折〈太平县至山陕甘三省上路花折〉》，刘建民主编：《晋商史料集成》第 71 册，商务印书馆，2018 年，第 14 页。

④ 梅韵秋将王世贞《水程图》称作"图画式纪行录"。其所谓"图画式纪行录"与本文"路程书"含义有别，更加侧重于旅游记录行程兼叙事的功能层面，而非地理信息的组织形式，两者在概念上并不一致。详见梅韵秋：《明代王世贞〈水程图〉与图画式纪行录的成立》，《"国立"台湾大学美术史研究集刊》第 36 期，台湾大学艺术史研究所，2014 年，第 107—176、257 页。

⑤ 杨正泰点校：《寰宇通衢》，杨正泰：《明代驿站考（增订本）》，第 139 页。

⑥ （清）严如熤主修，郭鹏校勘：《（嘉庆）汉中府志校勘》卷 3《道路》，三秦出版社，2012 年，第 87 页。

⑦ （清）严如熤纂修，郭鹏点校：《三省边防备览点校》卷 4《额威勇公行营日记》，西安交通大学出版社，2018 年，第 108 页。

图可能不过只是一幅平平无奇的山水画，正是图上的文字注记起到"画龙点睛"的作用，使得图上的形象具备了实际的地理信息。若仅关注这一文字注记部分，可以发现其与"路程书"的相似之处。

蜀道地图均以道路为核心，随着道路的延伸，两侧的地理要素井然有序地穿缀在道路之上，将其依次列出，即可构成类似于"路程书"的数据组织形式。[1]以《陕境蜀道图》（见图1）为例，图上从宝鸡县城至凤县黄牛铺的沿途地理信息可简化为：宝鸡县—渭河—石家营—益门镇—大湾铺—杨家湾—二里关—关岭—观音堂（打尖处）—半坡铺—关帝庙—煎茶坪—东河桥（东河驿）—五里铺—石窑铺—黄牛铺（住宿处）—黄牛铺、营房。只不过原先在"路程书"中以文字标明的道路里程，转化为了可供形象感知的图像形式。虽然有时这种图像式的呈现未必准确，但也辅助实现了文字的部分功能。

在《南北栈道图》中，则是以计里画方之法明确地理要素之间的里程关系，如黄牛铺至柳树滩，志中所记相互之间的里程为："（凤县）十五里至柳树滩，又十五里至王家台，又十五里至白家店，又十五里至武星台，又十五里至草凉驿，又十五里至红花铺，又十五里至长桥，又十里至北星，又十里至黄牛铺。"[2]《南北栈道图》除北星之外，其他村镇均有绘制。该图每方十五里，从柳树滩至武星台、又至黄牛铺区域大致与开方里程相合，唯武星台、草凉驿、红花铺三处之间里程稍长，应超十五里之数，可见图中地理要素也并非严格根据里程绘制。[3]但无论如何，借助便于测量图中地物距离的方格网，道路里程也能以图像的形式为观图者所获悉。

实际上，关于《南北栈道图》的论述隐含了一层假设，即《南北栈道图》的绘制与嘉庆《汉南续修郡志》中道路的记载有关。因为无论是地图还是文字，对蜀道沿途地理要素标注均会侧重于驿铺、塘汛这些沿途重要地物。而《南北栈道图》与志中的道路记载两者是否具有直接关系，难于遽断。不过，另两幅蜀道地图——《五岳游草》中的《栈道图》和道光《留坝厅志》中的《厅境栈道图》则为我们探讨蜀道地图与"路程书"的关系提供了较好的范本，在此试分述之。

首先是《五岳游草》中的《栈道图》（见图2）。明万历十六年（1588年）王士性与刘元承结伴入蜀。自七月初四日离开宝鸡入栈，至八月初二日入成都，耗时将近一个月，沿途经历见于《五岳游草》卷五《入蜀记》。该卷还附有一幅《栈道图》[4]，单页双幅，使用传统山水形象绘法，以山水为主体，蜀道作为贯穿全图的核心要素或隐或显，呈现出一种飘渺之感。城池、房屋、关隘、栈道、行旅点缀其上，并在相应位置标注地名。该图似与《入蜀记》中文字记载相配。

───────────

[1] 此处论述的蜀道地图中仅光绪《凤县志》中的《栈道图》较为特殊，与其他蜀道地图仅绘制单条道路或使用长卷形式不同，此图采取鸟瞰视角，完整呈现出凤县全境，并绘出了县境内除连云栈道之外的其他道路。不过，细审此图能够发现，图中仅在连云栈道上绘制、标注出相关人文地理要素，其他道路只绘路线，仅有示意作用。为凸显连云栈道的核心地位，此图将栈道沿对角线放置，使其居于核心位置，县境也因此被大幅扭曲。因此，该图实际上仍是以蜀道为绘制核心的地图，对蜀道及其沿途地理要素的描绘仍同于其他蜀道地图。

[2] （清）严如煜主修，郭鹏校勘：《（嘉庆）汉中府志校勘》卷3《道路》，第94页。

[3] 图中另有注记言："按开方用十五里，中如凤岭、柴关、鸡头、五丁、七盘各处绘其险阻之形，未可拘以开方里数。志取明晰，便于观览，不敢泥也。"（见该书第35页）绘者考虑到了计里画方之法不能较好地体现地形的复杂程度，故而在地形险要之处，不拘开方里数，仅绘险阻之形。但是此处武星台至红花铺一路地形平坦，甚至被称作"平路"，应当不至于为表现地形之故。此处可能还是绘者未加注意所致。

[4] （明）王士性：《五岳游草》卷5《蜀游上》，《续修四库全书》第737册，上海古籍出版社，2002年，第116页。

图 1 《陕境蜀道图》（局部）

《入蜀记》虽为游记，但其关于行旅的核心部分可以简化为"时间（或里程）+ 地名"的形式，在本质上与"地名 + 里程"的"路程书"式文本相同。现按顺序将《入蜀记》中自宝鸡至明月峡一段所涉及的蜀道沿线地名排列如下[①]：宝鸡—尹喜宅—铺—大散关—冻河—东新店—草凉驿—百岁村、凤县—凤岭—三岔—陈仓口—松林—柴关—紫柏山—留坝—武关—马道—青桥—七盘—鸡头关—白石盆、郑谷—褒城—黄沙—孔明庙、定军山—沔县—青阳—金牛—禹庙—五丁峡—柏林驿—宁羌州—黄坝—七盘（关）—神宣—乾龙洞—明月峡。[②]《栈道图》上所注地名看似杂乱，但如果依照《入蜀记》中所记地名的排列顺序，则其前后关系可以厘清，标注顺序大致为"S"形的面貌。亦可将图中蜀道沿线地名简单整理如下：宝鸡—尹喜宅—大散关—草凉驿—凤岭—三岔—陈仓口—松林—柴关—紫柏山—马道—青桥—七盘—鸡头关—白石盆—郑谷—褒城—禹庙—五丁峡—乾龙洞—明月峡。

上述两份地名名单在顺序上完全一致，并未出现相互矛盾的地方。其中的部分地名也可以发现图与文的对应之处，如《入蜀记》中载，"（七盘）尽为鸡头关，一石如鸡冠，起逼汉，下俯江水，出白石盆，两崖突兀，为出栈最奇处"[③]。图中则在一处山体上标注鸡冠石，下临江水，白石盆所标之地则为两山夹峙之处，符合文字记载的奇险的特征。再如五丁峡，文字记载为"再十数里入五丁峡，则石牛粪金处。崖头高耸矗天，中盘一壑，石嶷嶷塞路，真若斧凿所余"[④]。图中所绘五丁峡正如文中所述，两崖耸峙，中有一壑，形若斧劈。图中所标注的一些地理要素较为特殊，如尹喜宅、鸡冠石、白石盆、郑谷、禹庙不见于其他蜀道地图，但全部可见于王士性记文。图中另有一处"太公钓石"不见于文字记载，但可见于《五岳游草》卷 2《西征历》："又数里为蟠溪，有太公钓石，足迹依然。"[⑤]此外，图中唯"白水江入渭"一注既未见于文字，也不符合实际情况。文字中的白水江是嘉陵江在宁羌

① 此处不记河流地名，下同。
② （明）王士性：《五岳游草》卷 5《蜀游上》，（明）王士性撰，周振鹤点校：《五岳游草、广志绎（新校本）》，上海人民出版社，2019 年，第 92—94 页。
③ （明）王士性：《五岳游草》卷 5《蜀游上》，（明）王士性撰，周振鹤点校：《五岳游草、广志绎（新校本）》，第 94 页。
④ （明）王士性：《五岳游草》卷 5《蜀游上》，（明）王士性撰，周振鹤点校：《五岳游草、广志绎（新校本）》，第 94 页。
⑤ （明）王士性：《五岳游草》卷 2《大河南北诸游上》，（明）王士性撰，周振鹤点校：《五岳游草、广志绎（新校本）》，第 53 页。

州合汉水以前的名称，既然如此，白水江不可能北流入渭水，这一注记可能为误记。总之，《入蜀记》与《栈道图》具有较高的契合度，图文相配，显示出蜀道地图与"路程书"式文本在结构与内容上的相似性。

其次是道光《留坝厅志》中的《厅境栈道图》（见图3）。该志主纂蒋湘南为方志编纂名家，其时曾言："方志古名图经，盖所重在图也。今志意欲复古，详作八图，每图皆注，俾览者心目悉然，且省志中分门别类之繁。"①蒋氏所谓"图经"乃图与文之结合，并非简单的地图。由"图经"构成"图"，成为蒋氏编纂方志中"图、表、志、传"四目之一。蒋氏在陕西所编上述方志中皆绘有地图，每幅图之后亦有文字说明，即图说。《厅境栈道图》正是蒋氏方志编纂意识的体现之一。

图说中叙述了留坝厅境内蜀道的具体路线，其主干结构也是"路程书"式的"地名＋里程"的形式。在此，先删去图说中对某一地点的补充说明与对沿途道路通行情况的介绍，仅录其主干部分如下。

> ……在厅境者，自武关河始……渡河北趋……凡五里，复石磴数折，而上武关……二里，武关驿……三里，武关旧驿……蜿蜒而登，五里至八里关……下关二里，青龙寺……复上五里，凿山开路，数折而登新开岭，下岭三里，渡青洋河……平行二里，青洋铺……渐折而西，十里，登画眉关……五里始平，至大滩……一里，石壁子沟。二里，小桥沟。一里，旧城……一里，厅治，由南门达北门。一里至底塘。踰碾漕沟，为桃沙坝。九里，小留坝。二里，青岩湾……二里，茶店子。二里，芥菜沟。二里，游龙沟。二里，乱石铺……五里至五里铺。五里，桃园铺……七里，枣木栏……八里，庙台子……数武，又有高尚神仙石刻……再数武，留侯祠……五里，半山子。一里，水泉湾。一里，岭颠……下岭二里，连理亭……六里，兴隆街……一里，高桥铺……二里，土桥子。一里，化皮沟口。一里，红土沟。二里，松林旧驿……五里，松林驿……三里，包山湾……一里，杜家沟。一里，桑树沟。一里，榆林铺……一里，花岩沟口。

① （清）贺仲瑊等纂修：道光《留坝厅志》凡例，成文出版社，1969年，第2—3页。

二里，丁家沟。一里，窑子沟。一里，水磨沟。四里，柳树沟口。一里，石佛铺。五里，连云寺……一里，陈仓道口……一里，黄家坝。三里，南星……①

从上文可以看出，图说和《厅境栈道图》上的栈道沿途地名有相当一部分是重合的。在地名排列顺序上，仅连云寺至南星段存在差异。图说中为连云寺—陈仓道口—黄家坝—南星，图上为陈仓口—连云寺—南星。哪个符合实际关键在于陈仓口和连云寺的位置。据李之勤的研究，陈仓口在今南星镇与连云寺村之间。②因此，图说所列地名顺序应属无误，是地图绘错了二者的相对位置。图说和《厅境栈道图》两者相异仅此一处，可能是绘图者误画所致。

图中还存在不见于图说主干部分的地名，但为旁支部分所记载。如古三交城，图说中称其为武关旧驿："嘉庆初，驿舍在焉。青羊河至此会紫金河，而武关河亦会于其南，《水经注》所谓三交城者，当在此。"③其他如豁然平旷、碧镜青莲、翠屏仙隐、武关河、紫金河、青羊河、野羊河、紫柏山均能在图说中找到相关的描述。

图中另有几处地名不见于图说，即褒留交界、古武休关、太平山、老鸦山、汉留侯辟谷处、留凤交界，可能为绘制者依据某种意图增绘。褒留交界、留凤交界两处为留坝厅境内栈道的起讫点，将其标注在图上可以清晰明了地显示道路的端点。其他蜀道地图也有此两地标注。古武休关，后世称武关，为留坝厅境内古迹。④汉留侯辟谷处，图上所示为一石碑形象。清康熙二十二年（1683 年），汉中知府滕天绶曾见此碑。⑤道光元年（1821 年），侍郎程春海重书之。⑥《留坝厅志》成书于此后不久，石碑应仍存在。两处均承载着地方特殊的文化价值，具有增绘的必要。太平山、老鸦山分别作为留坝厅新、旧两城所在之地，地位极其重要，加之紫柏山，图上仅书这三座山名⑦并非没有原因，而是基于其重要性，增补了文中缺失的有关厅境山脉的地理信息。

因此，《厅境栈道图》及其图说亦可视为蜀道地图与"路程书"式文本之间紧密联系的例证之一。

《五岳游草》中的《栈道图》和道光《留坝厅志》中的《厅境栈道图》已经为我们揭示出蜀道地图与"路程书"式文本之间密切的关系。从这两例中，可以看到蜀道地图本身与其相对应的"路程书"在数据结构上均呈现出"地名 + 里程"的形式，在内容上又具有高度的相似性。可以说两者在内核上具备一致性，只不过蜀道地图添加了山水形象使文字描述的内容得以具象化。由之我们可得出结论，蜀道地图为图像化的"路程书"式文本。

① （清）贺仲瑊等纂修：道光《留坝厅志》卷 1《厅境栈道图》，第 48—53 页。
② 李之勤：《陈仓古道考》，《中国历史地理论丛》2008 年第 3 辑，第 120 页。
③ （清）贺仲瑊等纂修：道光《留坝厅志》卷 1《厅境栈道图》，第 49 页。
④ （清）贺仲瑊等纂修：道光《留坝厅志》卷 4《土地志》，第 172 页。此处并非历史上"秦之四塞"所言武关（位于今陕西省丹凤县）。其见于宋代史籍称"武休关"，这应是本名，至迟在清初已被简称为"武关"。
⑤ （清）滕天绶：《留侯庙记》，（清）贺仲瑊等纂修：道光《留坝厅志》卷 1，第 310 页。
⑥ （清）贺仲瑊等纂修：道光《留坝厅志》卷 7《祠祀志》，第 244 页。
⑦ 实际上，柴关岭、新开岭、画眉关均是厅境内山脉的名称，只不过其同时也是栈道沿线的重要聚落名，这一名称实际上包含有多重含义。但太平山、老鸦山、紫柏山仅有山名之意，而非聚落之名，这里所说"仅书这三座山名"实际上是指仅书这三座纯粹的山名。关于柴关岭、新开岭、画眉关三名可作聚落理解，见（清）贺仲瑊等纂修：道光《留坝厅志》卷 1《十三里图》，第 36—37 页。

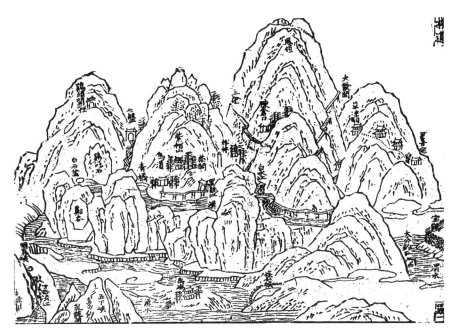

图 2 《五岳游草》中的《栈道图》

图 3 道光《留坝厅志》中的《厅境栈道图》

三、"路程书"视角下的蜀道地图

将蜀道地图视作一种特殊的"路程书",实则是赋予了观察蜀道地图的另一种视角。以"路程书"的视角研究蜀道地图可以得到更为深入的认识,这主要体现在以下两个方面。

（一）理解古人关于道路行程的线性空间思维

意大利学者彼得罗·扬尼（P. Janni）在《地图和游记：古代的制图与道路学》一书中认为,罗马人空间思维的发展和罗马大道延展呈现的线性模式（linear mode）高度契合。罗马人的空间思维是"从 A 地到 B 地再到 C 地……"这样的线状模式。这种线性化的空间思维又在罗马里程碑和游记之中体现出来。① 王忠孝将这种思维的线性空间模式拓展到了地图领域，认为《波伊廷格地图》是具有独特形式的"游记"。②

实际上，这种线性空间思维可能并不为罗马人所独有。对于空间的认识作为一种基础性的认识，或多或少地存在于世界各文明的空间观念之中。③ 本文所提及的"路程书"视角下的蜀道地图正是这种观念的体现。首先，在基础的文本组织上采取"地名 + 里程"连缀而进的形式，从而呈现出一种线性延伸的特征，在本质上也与西方"游记"文本相一致。其次，大多数蜀道地图采取长卷形式④，蜀道道路随长卷的延展而不断延伸，这一形式极其适合观者阅读时视点的横向移动，因此读者的阅读过程也是点到点在道路上移动的过程，具有线性的特征。

因此，以"路程书"来理解蜀道地图，本质上是将蜀道地图视作古人线性空间思维的一种外在表征。明清时期连接川陕两省的官方驿道是连云栈道及金牛道。古人在沿着山间确定的驿路行进时并不需特别考虑道路体系在整体空间方位中的问题，而是更加关注驿路沿途的站点及站点之间的里程。因此蜀道地图主绘驿路，并不涉及其他的旁支。图上也不具备统一的方位指向，更多地体现为前后之分。古人对于驿路通行的认识，形成了一幅幅线性具象化的蜀道地图。反之，对蜀道地图的研究也有助于由表及里，更深层次地探求古代行程地图所反映的空间认知、时代观念以及地图自身生成的底层逻辑。

（二）厘清地图的资料来源和图文关系

将蜀道地图看作是一种"路程书"，值得探究的是这种组织地理信息的"路程书"式文本与蜀道地图绘制资料来源之间的关系。笔者认为两者很大程度上是相关的。第一，就蜀道地图的实际面貌而言，其不需要相当精确的地理数据，只依靠"路程书"式文本中的地名和里程，辅之以绘者的实地经历或对地名的简单文字描绘，再加之适当的绘画想象，就完全有可能绘制出一幅完整的蜀道地图；第二，就中国传统地图绘制的方法而言，成一农已经发现利用方志中地理要素之间类似"四至八到"形式的数据，完全有可能绘制出一幅全国总图。⑤ "四至八到"数据本质上包含方向和距离两个维度，借此可以绘制出具备二维空间位置关系的地理要素。对于蜀道地图而言，由于其不具备统

---

① 原书为 P. Janni. *La mappa e il periplo: cartografia antica e spazio odologico*, G. Bretschneider. 1984. 此处转引自王忠孝：《从殖民地、大道、游记、里程碑和地图看罗马世界观与罗马帝国主义》，第 136—137 页。

② 王忠孝：《从殖民地、大道、游记、里程碑和地图看罗马世界观与罗马帝国主义》，第 141 页。

③ 比如德国人类学家卡尔·伍勒（Karl Weule）曾让一位从未接受过欧洲教育的坦桑尼亚人画了一张从内陆到印度洋旅行地的商队贸易路线图，这幅地图以点、圈和连线组成，具有非常明显地线性空间模式特征，详见：K. Weule. *Native life in East Africa: the results of an ethnological research expedition*, Appleton. 1909. 此外，在《地图学史》第二卷关于世界各文明行程地图的介绍中，也能发现一些具有线性空间模式特征的地图。

④ 《关中胜迹图志》中的《秦栈图》、嘉庆《汉南续修郡志》中的《南北栈道图》和两部宁羌州志中的《栈道图》虽不是直接以长卷呈现，但由于其为多页分幅的形式，每页首尾相连亦可连缀成长卷。

⑤ 参见成一农：《〈广舆图〉的绘制方法与数据来源研究（一）》，《明史研究论丛》第 10 辑，紫禁城出版社，2012 年，第 202—225 页；《对"计里画方"在中国地图绘制史中地位的重新评价》，《明史研究论丛》第 12 辑，中国广播电视出版社，2014 年，第 211—228 页。二文后收入氏著《"非科学"的中国传统舆图：中国传统舆图绘制研究》，中国社会科学出版社，2016 年，第 66—166 页。

一的方向，只随道路延伸，呈现出"线性"的特点，因此理论上只需距离这一个维度的数据就可以实现对其空间位置关系的表达，甚至仅仅具有前后顺序关系的地名数据也可以实现地图的绘制，"路程书"式文本正可以满足这一要求。基于这两点，可以推测"路程书"式文本可能是蜀道地图绘制资料的来源之一，蜀道地图也因此成为一种图画式的"路程书"式文本。

由此，也能从另一侧面揭示出蜀道地图中图像与文字之间的关系。"路程书"式文本是蜀道地图中的文字注记最为重要的组成部分，如上文对《陕境蜀道图》就选取了宝鸡县城至凤县黄牛铺一段的文字注记作为地图中"路程书"式文本的反映。可以说蜀道地图上的文字是其展现地理信息的核心所在，而蜀道地图中的图像实则是借由文字而生成的，是"路程书"式文本的图像再现，使之具备一定的艺术美感。但图像毕竟不是写生式的实景描绘，绘者的想象在图像塑造过程中起到了相当程度的作用。因此，图像所承载的地理信息无法脱离文字注记而单独存在。就此而论，文字注记是地图中最为可靠的地理信息的载体。

四、余论

近年来，成一农等学者倡导"多元化的地图学史的书写"[1]，而这就需要多元视角的引入。当前，国内对于地图的社会史、文化史、观念史、知识史等方面的研究方兴未艾。这些研究往往有意或无意地将地图视作一类文本，探索其与外部世界的互动关系，却较少关注地图作为文本时本身的类型与属性。换句话说，其更侧重的是一种外部视角。而本文的"路程书"则提供的是一种观察地图的内部视角。通过蜀道地图的例子，我们可以发现，蜀道地图最为本质的数据组织形式是"路程书"式的，即"地名＋里程"的形式。透过蜀道地图图像式的外在表象，可以看到其内在的"路程书"内核。将蜀道地图视为一种"路程书"，将有助于我们理解古人关于道路行程的线性空间思维，更深层次地探求古代行程地图所反映出的古人空间认知、时代观念以及地图自身生成的底层逻辑；认识到"路程书"可以作为地图生产时的资料来源，最先奠定地图的内核。蜀道地图中的图仅是辅助性的虚景，蜀道地图中的图与文实则是一种虚实关系。

作为一种内部视角的"路程书"，也存在着向外部视角（如全球史）转化的可能。若将"路程书"视为地图的一种属性，如前所述，其所反映的线性空间思维可能是古代各文明所共有并共同遵循的一种认知地理空间的方式。这种建立在深层认知基础上的共同点使得"路程书"式地图具备了可供全球史研究利用的"可通约性"，即无需艰深训练，便可认知其描述的语言与生活共同体所属的历史地理。[2] 由此，"路程书"式地图既可以成为全球史研究中可供利用的一手史料，也可以作为一类特定的主题服务于全球史研究。以后者而言，我们可以看到无论是以《波伊廷格地图》、蜀道地图为代表的传统地图，还是以约翰·奥格尔比（John Ogilby）的英国路线图、法国《特鲁丹地图

---

① 可参见成一农:《近 70 年来中国古地图与地图学史研究的主要进展》,《中国历史地理论丛》2019 年第 3 辑; 成一农:《对中国古地图和地图学史研究未来的展望——对马修·H. 埃德尼教授访谈的回应》,《思想战线》2020 年第 2 期; 陈旭:《多元视角下的古地图研究述评》,《中国史研究动态》2020 年第 6 期, 等。

② 潘晟:《地图的可通约性与全球史的历史地理学方法》,《深圳社会科学》2021 年第 5 期。

集》（*L'Atlas de Trudaine*）为代表的近现代地图，甚至是今日所见的公交、地铁线路图，均采取了这类特殊的"路程书"形式。丰富的地图实例可以构建出一幅线性空间思维在不同文明间传承、流变、交融、新生的历史画卷，"路程书"亦因之转化为新的全球史视角下的一条脉络而得以具备了另一种生命力。

【作者简介】刘赟，陕西师范大学西北历史环境与经济社会发展研究院博士研究生，研究方向为中国历史地理学；王社教，通讯作者，历史学博士，陕西师范大学西北历史环境与经济社会发展研究院教授，博士生导师，研究方向为中国历史地理学。

清道光时期中牟大工第二次合龙过程地图绘制研究 *

李新贵

摘　要：中牟大工是清廷举全国之力对黄河进行堵口的大型工程，是黄河治理史上的重要事件。本文通过对中国国家图书馆、北京大学图书馆所藏 9 幅相关地图成图时间的细致解读、时间排序及相关的情节勾连，发现这些地图完整地再现了道光二十四年至二十五年（1844—1845 年）中牟大工第二次合龙时补筑、进占的具体过程，从而构成一幅连续、动态的历史画卷。这种事件史视域下古地图的研究方法，有别于以往围绕某个主题事件进行地图研究的分析范式，突破了以往将历史事件浓缩于某个情节的静态探究方法。

关键词：中牟大工；地图绘制；道光二十四年；事件史

一、引言

今天学者大多将古地图融入某个历史事件片段中，以补充文献记载的不足，证明其中存在的缺环，明确历史发展的脉络。就研究内容而言，主要聚焦于古地图绘制时间、绘制背景、绘制主题等相关领域。[①] 近些年学界开始转向对地图图形与绘制思想继承相结合的系列地图的探讨。[②] 无论哪一

---

* 本文为国家社科基金重点项目"中国藏珍稀黄河古地图整理与研究"（项目号：21AZD128）的研究成果。感谢河南黄河河务局高级工程师李富中先生在本文写作过程中的指导与帮助。

① 李新贵：《〈巩昌分属图说〉初探》，《故宫博物院院刊》2008 年第 2 期；李新贵：《〈巩昌分属图说〉再探》，《故宫博物院院刊》2016 年第 5 期。后者经过修改，收入李孝聪主编：《中国古代舆图调查与研究》，中国水利水电出版社，2019 年，第 222—245 页。
② 比较典型的有关于《万里海防图》的系列研究。如李新贵：《明万里海防图初刻系研究》，《社会科学战线》2017 年第 1 期；李新贵：《明万里海防图之全海系探研》，《史学史研究》2018 年第 1 期；李新贵、白鸿叶：《明万里海防图筹海系研究》，《文献》2019 年第 1 期；李新贵：《明万里海防图之章潢系探研》，《史学史研究》2019 年第 1 期，等等。

种方法，目前基于历史事件发生、发展、结束的完整叙事过程的地图研究尚待深入。

学界对黄河古地图的研究多集中于河政等方面。[①] 实际上，"善淤""善决""善徙"的黄河，对其的研究不应仅仅局限于此。遗憾的是，无论是《舆图要录》[②]，还是以此为基础编著的《中国国家图书馆藏黄河历史文献》[③]（以下简称《文献》），都主要停留在对黄河古地图图名、图幅、版本等内容的著录，并未发现这些古地图可构成完整的漫工事件。[④] 这至今仍未引起学界重视。笔者及其团队已对其开展系列研究，取得了阶段性的成果。

黄河漫工图的绘制主要聚焦在黄河下游。这里河道的决溢关乎漕粮运行，因而必须堵口、选择坝基、挑挖引河、修建挑水坝，以便合龙。这种合龙过程中会产生少则几幅、多则几十幅的相关地图。对这些地图的研究，需要首先明确合龙的先后顺序，继之考订每幅图成图的时间点，随后对每幅图反映的事件加以缀连，梳理所有相关地图发生、发展、结束的过程，明确其内在逻辑与叙事主线。基于这种事件史的研究方法，本文拟对中国国家图书馆、北京大学图书馆所藏道光二十四年至二十五年（1844—1845 年）中牟大工第二次合龙过程中绘制的地图展开研究。

二、合龙筹备与工程补筑图

随着道光二十四年（1844 年）二月九日中牟大工首次合龙失败，主管此事的官员们接到了人事调整通知。二月二十二日，钦差大臣麟魁、廖鸿荃作为特派督办人员革职回京，钟祥继续任东河河督，河南巡抚鄂顺安继续兼管河务，原南河河督麟庆、原东河河督惠成、原两江总督牛鉴均留驻河工，听钟祥、鄂顺安差遣。[⑤] 随后在钟祥、鄂顺安统筹下，第二次中牟大工补筑工程开始，与此相关的地图遂被陆续绘制。

（一）以大坝为中心工程的估修

《中河厅中牟下汛九堡拟估东西坝基并挑水引坝情形图》（图 1），该图 1 幅，以南为上，纵 22 厘米，横 39 厘米。其西起中牟下汛六堡，东至该汛十六堡。黄河绘以黄色闭合双曲线，大溜绘以连续水文，旧河身绘以淡黄闭合双曲线，青色的引河向东深入旧河身内。该图的重点是以形象画法绘制的黄河河工，如拦黄坝、抽沟、相连的新旧挑坝基、东西大坝、东西二坝等。

---

① 席会东：《河图、河患与河臣——台北故宫藏于成龙〈江南黄河图〉与康熙中期河政》，《中国历史地理论丛》2013 年第 4 期；周维强：《大工告成——院藏三种黄河南岸河工图考释》，《故宫文物月刊》2014 年第 372 期；郑永昌：《清代乾隆年间江苏清口地区河道工程与地貌变化——以国立故宫博物院藏河工图为中心》，《故宫学术季刊》2016 年第 3 期，等等。

② 北京图书馆善本特藏部舆图组：《舆图要录：北京图书馆藏 6827 种中外文古旧地图目录》，北京图书馆出版社，1997 年。

③ 翁莹芳、白鸿叶：《中国国家图书馆藏黄河历史文献》，学苑出版社，2022 年。

④ 比如对道光二十三年（1843 年）洪水重现期、来源区、水位复原的考证（韩曼华、史辅成：《黄河一八四三年洪水重现期的考证》，《人民黄河》1982 年第 4 期；韩曼华、史辅成：《利用河流淤积物的特征确定 1843 年洪水来源区》，《人民黄河》1983 年第 6 期；周魁一：《中国科学技术史·水利卷》，科学出版社，2002 年，第 474—476 页），以及中牟九堡漫水发生的经过、大工兴筑与合龙过程研究（周维强：《道光二十三年（1843）黄河中牟下汛决口与清廷防治之策》，《淡江史学》2012 年第 9 期）。这与本文通过一定数量地图的研究，旨在探讨事件史视域下古地图的研究又有所不同。

⑤ 中国水利水电科学研究院水利史研究室编校：《再续行水金鉴·黄河卷 3》，湖北人民出版社，2004 年，第 1003 页。

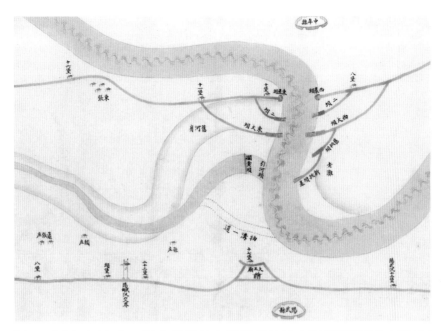

图 1 《中河厅中牟下汛九堡拟估东西坝基并挑水引坝情形图》(局部)

首先，分析拦黄坝、抽沟的估修。道光二十四年（1844 年）五月，钟祥、鄂顺安上奏，引河为合龙关键。为保证合龙顺利实行，要对两项重要工程予以估修。在第一道拦黄坝东数十丈之地估修一道拦黄二坝，便于合龙前形成两道防御漫水东灌的屏障。另外，在阳武县十七堡南估修一道抽沟，以利漫滩之水通过抽沟流入旧河。这改变了漫滩之水向南串入引河的流向，避免了引河头河床因淤积而增高。①

其次，东西大坝、东西二坝与挑水坝的修补。七月三日，钟祥、鄂顺安奏，此时修补东西大坝，可以利用先前拆除后剩余的二百余丈旧坝。这两坝合龙时应从西坝进占，用碎石填补刷有深塘的旧金门之缺，随后将东坝后退五十丈筑做门占，逼迫河势东趋。这样既益于引河，又利于合龙。由于合龙时金门收窄致使东西大坝坝工吃力，应在这两大坝之南设立东西二坝坝基，圈筑长八百余丈。至于挑水坝，应在旧挑坝二百八十丈外接长百丈，使挑溜更加有力。②

通过分析拦黄二坝、抽沟的估修，可将该图成图上限初步限定于五月后。七月三日东西大坝、二坝与挑水坝的补修，是六月一日龚庆祥补授河北道后实地勘测所为③，龚庆祥之才获得钟祥赏识则是七月一日④，从而说明该图已于这时绘制完成，随后有七月三日钟祥、鄂顺安上奏之事。因而该图绘制上限是六月一日后，下限是七月一日前，这幅图反映了钟祥、鄂顺安在五月至七月间对以东西大坝为中心的各项工程的估修情况。

（二）引河、引河头的估修

随着以东西大坝为中心等工程估修的完成，下一步是引河的估修。《中河厅中牟下汛九堡拟估引河情形图》(图 2) 绘制了这次估修内容。该图 1 幅，以南为上，纵 23 厘米，横 269 厘米。其西起中

---

① （清）钟祥、鄂顺安:《奏为会勘中牟坝工, 现在督饬修守情形事》, 道光二十四年五月二十日, 中国第一历史档案馆, 录副奏折 03-9569-020。
② （清）钟祥、鄂顺安:《奏为筹补中牟大工事》, 道光二十四年二月二十六日, 中国第一历史档案馆, 录副奏折 03-9339-007。
③ 中国第一历史档案馆:《道光朝上谕档》第 24 册, 广西师范大学出版社, 2000 年, 第 676 页。
④ （清）钟祥:《奏为河北道龚庆祥勘以胜任事》, 道光二十四年七月初一日, 中国第一历史档案馆, 录副奏折 03-2747-008。

牟下汛五堡，东至归河厅虞城下汛。引河内容分三部分：引河头向北用红色虚线标示拓展的区域、拦黄坝以下至蓬张庄以上没有标红色虚线的河段、蓬张庄以下至虞城下汛标红色点状虚线的河段。

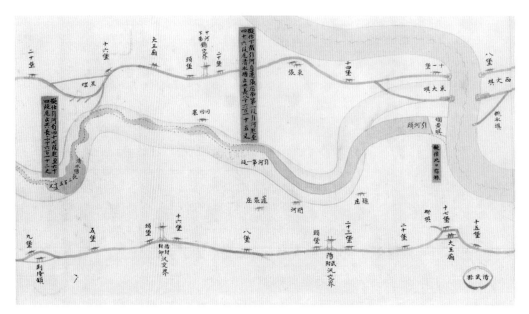

图 2 《中河厅中牟下汛九堡工拟估引河情形图》（局部）

图上主要红签有 3 处，从西向东依次如下。

拟估北口窃①滩。

拟估下截引河，自蓬张庄南第一段引河起，至第四十六段尾清水塘止，共长八千六百一十五丈。

拟估引河自四十七段起，至六十四段尾止，共长三千六百一十二丈。

引河头北口切滩，是道光二十四年（1844 年）二月二日钦差大臣麟魁、廖鸿荃提出的方案。这时拦黄坝以西河中长出一道矶心滩，挡住了引河口。②七月三日，钟祥、鄂顺安提出将引河头向北移动，以引河头北唇作南唇的新方案③，引河口遂避开了矶心滩。而拟估引河，首要钱粮作为保障。八月二十九日，钟祥、鄂顺安还未收到急需的银两。④九月十四日，两人奏报九月十二日已在东西两坝设厂采买民料，随后估算引河。从第 1 段至第 89 段的上截引河河身淤积并不严重，利用抽沟便可疏导，待放清水后估算。这是图 2 中引河不标红色点状曲线的原因。下截引河，即图上标红色点状线的河段，始于蓬张庄以下，止于河南、江南交界。这段引河分两段：蓬张庄至兰仪厅兰阳汛十二堡，应估加挑引河 125 段，长两万七千六百三十五丈；兰阳汛十二堡至归河厅虞城下汛，沟工 58 段，线工 41 段，长四万三千七百九十丈。这些内容均能对应图签。而拦黄坝之西的矶心滩，钟祥、鄂顺安仍坚持

---

① 此处"窃"字应为"切"字之误。

② （清）麟魁、廖鸿荃：《奏为东坝门占已成，西坝拟即进占，及挑水坝势难再进，相机启放引河事》，道光二十四年二月二日，中国第一历史档案馆，朱批奏折 04-01-01-0817-020。

③ （清）钟祥、鄂顺安：《奏为筹补中牟大工事》，道光二十四年七月三日，中国第一历史档案馆，录副奏折 03-9339-007。

④ （清）钟祥、鄂顺安：《奏为补筑中牟坝工，请于内库借垫银两，先行济用事》，道光二十四年八月二十九日，中国第一历史档案馆，录副奏折 03-9339-043。

向北拓展的方案。①

至此，图 2 绘制上限是钟祥、鄂顺安未收到购买料物银两的八月二十九日后，下限是计划兴挑引河的九月十四日前，反映了钟祥、鄂顺安据收到购买物料的银两对引河各段估算的情况。下截引河的 125 段，已在九月二十、二十五日，十月一日、六日、九日先后兴挑，上截引河也已派员施工。② 以前犹豫不决的引河头方案，此时已经提上了日程。

新的引河头方案见于《中河厅中牟下汛九堡拟估东西坝基并挑水引坝情形图》（图 3）。该图 1 幅，以南为上，纵 23 厘米，横 21 厘米。图中还可看到由此带来的挑水坝位置的改变。拦黄坝附近，无论是引河头北唇（上唇），还是南唇（下唇），均标以红色虚线。与此相关，挑水坝不像图 1 旧挑坝、新挑坝基连接在一起，而是几乎处于平行状态。

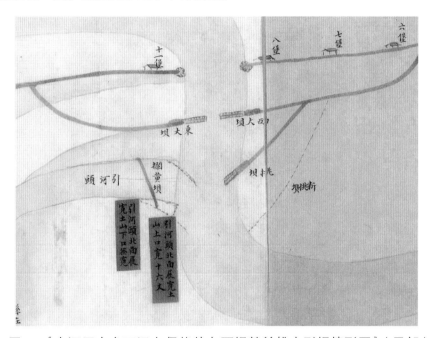

图 3 《中河厅中牟下汛九堡拟估东西坝基并挑水引坝情形图》（局部）

图上引河头处有 2 条红签。

引河头北面展宽土山，上口宽十六丈。

引河头北面展宽土山，下口无宽。

这两段红签指的是引河头向北面展宽后的情况。十月十四日，钟祥、鄂顺安奏报："先将拦河坝迤西，旧挑龙须沟北面，前接土山，挑切与滩面平，南北长八十五丈一尺，北长七十三丈一尺，宽十八丈至三十三丈，高八尺五寸至一丈八尺。再将拦河坝东引头北面展宽，与水面平，南北长五十一丈，北长五十六丈六尺，上宽十六丈，下无宽，牵高一丈七尺五寸。"③ 在引河头开挖的过程

① （清）钟祥、鄂顺安：《奏报补筑中牟坝工设厂购料日期，并沟工线工，先行兴挑情形事》，道光二十四年九月十四日，中国第一历史档案馆，录副奏折 03-9339-062。

② （清）钟祥、鄂顺安：《奏报赶办加挑引河并挑水坝兴工日期事》，道光二十四年十月十四日，中国第一历史档案馆，录副奏折 03-9339-076。

③ （清）钟祥、鄂顺安：《奏报赶办加挑引河并挑水坝兴工日期事》，道光二十四年十月十四日，中国第一历史档案馆，录副奏折 03-9339-076。文中的"拦河坝"即图中的"拦黄坝"，"龙须沟"即"抽沟"。

中，上唇挖成喇叭状，便利引水、吸溜。当顺着引河头向东开挖时，上唇南北长度逐渐缩小，以至与引河河床垂直，这样处理不仅是为节省钱粮，还是为加快水流速度，以减轻合龙中东西大坝的压力。因而上唇深度也要从浅到深，逐渐与引河河床大致持平。明乎此，就清楚上唇南北长度从 85.1 丈变成 51 丈，宽度从上宽 33 丈、下宽 18 丈，至山体与引河河床交界时，因斜着垂直下切山体之故而变成上宽 16 丈、"下口无宽"的原因。而引河头向北移动的结果，促使对面的挑水坝向北移动，接长旧坝的方案只能被废除。

至此，可将图 3 绘制上限定于十月九日挑挖下截引河后，下限初步限定钟祥、鄂顺安奏报将引河头向北展宽的十月十四日前，而十月十二日已被确定为挑水坝兴工的日期，说明此前改移挑水坝的方案已定①，因而可将该图绘制下限提前至十月十二日。该图反映了引河头、挑水坝方案被替代的情况。

（三）东西二坝估筑

在引河、引河头估修的同时，东西二坝也开始了估筑。《中河厅中牟下汛拟估二坝情形图》（图4）就是这次估筑的图像再现。该图 1 幅，以北为上，纵 22 厘米，横 58.2 厘米，东自中牟下汛五堡，西至中牟下汛十四堡。该图还有一幅摹绘图，方位、范围、内容均同，略微不同的是摹绘图尺幅，纵 21.4 厘米，横 58 厘米。这两幅图上，凡是第二次估修的工程，除旧河拦黄坝外，其余均绘以红色虚线。绘图者关注重点是以红签标注的测量数据。

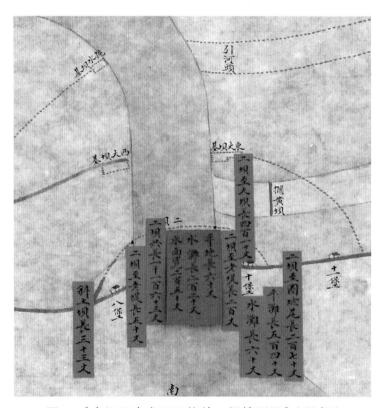

图 4 《中河厅中牟下汛拟估二坝情形图》（局部）

图上红签有 9 条，由东向西依次如下。

---

① （清）钟祥、鄂顺安：《奏报赶办加挑引河并挑水坝兴工日期事》，道光二十四年十月十四日，中国第一历史档案馆，录副奏折 03-9339-076。

（东）二坝至圈埝尾长二百七十丈。

平滩长五百四十丈。

水滩长六十丈。

（东）二坝至大坝长四百一十丈。

（东）二坝至老堤长二百丈。

平地长六十丈，水滩长二百二十丈，水面宽二百五十丈。

二坝共长一千一百六十三丈。

（西）二坝至老堤长五十丈。

斜土坝长三十三丈。

中牟九堡漫工以来，有 4 次筑东西二坝之事。一是道光二十三年（1843 年）闰七月一日。[①] 二是这年八月八日，仍未提出详细的估算方案，但明确了以东西二坝为中心的圈埝土工长度是一千一百六十丈。[②] 第三次是道光二十四年（1844 年）七月三日，明确了东西二坝坝基长度八百余丈。[③] 第四次则是这年十月十四日，钟祥、鄂顺安奏，估定东二坝尾做长四百八十丈，西二坝尾做长二百三十九丈，估筑东西坝基各长五十丈[④]，东西二坝共长八百一十九丈，较前次所估东西二坝信息更加详细。所剩三百四十四丈，即图签东西二坝一千一百六十三丈减去东西二坝坝基、坝尾长度的八百一十九丈，包括图签东二坝至圈埝尾二百七十丈，西二坝斜土坝的三十三丈，以及西二坝至斜土坝坝首的四十一丈；后两者加起来才七十四丈，这意味着东二坝、西二坝不在一个水平线上，东二坝至老堤长度应高于西二坝至老堤长度。

事实也是如此。图签东二坝至老堤长二百丈、西二坝至老堤长五十丈。这源于道光二十四年（1844 年）七月估算，"应于东裹头迤北五十丈，西裹头迤北一百八十丈，设立二坝。"[⑤] 虽然此时绘图者纠正了东西二坝至老堤的错位，仍沿袭西裹头之北五十丈即西二坝至老堤的长度。道光二十五年（1845 年）中牟大工第二次合龙结束时，东二坝至裹头埽实际距离是一百九十丈，西二坝至裹头埽实际距离一百五十六丈。[⑥] 估算位置与实际位置有所差别在所难免，但不应差别如此之大。因而贴签"（西）二坝至老堤长五十丈"中的"五十丈"为"一百五十丈"之误。既然东西二坝不在一个水平线上，那么其至东西大坝距离也不会相等，图签东二坝至东大坝估算长度四百一十丈，合龙时的实际距离四百四十丈。这时西二坝至西大坝实际距离为二百九十丈。而东西二坝之间的水面宽度、水滩长度、平地长度等数据，自然是这两坝准备进占前的测量数据。

总之，这幅图绘制下限是钟祥、鄂顺安上奏的十月十四日前，上限应是下截引河挑挖的十月九

① （清）敬征、何汝霖：《奏为遵旨筹计工需，并体察近年黄河情形事》，道光二十三年闰七月一日，中国第一历史档案馆，录副奏折 03-9568-023。

② （清）敬征、何汝霖、鄂顺安：《奏为核实估计中河漫口，估挑河银数事》，道光二十三年八月八日，中国第一历史档案馆，朱批奏折 04-01-01-0808-048。

③ （清）钟祥、鄂顺安：《奏为筹补中牟大工事》，道光二十四年七月三日，中国第一历史档案馆，录副奏折 03-9339-007。

④ （清）钟祥、鄂顺安：《奏报赶办加挑引河并挑水坝兴工日期事》，道光二十四年十月十四日，中国第一历史档案馆，录副奏折 03-9339-076。

⑤ 中国水利水电科学研究院水利史研究室编校：《再续行水金鉴·黄河卷 3》，湖北人民出版社，2004 年，第 1015 页。

⑥ 这一数据请参见图 7《中牟大工双合龙安澜图》红色贴签，"东二坝基至裹头埽一百九十丈""西二坝基至裹头埽一百五十六丈"。

日后，反映了以二坝为中心的增修方案被接受及估算的情况。在工程补筑的同时，其他工程也开始陆续施工。

三、工程进占与合龙图

（一）工程进展概览

道光帝十分关心中牟大工工程进展的情况，十月二十日遂下令钟祥、鄂顺安将引河及两坝形势绘图贴说。十一月十日，两人上呈《中牟九堡补筑坝工现在情形图》（图 5）。该图 1 幅，以南为上，纵 21 厘米，横 58.3 厘米。其西起中河厅中牟下汛界，东至河南省归河厅、江南省萧南厅交界。以东西大坝为中心的东西裹头、东西二坝、挑水坝、引河头拦黄坝，以及唯一用红色点状线标绘的"抽沟一道"，均位于图首。图首以东，绘制了蜿蜒曲折的引河。

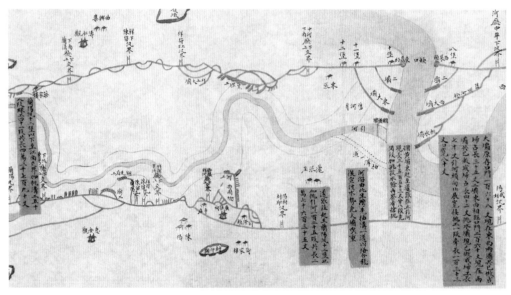

图 5 《中牟九堡补筑坝工现在情形图》（局部）

图上黄签共有 5 条，从西向东依次如下。

大坝原存口门一百六十八丈，现在东西两坝共做成埽占长三十五丈。二坝东西相距口门二百六十丈，现在两坝共已做成埽占长四十二丈。挑水坝现已做成埽工长七十丈，引河头向北展宽、接挑工一段，牵长一百三十三丈，占宽八十丈。

拦黄坝东起至蘧张庄止，引河现长三千五百五十三丈，分八段，先间段加挑、放水，余再查看抢挑。

河流由此生湾，先抽沟一道，以备合龙后宣泄水势，免大坝吃重。

蘧张庄起至兰阳汛十二堡止，加挑引河一百二十五段，共长二万七千六百三十五丈。

兰阳汛十二堡以下至江南交界，加挑沟工五十八段，线工四十二段，共长四万三千七百九十丈。

这些工程已完成补筑，开始进占、施工。十一月十日，钟祥、鄂顺安奏报各坝进占、督饬赶办工程的情况：东西大坝口门"宽一百六十八丈"，截至十一月五日"西大坝已做成埽占长二十丈，东大坝已做成埽占长十五丈"、东西二坝"东西相距，口门宽二百六十丈，现在西二坝已做成埽占长二十四丈，东二坝已做成埽占长十八丈"、挑水坝"长三十四丈，连前共已做成七十丈"、"至下截引河一百二十五段，牵计已挑有九分工程"。① 无论是东西大坝口门宽度、东西大坝埽占长度、东西二坝口门宽度、东西二坝埽占长度、挑水坝埽工长度，还是从蘧张庄至兰阳汛十二堡下截引河加挑引河的段数，均与图签完全吻合。

至于下截引河、上截引河、引河头的情况，同样可以图文互证。十月十四日钟祥、鄂顺安奏，下截引河的沟工、线工将要完竣，图签具体说明了沟工、线工的段数与长度。这次奏报还提到上截引河长三千五百五十三丈，分别为积水较深的第1、3、5、7四段，以及应估加挑的第2、4、6、8四段。前者放清水后，便可顺势抢挑，后者已按期加挑②，这与图签"拦黄坝东起至蘧张庄止，(上截)引河现长三千五百五十三丈，分八段"吻合，奏折补充说明了分段的理由。十月二十三日奏报，应估加挑引河段已兴工③，十一月十日奏报，应估加挑引河段将完成一半④，这与图签中引河"先间段加挑、放水，余再查看抢挑"相符，图签补充说明了积水较深河段已试放清水的情况。而图签引河头向北展宽与接挑工程一段的牵长、占宽的计划，同样见于十月十四日奏报，待十一月十日再次奏报时工程已将近完成一半。⑤ 抽沟，十一月十日奏报，钟祥、鄂顺安既未估其长度也未施工，只是汇报以备合龙之用。⑥ 因而用红色点状虚线标绘，以与其他工程相区别。

总之，这幅地图绘制下限是在钟祥、鄂顺安奏报的十一月十日前，上限是东西大坝、东西二坝、挑水坝完成部分进占的十一月五日后，反映十月十四日以来中牟大工等工程估修完成后进展的情况。无论是奏折、地图的内容，还是两者呈送的相同日期，均说明该图是钟祥、鄂顺安《奏报各坝进占丈尺，并现在督饬赶办情形事》奏折中的附图。

（二）合龙及善后

这些工程的进占、施工促使中牟大工合龙。《中河厅属中牟下汛九堡漫工现在河势情形图》（图6）再现了中牟大工即将合龙的状态。该图1幅，以南为上，纵21厘米，横39厘米。其西起中河厅中牟下汛上交界，东至中牟下汛下交界。以红签图绘东西大坝进占占数、东西大坝基长度、东西二坝至东西大坝距离、东二坝至（东）裹头埽长度、挑水坝长度、引河头长度，以及东西裹头、东西二坝、东西大坝口门宽度。此外，图中引河及支河（抽沟）全部绘青色，说明此两项工程处于完工状态。

① （清）钟祥、鄂顺安：《奏报各坝进占丈尺，并现在督饬赶办情形事》，道光二十四年十一月十日，中国第一历史档案馆，录副奏折03-9340-001。
② （清）钟祥、鄂顺安：《奏报赶办加挑引河并挑水坝兴工日期事》，道光二十四年十月十四日，中国第一历史档案馆，录副奏折03-9339-076。
③ （清）钟祥、鄂顺安：《奏报引河挑成分数并大坝、二坝择吉兴工日期事》，道光二十四年十月二十三日，中国第一历史档案馆，录副奏折03-9339-077。
④ （清）钟祥、鄂顺安：《奏报各坝进占丈尺，并现在督饬赶办情形事》，道光二十四年十一月十日，中国第一历史档案馆，录副奏折03-9340-001。
⑤ （清）钟祥、鄂顺安：《奏报各坝进占丈尺，并现在督饬赶办情形事》，道光二十四年十一月十日，中国第一历史档案馆，录副奏折03-9340-001。
⑥ （清）钟祥、鄂顺安：《奏报各坝进占丈尺，并现在督饬赶办情形事》，道光二十四年十一月十日，中国第一历史档案馆，录副奏折03-9340-001。

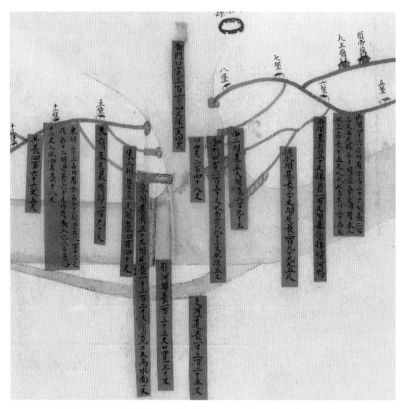

图 6 《中河厅属中牟下汛九堡漫工现在河势情形图》（局部）

红签共 14 条，由西向东依次如下。

西坝四十六占内，有全占三十六个，长二百三丈五尺，又拆占十个，长五十丈，内有未入水三占，长十五丈，入水七占，长三十五丈。

西坝基长五十丈，接长一百丈，坝基系接顺河埽。

挑水坝长三十丈，坝尾长二百九十九丈五尺。

西二坝基至大坝基二百九十丈。

（东西大坝）金门口一百五十丈，水面宽九十三丈，水深五尺。

（东西大坝）口宽二百四十八丈。

（东西裹头）金门口宽三百六十四丈，深一丈四尺。

支河一道长一千三百二十五丈。

引河头长一百三十三丈，口宽七十丈。

东坝基长五十丈，坝尾长一千三百三十丈，顶宽二丈，高水面一丈。

东二坝基至大坝基四百四十丈。

东二坝基至（东）裹头埽一百九十丈。

东坝三十三占内，有全占二十一个，共长一百十三丈，拆占十二个，共长六十丈，内有未入水八占，长四十二丈，入水四占，长十八丈。

共长四百六十六丈五尺。

图上东西大坝仍未合龙，图签可证，东西大坝计七十九占四百二十六点五丈。道光二十四年

（1844 年）二月第一次合龙失利时东西大坝计八十四占。[①] 十二月第二次合龙成功时东西大坝亦计八十四占[②]，长度即该图最后一条图签所记四百六十六丈五尺；换言之，这时西大坝、东大坝分别还差 4 占、1 占，计 5 占四十丈。

何时西大坝还剩 4 占、东大坝还剩 1 占？十二月二十一日，钟祥、鄂顺安奏二十日东坝再进 1 占，东西两大坝即可合龙。这意味此前西坝 4 占先已进占，从而可将该图绘制下限限定在二十日前。上限可从东西大坝及其他工程进展的情况来推定。十二月十日引河试放清水，启除拦黄坝，十四日引河段全部通畅，支河当同样试放了清水，所以图上引河、支河昏绘青色。十八日，东西大坝已进一百五十九丈。[③] 至此，可将图之绘制上限限定在十八日后。而且，图上其他工程测量多已完竣，且是根据合龙实测的结果。兹举两例，除前面列举东二坝基至东大坝基的实际距离四百四十丈外，东坝基坝尾长一千三百三十丈，同样是在道光二十三年（1843 年）八月八日奏报估修一千二百八十丈坝尾基础上的实测。[④] 估修与实测的差别，说明图签上的一些数据是准备进占前已做好的工作，从而表明十二月二十日东大坝只剩下 1 占前已完成。

既然这时将要合龙，那么东西裹头、东西二坝、东西大坝口门宽度如何解释？东西裹头金门宽度三百六十四丈、中泓深一点四丈，是道光二十三年（1843 年）闰七月十六日至八月八日的情况。东西大坝金门口宽一百五十丈、东西二坝口门宽二百四十丈，则是道光二十四年（1844 年）十月二十一日至十一月五日的情况。[⑤] 这些都不是这幅图成图时的实际情形。此时东西大坝还剩 5 占就要合龙，这让道光君臣重新回忆第一次进占功败垂成的情形。道光帝的焦虑可想而知，"加慎加勉，伫盼佳音，早至也。"[⑥] 对钟祥、鄂顺安来说也十分恐惧，"现当工届垂成之际，臣等倍增懔惧。"因而钟祥、鄂顺安将不是这幅图绘制时间内的内容绘出具有特别意义，既为追忆大工进展之不易，又表明对进占成败之忧虑。

《中牟大工双合龙安澜图》（图 7）展现了东西大坝、东西二坝双合龙的状态。该图 1 幅，以南

---

① （清）麟魁、廖鸿荃：《奏为东坝门占已成，西坝拟即进占，及挑水坝势难再进，相机启放引河事》，道光二十四年二月二日，朱批奏折 04-01-01-0817-020。

② 详参图 7《中牟大工双合龙安澜图》。

③ （清）钟祥、鄂顺安：《奏为引河启放，金门收窄，计日即可合龙事》，道光二十四年十二月二十一日，中国第一历史档案馆，朱批奏折 04-01-01-0817-008。

④ （清）敬征、何如霖、鄂顺安：《奏为核实估计中河漫口，筑坝挑河银数事》，道光二十三年八月八日，中国第一历史档案馆，朱批奏折 04-01-01-0808-048。

⑤ （清）钟祥、鄂顺安：《奏报各坝进占丈尺并现在督饬赶办情形事》（道光二十四年十一月初十日，中国第一历史档案馆，录副奏折 03-9340-001）记载："现在除两坝原存埽占外，缉量中间金门，宽一百六十八丈。……是以于十月二十一日，先由西坝兴工直堵。而东坝员弁兵丁，均已调齐，不便久待，亦于二十六日兴工。臣等轮流分赴东西大二坝及挑水坝，督饬员弁，妥慎办理。并间日前赴引河，实力查催。截止十一月初五日止，西坝已做成埽占长二十丈，东大坝已做成埽占长十五丈，上下边埽，并夹土坝，俱随正坝一律跟进。其二坝复将西坝基接长四十丈外。东西相距，口门宽二百六十丈，现在西二坝已做成埽占长二十四丈，东二坝已做成埽占长十八丈。"从此可以看出，中牟大工第一次合龙失利后，除去东西大坝原存埽占外，金门宽度是一百六十八丈。东西二坝口初建时三百丈，除去西二坝基接长四十丈外，东西口宽缩小至二百六十丈。这年十一月初五日东西二坝已做成埽占四十二丈，结果东西二坝口宽再次缩小为二百一十八丈。至于东西二坝何时开始埽占，这里没有具体说明，应在西大坝兴工的十月二十一日后，否则钟祥、鄂顺安不会在此后轮流分赴东西大坝、二坝督饬员弁办理。所以，《中河厅属中牟下汛九堡漫工现在河势情形图》中"（东西大坝）金门口一百五十丈，水面宽九十三丈，水深五尺""东西二坝口门宽二百四十丈"，反映的是道光二十四年（1844 年）十月二十一日至十一月初五日的情况。

⑥ （清）钟祥、鄂顺安：《奏为引河启放通顺，金门收窄，计日即可合龙事》，道光二十四年十二月二十一日，中国第一历史档案馆，朱批奏折 04-01-01-0817-008。

为上，纵 21 厘米、横 40 厘米。其西起中河厅中牟下汛上交界，东至中牟下汛交界。黄河图绘黄色，漫口绘青色。

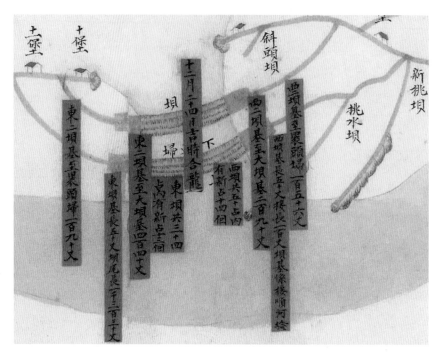

图 7 《中牟大工双合龙安澜图》（局部）

图上有 9 条红签，从西向东依次如下。

西二坝基至（西）裹头埽一百五十六丈。

西坝基长五十丈，接长一百丈，坝基系接顺河埝。

西二坝至大坝基二百九十丈。

西坝共五十占，内有新占十四个。

十二月二十四日吉时合龙。

东坝共三十四占，内有新占十三个。

东二坝基至大坝基四百四十丈。

东坝基长五十丈，坝尾长一千三百三十丈。

东二坝基至（东）裹头埽一百九十丈。

这 9 条红签中，除东西大坝进占数量与合龙日期 3 处不同外，其余均与《中河厅属中牟下汛九堡漫工现在河势情形图》同。这些红签分别记载了东西大坝分别进占到 34 占、50 占时的合龙之事。该图绘制上限，是图签上所绘道光二十四年（1844年）十二月二十四日东西大坝、东西二坝合龙后，下限是这年十二月三十日钟祥、鄂顺安奏报这次合龙过程前①，反映了十二月二十一日至二十四日中牟大工合龙的情形。至此，中牟九堡黄河决口终于堵住，全河大溜，悉归故道。

这是否说明与中牟大工相关的工程已结束？道光二十四年（1844）年十二月三十日，钟祥、鄂

---

① （清）钟祥、鄂顺安：《奏为引河启放通顺，金门收窄，计日即可合龙事》，道光二十四年十二月三十日，中国第一历史档案馆，朱批奏折 04-01-01-0817-008。

顺安奏报中牟大工合龙日期，提出用借拨的内库银 100 万两、各州县绅商的捐款"修办各厅长堤土工之用"[①]。《中牟下汛二坝双合龙安澜图》就反映了东西大坝、二坝合龙后的善后工程。该图 1 幅，以南为上，纵 29 厘米，横 620 厘米，北京大学图书馆藏。图中黄色的黄河蜿蜒南北两大堤间，漫口图绘青绿色；北堤西起济源县，东止山东粮河、江南丰北两厅交界处的单下汛二十堡；南堤西起荥泽汛界，东止河南归河厅虞下汛、江南萧南厅砀上汛交界处。

这幅图上以东西大坝为中心的 9 条红签与图 7 完全相同。此外，绘制者还在南北两条河堤各工程处墨书堤工起始范围、长度。北堤书写有 18 处，南堤 19 处。工程以黄河南北大堤为主，兼涉遥堤、缕堤。该图突出特点是以处于合龙状态的东西大坝、二坝为中心，以南北大堤为依托绘制了众多堤工的起始范围和长度。

表 1　黄河南北堤工情况表 [②]

堤名	厅名	起点	终点	长度（丈）	文献
	黄沁厅	武陟汛	原武汛	14636	黄沁厅属自武陟汛起，至原武汛止，堤工共长一万四千六百三十六丈
	遥堤	头堡	十一堡	3351	遥堤工长三千三百五十一丈，计十一堡
	缕堤	头堡	十二堡	2983	缕堤工长二千九百八十三丈，计十二里
	荥泽汛	头堡	八堡	1558	荥泽汛堤工长一千五百五十八丈，计八堡
	原武汛	头堡	二十堡	6744	原武汛堤工长六千七百四十四丈，计二十堡
	卫粮厅	阳武汛	封丘下汛	16479.8	卫粮厅属自阳武汛起，至封丘汛止，堤工长一万六千四百七十九丈八尺
	阳武汛	头堡	二十三堡	6073	阳武汛堤工长六千七十三丈，计二十三堡
	阳封汛	头堡	十六堡	5005.5	阳封汛堤工长五千五丈五尺，计十六堡
	封邱上汛			3189.5	封邱上汛堤工长三千一百八十九丈五尺
	封丘下汛			2211.8	封丘下汛堤工长二千二百一十一丈八尺
北堤	祥河厅				
	祥符[上]汛	头堡	十六堡	5411	祥河厅祥符[上]汛堤工长五千四百一十一丈
	下北厅	祥符[下]汛	兰阳汛	9259	下北厅自祥符汛起至兰阳汛止，堤工九千二百五十九丈
	祥符[下]汛	头堡	十二堡	[4544]	
	兰阳汛	头堡	十八堡	4715	兰阳汛堤工长四千七百一十五丈
	曹考厅	兰考汛	曹上汛	23203.4	曹考厅属自兰考汛起，至曹上汛止，堤工长二万三千二百三丈四尺
	考城汛	头堡	二十八堡坝	11886	考城汛堤工长一万一千八百八十六丈，计二十八堡
	曹上汛	头堡	二十二堡	8570.4	曹上汛堤工长八千五百七十丈四尺，计二十二堡
	曹河厅				

① （清）钟祥、鄂顺安：《奏为引河启放通顺，金门收窄，计日即可合龙事》，道光二十四年十二月三十日，中国第一历史档案馆，朱批奏折 04-01-01-0817-008。
② 本表中方括号内容为笔者根据文献、地图图签等补充的内容。

续表

堤名	厅名	起点	终点	长度（丈）	文献
北堤	曹中汛	头堡	二十六堡	9448	曹中汛堤工长九千四百四十八丈，计二十六堡
	曹下汛	头堡	二十堡		
	粮河厅				
	曹单县城汛	头堡	十四堡		
	单县主薄汛	头堡	十六堡		
南堤	上南厅	荥泽汛头堡	中牟上汛十一堡	12684	上南厅属自荥泽汛头堡起，至中牟上汛十一堡止，堤工长一万二千六百八十四丈
	荥泽汛	头堡	十二堡	2363	荥泽汛堤工长二千三百六十三丈，计十二堡.
	郑州上汛	头堡	八堡	3054.9	郑州上汛堤工长三千五十四丈九尺，计八堡
	郑州下汛	九堡	十八堡	［3522.6］	郑州上下汛共计十八堡
	中牟上汛	头堡	十一堡	3743.5	中牟上汛堤工长三千七百四十三丈五尺，计十一堡
	中河厅	头堡	二十堡	6861	中河厅属堤工长六千八百六十一丈，计二十堡
	中牟下汛	头堡	二十堡	6861	中河厅属堤工长六千八百六十一丈，计二十堡
	下南厅	［祥符上汛］	［祥符下汛］	［19877］	
	祥符上汛	头堡	三十三堡	8102	祥符上汛堤工长八千一百二丈，计三十三堡
	祥符下汛	头堡	三十三堡	8242	祥符下汛堤工长八千二百四十二丈，计三十八堡
	陈留汛	头堡	十四堡	3533	陈留汛堤工长三千五百三十三丈，计十四堡
	兰仪厅	［兰阳汛］	［仪封上汛］	7389.5	
	兰阳汛	头堡	十六堡	5086	兰阳汛堤工长五千八十六丈，计十六堡
	仪封上汛	头堡	八堡	2303.5	仪封上汛堤工长二千三百三丈五尺，计八堡
	仪睢厅	仪封下汛	睢州上汛	8609.5	仪睢厅属自仪封下汛起，至睢州下汛止，堤工长八千六百九丈五尺
	仪封下汛	九堡	十六堡	2303.5	仪封下汛堤工长二千三百三丈五尺，计八堡
	睢州上汛	头堡	十八堡	［6303］	
	睢宁厅	睢州下汛	宁陵汛	10684.8	睢宁厅属自睢州下汛起，至宁陵汛止，堤工长一万六百八十四丈八尺
	睢州下汛	头堡	十八堡	［6424.8］	
	宁陵汛	头堡	十四堡	4260	宁陵汛堤工长四千二百六十丈，计十四堡
	商虞厅	商丘汛	虞上汛	16033.5	商虞厅属自商丘汛起，至虞上汛止，堤工长一万六千三十三丈五尺
	商丘汛	头堡	二十五堡	8916.5	商丘汛堤工长八千九百一十六丈五尺，计二十五堡
	虞上汛	头堡	二十四堡	7117	虞上汛堤工长七千一百一十七丈，计二十四堡
	归河厅				
	虞下汛	头堡	二十四堡	8560	归河厅属虞下汛堤工长八千五百六十丈，计二十四堡
	南大堤				南大堤长三千五百三十四丈

《中牟下汛二坝双合龙安澜图》绘制上限为钟祥、鄂顺安提出用借拨的内库银 100 万两、各州县绅商的捐款修办各厅长堤土工的十二月三十日后。道光二十五年（1845 年）正月二十一日，钟祥、

鄂顺安奏"其长堤应行增培工段，亦已饬令确切勘估，俟造册禀到，另容汇核具奏请修"①，说明此时还未勘估出具体增培的工段，图中却已标出增培的河段，因此可将绘制上限向后推至正月二十一日后。增培河段勘估及估算所需银两，已是正月二十八日，钟祥奏："豫省黄河两岸十二厅共估需例价银五十四万五千二百余两，东省曹河、曹单两厅并曹考厅之曹上汛，共估需例价银四万四千七百余两……其东省土工银两由兖沂道委员径赴河南省城捐输局拨领支发……并督饬各道严催各厅派员赶紧兴修如式坚筑，勒限大汛前全完"②。"豫省黄河两岸十二厅"，即表中所列北堤黄沁、卫粮、祥河、下北四厅，南堤所列上南、中河、下南、兰仪、仪睢、睢宁、商虞、归河八厅。略有不同的是，折中山东所辖曹单厅图上绘为"粮河厅"，"粮河厅"已于道光二十一年（1841 年）十二月改名为"曹单厅"③，但"粮河厅"之名在道光二十二年（1842 年）十一月仍然在使用④，这年十二月才改铸山东曹州府曹单水利通判关防⑤，此为绘图者沿用旧名所致。此外，图中粮河厅未列土工，与折中所言也有出入，抑或勘估时所误。由此看来，该图应为折中附图，若此不误，图之绘制当在道光二十五年（1845 年）正月二十八日左右，反映了道光二十四年（1844 年）十二月二十四日中牟大工双合龙以来河南、山东境内黄河南北两岸大堤堤工估修的情况。

综上所述，中牟大工第二次合龙过程主要经历两个阶段。从道光二十四年（1844 年）六月至十月是中牟大工的筹备与工程的补筑阶段。其间，增修了抽沟、拦黄二坝、东西二坝，分段估修了引河，改变了挑水坝与引河头的计划，利用了东西大坝的旧占。从这年十一月至次年正月，主要是东西大坝、东西二坝的进占，以及进占后对河南黄河两岸十二厅与山东等厅长堤土工的估算。中牟大工第二次合龙过程中绘制的地图，由此而在时空中得以有机地联系起来。

表 2　中牟大工第二次合龙绘制地图排序⑥

图序	图名	成图时间	绘制者
1	中河厅中牟下汛九堡拟估东西坝基并挑水引坝情形图	1844.6.1/7.3	钟祥、鄂顺安
2	中河厅中牟下汛九堡工拟估引河情形图	1844.8.29/9.14	钟祥、鄂顺安
3	中河厅中牟下汛九堡拟估东西坝基并挑水引坝情形图	1844.10.9/10.14	钟祥、鄂顺安
4	中河厅中牟下汛拟估二坝情形图	1844.10.9/10.14	钟祥、鄂顺安
	中河厅中牟下汛拟估二坝情形图（摹绘图）		
5	中牟九堡补筑坝工现在情形图	1844.11.5/11.10	钟祥、鄂顺安
6	中河厅属中牟下汛九堡漫工现在河势情形图	1844.12.18/12.20	钟祥、鄂顺安
7	中牟大工双合龙安澜图	1844.12.24/12.30	钟祥、鄂顺安
8	中牟下汛二坝双合龙安澜图	1845.1.21/1.28	钟祥、鄂顺安

① （清）钟祥、鄂顺安：《奏报豫省中牟大坝合龙后，全黄东注，顺轨安澜，并筹备大坝修守情形事》，道光二十五年一月二十一日，中国第一历史档案馆，录副奏折 03-3567-006。

② （清）钟祥：《奏为勘估豫东黄河两岸，乙已年请修土工，并以现劝捐银两拨办事》，道光二十五年一月二十八日，中国第一历史档案馆，录副奏折 03-3567-17。

③ 《清实录》卷 363，道光二十一年十二月癸未，中华书局，1985 年，第 539 页。

④ 《清实录》卷 385，道光二十二年十一月庚午，第 932 页。

⑤ 《清实录》卷 386，道光二十二年十二月丙子，第 935 页。

⑥ 表中成图时间为农历。笔者注。

四、余论

地图是绘图者对客观世界过滤后的空间表达。在过滤过程中，绘图者会根据主题需要设计出不同内容的图面。这既需要今天的解读者熟悉地图的叙事习惯，以准确地解读出图面显而易见的内容，还需要解读者洞悉图面上凸显的内容，以准确地辨识出该图区别于其他地图的关键，尤其重要的是，能在熟悉该地图性质的基础上挖掘出贯穿于不同地图间的表现主题。

就道光时期中牟大工而言，合龙就是这项工程的主题。这时合龙所遵循的技术路线，口门宽度与中泓水深测量、盘筑裹头、挑筑引河、修筑坝基，以及工程估算、补筑、善后，遂成为这个重大历史事件中地图研究的主线。中牟大工第二次合龙过程中地图绘制的主线，同样需要在整个框架内寻找，只不过需要注意情节是否更加细腻、内容是否更加丰满。

对于黄河古地图的绘制研究，还应放在中央与地方的互动框架内解读。这些地图是在河督、巡抚、钦差大臣的主持下绘制的。读图的皇帝不一定清楚其中的含义，即使熟悉图面的内容，还是会利用手中权力对地图的绘制作出指示。虽然不同时期的皇帝于其间所起的作用不同，但这些地图总体上还是中央与地方互动的产物。彼此互动促使中央与地方将大工合龙放在更大地域中考虑，从而在地图绘制过程中产生与绘制主线相平行的绘制辅线，促使了以工程为主的一系列地图的诞生。

【作者简介】李新贵，宁夏大学民族与历史学院教授，研究方向中国人文历史地理、地图史与军事思想及军事历史。

抗战期刊中的地图与社会动员策略[*]

柯弄璋　　张园园

摘　要： 抗战期刊是文化抗战的重要手段，期刊中的地图也成为抗战动员的具体形式之一。通过在期刊中展示各种疆界地图和时势地图，刊发如何认识和阅读地图的文章，以及登载与地图有关涉的新闻，从而激发民众的生存和安全焦虑，帮助民众建构起地图政治化的知识观念，并通过时事新闻中对地图的艺术化处理来强化和巩固此种观念，使得地图成为国家政治的重要象征，这些都有效地促进和推动了当时的抗战社会动员。

关键词： 抗战；期刊；地图；社会动员

抗战期刊是文化抗战的重要手段之一。抗战期间，许多期刊纷纷以"激发抗战决心"为重任，内容大都与抗日救亡有直接或间接的关系，比如有的期刊发表表现民族恨的小说，有的期刊发表反映日军侵华种种罪恶和我国人民英勇抵抗的报告文学，有的期刊发表针砭时弊以坚持抗战的杂文。[①]除这些文字动员外，漫画[②]、地图等也产生了重要的视觉图像动员作用。虽然漫画和地图都具有形象直观的特性，但地图是地球地理环境信息的缩影，其所体现的是空间之间的相互关系，而战争（尤其是19世纪下半叶以来由欧美和日本等列强发起的殖民侵略战争）本质上是关于生存空间和战略空间的争夺，这就决定了地图对战争的表现更具精准性和契合性。正如当时有编辑指出的那样："今则东北烟尘，由辽吉黑而热河，长城内外，敌骑横行，失地之还，不知何日……其有览此美丽河山，因而益激发其爱国心，奋袂以图桑榆之复，斯则我中华民族之光……"[③]地图的社会动员作用在战争

---

* 本文系重庆师范大学博士启动基金项目"中国共产党的公共图像传播与视觉动员策略"（项目号：20XWB012）的阶段性成果。

① 周葱秀、涂明：《中国近现代文化期刊史》，山西教育出版社，1999年，第376页。

② 朱媛媛、李刚：《论抗战漫画中的视觉动员、观看控制与国家认同建构》，《编辑之友》2018年第7期。

③ 廖克、喻沧：《中国近现代地图学史》，山东教育出版社，2008年，第179页。

期间愈加明显和重要。然而，目前学界关涉抗战期刊中地图现象的研究较少，或者在分析某些具体期刊的编辑特色——大量运用插图——时指出其中的军事类文章中有不少战局地图的插图[1]，或者在梳理民国人物史料时，通过介绍有关地图绘制专家而提及其时期刊中地图编绘的史实与地图内容[2]，这些研究侧重于描绘零碎的史实，缺乏对地图功用的深入分析。当前学界对于抗战时期地图的研究同样倾向于史实记录[3]，虽有极少数研究论及地图编绘与民族国家建构之内在关联，不过尚未进一步言明地图的动员影响。故此，本文试图归纳和总结众多抗战期刊中出现的各类地图，并进一步分析它们如何能够发挥抗战动员功能。

一、抗战期刊中的地图现象

自清末开始，设计新的历史地图逐步成为近代中国培养民族感情与国家观念的关键之举[4]，在民族危机深重的抗战年代，禹贡学人继续着新式历史地图的编绘计划，与此同时相关时事形势地图（如金仲华的《国际政治参考地图》、魏建新的《日本在华势力史地图》）和专业地图书籍（如张资平的《地图学及地图绘制法》、陆啸涛的《地形与军事之关系及地图之应用》）也广为流传。而与此相应和的正是当时期刊中的地图现象。

九一八事变之后，《论语》半月刊于 1933 年第 8 期刊发了较早的中国时事地图——《国难图真地图》，在全国版图上标识出了列强的侵占状况，特别重视当时的疆界问题。上海的《民族》同样关切其时的中英边界问题，分别于 1934 年第 2 卷第 8 期和 1935 年第 3 卷第 5 期刊登了《班洪问题之我见：滇缅南段未定界图》《英人经营滇缅边界之史实（附地图）》等历史疆界地图。此外，《蒙藏》半月刊于 1933 年第 3 卷第 1 期刊发了较早的国际区域形势图《亚洲诸国形势图》，《科学图解月刊》于 1935 年第 4 期刊发了较早的军事专门地图《太平洋上英美日海军速力比较地图》。到了 1938 年，时事地图、区域形势图和军事地图在众多期刊中大量涌现，尤以《东方杂志》《妇女生活》和《抗战》三日刊、《全面抗战》四家为多。创刊于清光绪三十年（1904 年）的《东方杂志》中既有《绥远前线形势图》（1936 年第 33 卷第 24 期）、《北平近郊战事形势图》（1937 年第 34 卷第 15 期）等中国时事地图，也有《南洋群岛形势图解》《克拉运河之形势》（1936 年第 33 卷第 20 期）等国际区域形势图，还有《德国进攻苏联的预拟路线图》（1936 年第 33 卷第 24 期）等军事专门地图。创刊于 1932 年的《妇女生活》从 1937 年第 4 卷第 2 期开始在"时事"栏目配以图解，蔡若虹、金仲华、顾孟余、金端苓等人先后为之绘图，包括《德意日法西斯世界形势图》（1937 年第 4 卷第 5 期），以及很多国内战局形势图，如《娘子关附近形势图》《全面抗战中的四个战场》《鲁南第二次大会战》《陇海前线形

---

① 林建喜：《〈全民抗战〉期刊研究》，南昌大学硕士学位论文，2010 年。
② 刘丽北：《"地图专家"金端苓》，《文汇报》2015 年 9 月 7 日 T01 版。
③ 主要包括：（1）地图学史的编著，如陈正祥的《中国地图学史》中第九章"清末和民国的测绘事业"（商务印书馆，1979 年）、廖克与喻沧的《中国近现代地图学史》中第三章"民国时期的地图测绘与地图学"（山东教育出版社，2008 年）；（2）地图集的汇编，如中国人民抗日战争纪念馆编的《中国抗日战争地图集》（中国地图出版社，2016 年）、武月星的《中国抗日战争史地图集》（中国地图出版社，2015 年）；（3）地图相关史料的收集与整理，如杨浪的《抗战烽烟中八路军的地图测绘》（《地图》2015 年第 4 期）、杨浪的《"抗战"中的"背印地图"》（《地图》2016 年第 5 期）、鲁格的《抗战时期侵华日军的军用地图》（《中国人才》2009 年第 6 期）。
④ 李鹏：《清末民国中国历史地图编绘与民族国家建构》，《史林》2018 年第 1 期。

势图》等。《抗战》三日刊（创刊于 1937 年）"从第 1 号至第 28 号，每期均在第一页设'战局一览'栏目，以大号黑体字作标题，刊载了由金仲华负责撰写的文章，概述和评论淞沪战场、华北战场等其他地区战局的情势和得失，而且配有由著名地图专家金端苓绘制的战事地图。"[①]《全民抗战》（创刊于 1938 年）每期都有不少木刻插图，其中"有一类是在军事类文章中的说明战局的插图，如《华南战争最近形势图》《海南岛局势图》《欧战图例》等等"。1938 年以后，《学生之友》《中学生》等刊物中也可见到相关地图。

随着地图的普及，如何认知和阅读地图的文章也屡见于期刊中。被誉为"中国现代地图的里程碑"的《申报》地图完成于 1933 年，由编者之一翁文灏撰写的《中华民国新地图序》发表于《国风》半月刊 1933 年第 3 卷第 6 期，该文介绍了制图法、经纬度、地形图等知识，并强调地图的功能是"促进国人对于祖国之认识""惟有此常识然后可以与言建设"，而"方今国命如悬丝，士论如沸鼎，设施万端须要因地制宜，知所先后"。王文莱在《浙江青年》1936 年第 2 卷第 11 期撰文《地图的读法》，首先便指出地图"具有绘画的特性，较文字或语言，更能明晰其印象，以引起读者的意义和兴趣"，并"能够节省不必要的时间"，在实验、军事、商业、旅行等实业中都有使用，再介绍地图的种类，然后从选择、范围、地位、经纬度、缩尺、表现、索引等方面着重说明如何阅读地图。王庸的《中国历史上地图与军政之关系》（《国命旬刊》1938 年第 5 期）和转译自《新闻周报》的《地图——心理战争的武器》（《文汇周报》1943 年第 1 卷第 25 期）则分别从中外历史掌故中突出了地图与战争的密切联系。而作为地理学科专业刊物的《测量》也于 1941 年第 1 卷第 3 期发表了曹谟的《地图与抗战建国》，文中引言部分简要梳理了地图在我国历史上所起到的作用，认为"举凡政治、经济、社会生活，以及国防军事，对于地图之需要尤为殷切"，强调当下对于地图之重要，就抗战而言，"必须先有地图，方能作军事之行动"，就建国而言，"举凡农林、垦殖、水利、工商、矿产、经济、统计、教育、历史，以及各其他各种科学，莫不需要地图"。

由于抗战期刊具有一定的时效性和新闻性，部分抗战期刊还报道了当时与地图有重要牵涉的相关活动。1933 年第 6 卷第 7 期的《海事月刊》报道了"沪公安局防范某国测绘要塞地图"，并电令各省市军警机关一律防范，认为"此种举动，抱有绝大企图，关系我国国防甚巨"。而《河北第一博物院》半月刊则于 1933 年第 54 期报道了"北平图书馆于双十节举行地图版画展览会三天"的消息，有宋元明各省区旧势图、明清边防图、河流水利及驿铺道里图，以及当时的历史博物馆、北平研究院、地质调查所及私人所藏的各类舆图等。另据《新新月报》1935 年第 6 期报道，上海格致公学初中三年级和高中全年级的学生因不满该校所使用的亚洲地图上竟标有"满洲国"（伪满洲国）字样，而开会讨论陈请学校当局将该地图调换，并提请上级主管教育处核办。当时的上海青年会少年部还面向"凡自 15 岁至 25 岁之中华民国国民"发起了绘画地图比赛，并通过自身刊物《上海青年》在 1936 年第 36 卷第 36 期发布比赛简章，介绍了比赛缘起、参赛资格、比赛办法等信息，比赛结束后又在 1937 年第 37 卷第 3 期的《上海青年》上揭晓成绩并公布了奖励详情。此外，抗战期间南京国民政府的《内政公报》和各省市地区的政府公报还频繁见到有关"水陆地图审查条例"和"水陆

---

① 陈杏年：《〈抗战〉三日刊介绍》，《抗日战争研究》1994 年第 4 期。

地图审查事项"的通告，比如《内政公报》1936 年第 9 卷第 12 期批评商务印书馆，指出其"第三版世界大地图样本"中"惟本国图内热河不与蒙古接界，辽宁应与察哈尔接界，该处有界区别不明，应注意"。

二、地图的视觉规训与主体焦虑

抗战期刊中包含着直观可视的地图、如何认知和阅读地图的知识，以及关涉地图的社会新闻三类地图信息，它们作为抗战这一特定历史环境下的产物，起到了一定的抗战动员作用。相比后两类文字型地图信息，视觉化的地图更能激发主体的焦虑情绪，其动员作用更为直接。通过眼睛扫视地图意味着一种空间定位，即构建空间感并由此建立眼前空间与缺席的自我之间的关系，达成缺席的、想象的在场。当面对广阔的中国疆界地图时，由于这些地图本身就是对现实疆域的大幅缩小与抽象，读图者作为缺席的主体在此被抽象化为宏大的话语召唤，"我是中国人"被置换为"中国人是我"，中国遭受侵略等于我受人侵犯的身体疼痛。当时的人们认为地图不单展现了国家的自然地理，还"有无数的名山古迹，有许多大圣大贤大英雄所生长的故乡，这是五千年的文化的发祥之地，有我们祖先的血汗所开拓广大的边疆"，所以"我们打开地图一看，便觉得我们的国家，是无比的美丽，实在太可爱了"，然而现在却被"万恶的倭寇来糟蹋"，"这是我们的奇耻大辱"，我们看了地图都要"切齿痛恨"。[1] 个体将自身当作民族的"肉身"，"肉身"遭受侮辱和攻击引发了个体的名誉焦虑与切肤之痛，进而动员个体要为保护自我的"身体"而战斗。

与此同时，疆界地图的焦点落在边界，如《论语》半月刊于 1932 年第 8 期刊发的《国难图真地图》，不仅附带有"国界未定处"的图例，而且有东南西北"四至疆"的文字说明，《蒙藏》半月刊于 1933 年第 3 卷第 1 期刊发的《亚洲诸国形势图》也主要以虚实线勾勒出亚洲各国的边界线。"边界与领土息息相关，边界的位置和走向决定着国家领土的形状和面积，边界的进退就意味着疆域的扩展和萎缩"[2]，即意味着国民安全空间的扩展和收缩；并且如果边界争端解决不好，势必引起相邻国家间的冲突，以致酿成边界战争，甚至是波及全体国民生命财产安全的全面性战争。可见，边界的争端与变化对于国民是攸关民族安危的重大事情。疆界地图通过其作为焦点的边界，能够提醒人们对国家领土变化的关注，激发人们对于国家领土争端可能引发的生命财产安全的焦虑。

人们在观看局部的时势地图时，会因人而异出现两种情形。对于地图所属区域的人而言，他们会产生一种较为强烈的位置代入感，这种感觉有些类似面对广阔的中国疆界地图所感到的"肉身"焦虑与仇恨，但它却是十分具体的、充满个人化情感的。比如《北平近郊战事形势图》（《东方杂志》1937 年第 34 卷第 15 期）简要展现了日军和中国驻军在宛平城和卢沟桥一带进行的战事，北平地区的人们见此情景，必定会产生"切肤之痛"，联想起战争到来时自己的仓皇逃离、妻儿的流离失所等等，无奈、忧虑和仇恨等情感交相混合。而对于非地图所属区域的人而言，虽然带有空间疏离感，但是仍具有一定的警示与预防作用，正如卢沟桥事变第二天，中国共产党中央委员会就通电全国，呼吁"平津危急！华北危急！中华民族危急！"不被制止的外来侵略必然会侵犯到每一个中华儿女

① 韩汉英：《国旗国歌地图与历史的意义》，《黄埔》1946 年第 4 期。
② 肖星：《政治地理学概论》，测绘出版社，1995 年，第 104 页。

的切身利益。

时势地图中往往标注着行军路线（线条和箭头）、战场（〇或 ×）等指示标志，它们能够一目了然地描绘出当时战争的情势与动态。在柳湜主编的《大家看》1936 年第 1 卷第 2 期的目录页就有一幅时事地图，该图以多种线条描绘了日军、伪军和日空军从热河、察哈尔向绥远进击的路线，并附有字体醒目的图题"大家看，敌人又带了汉奸杀到绥远来了！！！"这些指示标志不仅真实直观地呈现了战争的发生动态，而且大量由北向南的大箭头（日军步步进逼的行军路线）无疑给阅图者造成了直接的心理压迫感和焦虑感。来势汹汹、步步为营的路线图意味着国土的日渐沦陷，预示着战火早晚会燃烧到每个人的所在之处，并且压迫越重，人们内心的逆反和反抗也越强烈。正如当时有人指出，阅图者们在想"到什么时候这些箭头才会倒转过去，把盖在我们华北五省与东北全境的阴影洗刷去呢？我们不要忘记自己的责任，赶紧把我们地图上的污迹洗去吧"！从而产生了战争动员的效果。而在《良友》画报中，编者还曾专门介绍欧洲（尤其是德国）战争中绘制的"新式地图"，指出他们"利用了新的技巧，使阅者不但可以看到静的一幅地图，而把在这幅地图上所发生的故事也呈现在阅者的眼球"①，注重绘出地图的"故事性"（动态性），因为只有在空间的运动中，才能够最为真实地揭示出战争的态势，进而激发被侵略者的生存焦虑与反抗行动。

地图既是空间的展现，亦是一种空间排除术。地图中的线条在勾勒出目标区域的同时也把其他区域排除在外，这就有意识地将读者的注意力集中在绘制者希望读者关注的地区。在抗战期刊中，疆界地图要么是中国疆界，要么是与中国相关的区域（亚洲）疆界，其注意力显然都在中国，意在激发国人的生存焦虑与国家、民族意识。抗战期刊中的时势地图通常聚焦战事发生地（国内地图中）和德、意、日法西斯的领土（世界地图中），前者引导广大读者关注前线战事、牵挂自身和民族的生存空间，为本国的抗日战争作宣传动员工作，后者教育广大读者法西斯具有全球性扩张的野心，营造出世界大战的焦虑，动员一切爱好和平的人们同一切侵略势力作坚决和持久的斗争。这种排除还包括主要选择简明的平面地形图，而一般不标示地貌、植被和人口、产业等信息（虽然这些信息对于战争同样具有重要价值）。地图类型的有意偏向其实也正是着眼于动员效果的考虑，即对于普通读者而言，他们仅关心战场上的敌我形势，忧虑敌人是否可能侵犯自身的各种权益，地图上丰富复杂的信息只会增加他们读图的难度和分散他们的注意力；况且在公开发行的期刊地图上发布地貌、植被、人口、产业等重要机要信息也无异于泄密，具有被解读为"汉奸""卖国"的风险。

福柯认为规训"是近代产生的一种特殊的权力技术，既是权力监视、训练和干预肉体的技术，又是制造知识的手段"②。抗战期刊中的可视化地图实际上是对广大读者的规训，通过训练和干预人们的视觉感知，制造主体生存与安全的焦虑。进一步来看，这种焦虑还有其历史性和深刻意义，特别是在中国 20 世纪规模巨大的社会动荡、人口迁徙与政治变革进程中，个体于辽阔时空中深刻体会到了孤独与无助，需要把他们纳入一种统一的、个体无法逃避的社会整合过程之中，在辽阔的国家空间之中建构起让每一个个体都积极献身其中的宏大性。③抗战期刊中地图的视觉规训所引起的主体焦虑也符合 20 世纪以来读者对民族国家的想象和期待。

① 《一目了然的战事地图》：《良友》画报，1940 年（161）：
② （法）福柯著，刘北成、杨远婴译：《规训与惩罚》，生活·读书·新知三联书店，1999 年，第 375 页。
③ 徐敏：《歌唱的政治：中国革命歌曲中的地理、空间与社会动员》，《文艺研究》2011 年第 3 期。

三、地图认知的政治化与国家象征

抗战期刊中有关认知和阅读地图的知识、关涉地图的社会新闻则体现了地图认知的政治化趋向。地图的价值本来应是多方面的，既具有揭示科学规律、反映科技进步的科学价值，还具有辅助经济规划与设计、地理学习等社会价值，以及宣示主权的法理价值、见证人类文明的文化价值、战略部署的军事价值。[①] 但在抗战时期，人们对地图的价值认知偏重于其军事性、实用性和政治性。如前所述，翁文灏就强调通过阅读地图促进国人对本国的了解，进而便于建设国家，而在目前战争态势下，借助地图知晓各处地形、地貌以及建筑、军事工事，也是非常必需的。王文莱在《浙江青年》1936年第 2 卷第 11 期撰文《地图的读法》，除了说明如何读地图外，还指出地图在军事等实业中都有使用价值。作为地理学科专业刊物的《测量》也于 1941 年第 1 卷第 3 期发表了曹谟的《地图与抗战建国》，认为"举凡政治、经济、社会生活，以及国防军事，对于地图之需要尤为殷切"，强调当下对于地图之重要，就抗战而言，"必须先有地图，方能作军事之行动"，就建国而言，也"莫不需要地图"。在此类观念影响下，当时有人读《第二次世界大战参考地图》时便指出，"那些战场的地理因素关系到战事的胜败，战事的胜败关系到国家民族的前途，往狭处说，关系到个人的事业跟幸福"[②]，在阅图中完成了政治动员。可见，在特定的民族抗战情境下，"民族主义急剧膨胀的时代把地图变成了政治宣传的工具，并使其在世界政治的舞台上频繁现身"[③]，从而忽略、遮蔽了地图的其他价值，使得地图成为当下政治的最佳空间载体。

作为政治和主权空间化的地图，实际上已是政治、主权的象征符号。当时就有人认为，国家本是个"看不见、听不到、摸不着"的抽象的、综合的名字，中国的土地广阔，任何人都不能走遍，中国的人民众多，每个人所见只是其中极少数，而国家主权更是一种无形的东西。为此，有学者提出将国旗、国歌、地图、历史图书当作四件"国宝"，而针对地图，今后应该加倍爱护，不让它们破损，即便有了"破"，也应立即修补使之永远完整。显然，其时学者笔下的地图已然具有象征符号的意味，"破损""修复""完整"的不仅是地图本身，更代表着民族国家及其政治主权。

抗战期刊中关涉地图的新闻又可分为两种情况：地图艺术和地图政治。前者如《河北第一博物院》半月刊于 1933 年第 54 期报道的地图展览，从艺术学专业角度关注地图，属于纯粹的地图艺术。而像《上海青年》在 1936 年第 36 卷第 36 期发布的绘画地图比赛活动，虽然可以看作是艺术创作活动，但从其比赛缘起——"鼓励有志青年，熟习本国地理"，希冀国人放大眼光将国家视为一个大家庭，"吾人对于家庭中之财产什物，皆应了如指掌，倘不能详悉，则将失去生存之根据，而人民对于国家之处于险象环生之下，倘于地理形势，山川险要，交通物产等，茫无所知，是何异吾人虽有家庭而不能详悉究有若干财物，则大好河山终必沦陷以尽"，不难看出其显著的艺术政治化含义。

地图政治即指与政府、政治直接关联的地图实践活动，包括政府对地图出版的审查与管理活动、由地图引发的纠纷等。在抗战期刊，国民政府特别重视对地图的出版审查，如前述各级政府公报里出现的"水陆地图审查条例"与"水陆地图审查事项"。此外，当时的南京国民政府还查禁了魏建新

---

① 王家耀、成毅：《论地图学的属性和地图的价值》，《测绘学报》2015 年第 3 期。
② 李庸：《读〈第二次世界大战参考地图〉》，《中学生》1944 年第 76 期。
③ （英）杰米里·布莱克著，张澜译：《地图的历史》，希望出版社，2006 年，第 141 页。

编绘的《日本在华势力史地图》等地图，认为它们将本国版图四分五裂，片面渲染外国势力在华之影响，而目无本国之统治，有碍国民的国家认同和中国在世界的形象。在此，"空间已经成为国家最重要的政治工具。国家利用空间以确保对地方的控制、严格的层级、总体的一致性，以及各部分的区隔"①，地图成为了主权空间化的有效声明方式。上文提及的《新新月报》1935 年第 6 期报道的上海格致公学的地图纠纷，其核心就在于地图上的"满洲国"（伪满洲国）标记是国家的耻辱，从而引发学生的政治抗议行为。地图新闻中通过具体生动的案例建构和强化了人们关于地图政治化的认知。

自古以来，在人类的政治实践中，政治象征一直具有重要的作用，"它总是被用来刺激人们的情绪，直接左右人们的信仰与行动，从而达成一定的政治目的。"②在抗战期间，一方面，人们对地图的认知变得十分政治化，另一方面政治化的地图又促使地图成为一种政治象征。人们观看和阅读期刊中被政治化了的地图（以及期刊中的国旗、国歌等），他们的民族情绪和国家情感就会受到刺激，进而动员其从事抗战的相关行动，以维护国家领土和主权的完整性。

四、结语

地图的科学性、形象性，以及其和战争属性相契合的空间本质，使得它成为描述战争和进行战争动员的重要手段。在抗战期间，众多期刊展示了可视化地图、地图认知与阅读的知识，登载了与地图有关涉的新闻三类地图话语，直观形象的地图训练和干预着人们的读图感受，制造了主体生存与安全的焦虑，并且建构起了地图价值政治化的知识观念，以及通过地图新闻中对地图的艺术化处理强化和巩固此种观念，使得地图成为国家政治的重要象征，这些都有效地促进了当时的抗战社会动员。由地图引发的空间动员不仅对于抗战的胜利起到了一定的推动作用，同时也意味着在科学的面纱之下，地图的政治、文化功能同样值得引起人们深思。

【作者简介】柯弄璋，重庆师范大学新闻与传媒学院讲师；张圆圆，重庆科技大学马克思主义学院讲师。

---

① 包亚明：《现代性与空间的生产》，上海教育出版社，2003 年，第 50 页。

② 陈洪生：《政治象征：概念、过程与功能》，《北京行政学院学报》2002 年第 5 期。

书评

不全的"全图"

——评卜正民教授的《全图：中国与欧洲之间的地图学互动》

龚缨晏

摘　要： 卜正民教授在最近出版的《全图：中国与欧洲之间的地图学互动》一书中提出，中国古代的《华夷图》是"世界地图"，《禹迹图》则是"全国地图"。这个观点是难以成立的，因为这两种地图其实都是古代中国人绘制的世界地图，两者之间差异很少。卜正民认为，1600 年之前，"全图"一词"从未出现在任何地图的标题中"。这个观点也是不正确的，因为在嘉靖四十一年（1562 年）出版的郑若曾《筹海图编》中，就有《舆地全图》。另外，由于对大陆学者的研究成果缺乏足够的了解，卜正民关于利玛窦南京版《山海舆地全图》的说法都是错误的。而卜正民认为《乾坤万国全图古今人物事迹》的序文抄自《坤舆万国全图》上的李之藻序文，这一观点富有启迪意义。

关键词： 卜正民；利玛窦；梁辀；《华夷图》；《禹迹图》

　　加拿大学者卜正民（Timothy Brook）是中国学术界非常熟悉的汉学家，他的《明代的社会与国家》《纵乐的困惑：明代的商业与文化》等已先后被译成中文在国内出版。2019 年 10 月，卜正民应邀在台北"中研院"举办的"郭廷以学术讲座"上作了两场报告。2020 年 12 月，这两场报告的英文原文及中文译文以《全图：中国与欧洲之间的地图学互动》（*Completing the Map of the World:Cartographic interaction between China and Europe*）（以下简称《全图》）为题，由台北"中研院"近代史研究所正式出版。此书新意不凡，但又屡现误见。本文就该书的几个要点略加评论。

一、《禹迹图》上的长城与《乾坤图》上的梁輈序文

《全图》一书由两部分组成，分别是"南京：从中国描绘世界"和"伦敦：从世界描绘中国"。卜正民写道，他设计这两场报告的目的，是要把"焦点放在十七世纪中国所出现的一种被称为'全图'，即'完整的地图'（complete map）此一全新类型"，进而说明，"我们今天所认识的世界地图，是中国地图与欧洲地图混杂而成的结果"。① 为了与 17 世纪中国出现的"全新类型"地图进行比较，卜正民讨论了中国宋朝的石刻《禹迹图》及《华夷图》。

《禹迹图》（纵 80 厘米、横 79 厘米）和《华夷图》（纵 79 厘米、横 78 厘米），刻在同一方石碑的前后两面，刘豫阜昌七年（1136 年）刻石，现藏陕西碑林博物馆。② 卜正民认为，《华夷图》是"世界地图"（world maps），《禹迹图》则是"全国地图"（national maps），两者"区别很大"。用《全图》中不太流畅的译文来表示，就是："这种世界地图，通常被称为'华夷图'，即'中国人与非中国人的地图'，一般也认为这种地图，和被称为'舆地图'的国家地图不太一样。"③ 他的一个主要依据是《华夷图》上出现了长城，《禹迹图》上却没有长城。卜正民在英文原稿中写道："The Great Wall is not standard on national maps but is quite common on Chinese-and-barbarians maps as a device to distinguish what is *hua* from what is *yi*."（在全国性地图上，长城并不常见，而在"华夷图"上，长城则非常普遍，并以此将"华"和"夷"区分开来）。

卜正民的这个观点，显然是不能成立的。因为中国古代还有一些以《禹迹图》为题的地图；阜昌七年（1136 年）石刻《禹迹图》上没有长城，并不代表其他《禹迹图》也没有长城。我们在北宋政和三年（1113 年）初版的《历代地理指掌图》、明万历六年（1578 年）何镗刊印的《修攘通考》、万历三十七年（1609 年）刊行的《三才图会》等著作中收录的《禹迹图》上，都可以看到醒目的长城。因此，长城并不能像卜正民所说的那样可以作为区分《华夷图》与《禹迹图》的一个标志。《华夷图》和《禹迹图》之间虽然存在着一些差异，例如《禹迹图》上的方形网格线就不见于《华夷图》；海岸线及黄河河道的形状在两幅地图上是不一样的；④ 但这些差异并不足以使它们成为"世界地图"和"全国地图"这两种不同类型的地图。《华夷图》及《禹迹图》其实都是中国传统的世界地图，因为古代中国人"总是把自己绘制的天下地图命名为'禹贡''华夷''舆地'"⑤，以表示中国无论在地理上还是在文化上都是"天下"的中心。在古代中国，并不存在着"世界地图"和"全国地图"之间的划分。这种划分，是 16 世纪末利玛窦（Matteo Ricci，1552—1610）来到中国后才出现的。

《全图》一书的主要内容，就是研究利玛窦对中国传统地图的影响。为此，卜正民对《乾坤万国全图古今人物事迹》（以下简称《乾坤图》）进行了重点讨论。《乾坤图》是一幅中国古地图，18 世纪

① 卜正民：《全图：中国与欧洲之间的地图学互动》（*Completing the Map of the World: Cartographic interaction between China and Europe*），台北"中研院"近代史研究所，2020 年，第 148—149 页。
② 曹婉如等：《中国古代地图集（战国—元）》，文物出版社，1990 年，第 4—5 页。
③ 卜正民：《全图：中国与欧洲之间的地图学互动》，第 22、154 页。
④ 辛德勇：《说阜昌石刻〈禹迹图〉与〈华夷图〉》，辛德勇：《当代学人精品：辛德勇卷》，广东人民出版社，2016 年，第 282—365 页。
⑤ 葛兆光：《"天下""中国"与"四夷"——作为思想史文献的古代中国的世界地图》，王元化主编：《学术集林》第十六卷，远东出版社，1999 年，第 44—57 页。

被欧洲来华传教士带至欧洲，1969 年在布鲁塞尔召开的一个国际会议上被首次披露出来，1974 年在英国大英图书馆展出过，后来下落不明。① 这幅地图大量吸收了利玛窦绘制的世界地图，因而被认为是 "中国最早根据西方传教士的地理知识而绘制的一幅中国世界地图"②。该地图上方的序文明确写道："此图旧无善版，虽有《广舆图》之刻，亦且挂一而漏万。故近睹西泰子之图说，欧逻巴氏之镂版，白下诸公之翻刻有六幅者，始知乾坤所包最钜，故合众图而考其成，统中外而归于一……庶几一览则乾坤可罗之一掬，万国可纳之眉睫。"序文最后的落款为："常州府无锡县儒学训导泗人梁辀谨镌。万历癸巳秋，南京吏部四司刻于正己堂。"据此序文，《乾坤图》的作者是无锡县儒学训导梁辀。序文中的"西泰子"为利玛窦的别号，李之藻在为《坤舆万国全图》所写的序文中就以此号称呼利玛窦。有意思的是，该地图左下方还特地写上"不许翻刻"几个字。这从反面证明，当时地图盗版是比较严重的。

各种史料表明，利玛窦的第一幅世界地图是 1584 年在肇庆绘制的；1595 年至 1598 年，他在南昌又绘制了多种世界地图；1598 年，他的《山海舆地全图》在南京由吴中明刊刻出版；1602 年和 1603 年，利玛窦的《坤舆万国全图》（由六屏幅组成）和《两仪玄览图》（由八屏幅组成）先后在北京刊行。③ 但根据梁辀的序文，早在癸巳年（即 1593 年），南京（"白下"）就已经翻刻出了由六幅组成的利玛窦世界地图，这就与其他史料的记载不相符合了。有些学者因而提出，这个"癸巳"可能被误刻了，它应当是癸卯（1603 年）或乙巳（1605 年），甚至可能是丁未（1607 年）。④ 此外，学者们虽然在浩如烟海的史料中努力梳爬，但依然找不到关于地图作者梁辀的任何信息。卜正民则别出机杼，提出了一个具有开创性意义的观点：《乾坤图》是某个出版商通过抄袭其他人的地图而绘制的，为了掩盖自己的抄袭行为，这个出版商故意写上一个错误的年代"万历癸巳"。他进一步怀疑，这幅地图"真的是在吏部出版的吗？它的作者真的是来自无锡的梁辀吗？甚至，这个名叫梁辀的人真的存在吗？"⑤ 卜正民的这个观点，不仅为研究《乾坤图》提供了全新的思路，而且为深入考察明末出版文化及大众文化传播提供了独到的视角。卜正民还认为，该地图"实际上是 1602 年之后才制作的"⑥，这一结论被其他研究所证实⑦，因为《乾坤图》上出现了如下注记："遵义府：一州四县。杨应龙叛，万历卅年征平，立府县。"既然地图上出现了万历三十年（1602 年），那就证明它是在这一年之后绘制的。

在利玛窦的《坤舆万国全图》上，有李之藻撰写的序文。卜正民指出，梁辀《乾坤图》序文中"此图旧无善版，虽有《广舆图》之刻"的句子，正是从李之藻《坤舆万国全图》序文"舆地旧无善版，近《广舆图》之刻本"改写而来的。⑧ 如果仔细对比，还可发现，梁辀序文中"欧逻巴氏之镂版"，显然来自李之藻这篇序文中的"欧逻巴原有镂版法"。只是由于梁辀对"欧逻巴"（欧洲）所

---

① 参见李孝聪：《欧洲收藏部分中文古地图叙录》，北京国际文化出版公司，1996 年，第 146—147 页。
② 北京图书馆善本特藏部舆图组：《舆图要录》，北京图书馆出版社，1997 年，第 1 页。
③ 关于利玛窦世界地图的研究，可以参见黄时鉴、龚缨晏：《利玛窦世界地图研究》，上海古籍出版社，2004 年；汤开建、周孝雷：《明代利玛窦世界地图传播史四题》，《自然科学史研究》2015 年第 3 期；龚缨晏：《现存最早的利玛窦世界地图研究》，《历史地理》第 38 辑，复旦大学出版社，2019 年等。
④ 安田朴、谢和耐等编，耿昇译：《明清间入华耶稣会士与中西文化交流》，巴蜀书社，1993 年，第 219—234 页；邹振环：《晚明汉文西学经典：编译、诠释、流传与影响》，复旦大学出版社，2011 年，第 60 页。
⑤ 卜正民：《全图：中国与欧洲之间的地图学互动》，第 168 页。
⑥ 卜正民：《全图：中国与欧洲之间的地图学互动》，第 167 页。
⑦ 龚缨晏：《〈坤舆万国全图〉与"郑和发现美洲"——驳李兆良的相关观点兼论历史研究的科学性》，《历史研究》2019 年第 5 期。
⑧ 卜正民：《全图：中国与欧洲之间的地图学互动》，第 166—167 页。

知甚少，所以误将其当成了一人名。梁輈序文中的"万国可纳之眉睫"，同样来自李之藻的"万里纳之眉睫"。[①] 特别重要的是，梁輈序文中的"白下诸公之翻刻有六幅者"，应当是从李之藻的如下文字改编而来的："白下诸公曾为翻刻，而幅小未悉。不佞因与同志为作屏障六幅。"[②] 李之藻的原意是觉得南京版《山海舆地全图》尺幅不够大，所以在北京绘刻了由"屏障六幅"组成的《坤舆万国全图》。而这段文字经梁輈压缩改编后，则变成了如下意思：南京的一批学者刻印了由六幅组成的利玛窦地图。受梁輈的误导，中外学者一直以为南京曾经出现过一种由六幅组成的利玛窦世界地图，并且努力试图找到这幅地图。但实际上，这种地图根本就不存在。梁輈所说的"白下诸公之翻刻有六幅者"，就是指北京版的《坤舆万国全图》。

综上所述，卜正民关于《禹迹图》上没有长城的说法是不正确的，而他关于《乾坤图》上梁輈序文的观点则富于启迪意义。

二、最早的"全图"与利玛窦的《山海舆地全图》

卜正民在《全图》中收录了大英图书馆收藏的《天下九边分野人迹路程全图》。该地图上方长篇序文的落款是："崇祯甲申岁初夏月吉日，金陵曹君义刊行，在坊口北廊马巷口开店。"也就是说，这幅地图是崇祯甲申（即 1644 年）由一个名叫曹君义的人在南京刊印的。由于这幅地图在中国国家图书馆也有收藏[③]，所以，卜正民以此图为纽带，巧妙地将 17 世纪的南京与伦敦联系起来。

卜正民高度重视《天下九边分野人迹路程全图》的一个重要原因是，此图的标题中出现了"全图"这个"关键术语"。他这样写道："就我的观点来看，这也是最重要的一点。所谓'全图'，并非传统的地图种类。在 1600 年以前，这个术语从未出现在任何地图的标题中，但至 1644 年却变得颇为常见。"[④] 不过，卜正民的这个说法显然是错误的。因为在郑若曾《筹海图编》明嘉靖四十一年（1562 年）初刻本中，第一幅地图的标题就是《舆地全图》。郑若曾在"凡例"中还写道："是编为筹海而作，必冠以《舆地全图》者，示一统之盛也。"[⑤] 在《筹海图编》明隆庆六年（1572 年）的刊本中，同样收录了这幅《舆地全图》以及凡例中的说明。[⑥] 因此，早在利玛窦于万历十年（1582 年）来到中国之前，中国人就已经在绘制并出版以"全图"为题的地图了。

为了突出南京在明代地图学史上的重要性，卜正民还讨论了利玛窦在南京绘制的世界地图。他在书中说，利玛窦在南京期间曾有地方官员问利玛窦神父是否愿意修订他在广东省时所制作的世界地图，并加上更加详尽的解说，利玛窦欣然答应，并且对地图进行了一些增补和修订，最后绘制出一幅新的世界地图；"那名官员收到地图后，非常高兴，找来了刻工将它镌刻于石上，并将刻好的地图安置在某个公共场所，好让其他人可以看见和复制它"。[⑦]

---

① 黄时鉴、龚缨晏：《利玛窦世界地图研究》，第 168 页。
② 黄时鉴、龚缨晏：《利玛窦世界地图研究》，第 168 页。
③ 曹婉如等：《中国古代地图集（明代）》，文物出版社，1994 年，第 11 页。
④ 卜正民：《全图：中国与欧洲之间的地图学互动》，第 153 页。
⑤ 郑若曾：《筹海图编》，凡例，第三页，嘉靖四十一年刻本，日本内阁文库藏。
⑥ 郑若曾：《筹海图编》，凡例，第三页，隆庆六年刻本，日本内阁文库藏。
⑦ 卜正民：《全图：中国与欧洲之间的地图学互动》，第 158—159 页。

利玛窦本人在用意大利文撰写的原稿中说，他在南京遇上了一个名叫 Uzohai 的官员。这位官员实际是当时的吏部主事吴中明，字知常，号左海。不过，卜正民并不知道这一点，而且，卜正民错认为吴中明是将利玛窦的地图"镌刻于石上"，这其中一个重要的原因，是他根本不知道中国学者所取得的学术成果。中国学者早就指出，吴中明在南京刊印的利玛窦世界地图题为《山海舆地全图》。[①] 2015 年，汤开建等人还找到了吴中明为这幅地图所写的序文以及落款"时大明万历戊戌年徽州歙县人左海吴中明题"[②]。也就是说，吴中明是在明万历二十六年（1598 年）刻印这幅地图的，而不是如卜正民所认为的那样是在"1599 年 2 月到 1600 年 5 月"之间。

在书中，卜正民写道："我们不知道南京版的确切名称，但我强烈怀疑里头也有'全图'两字，""令人惊讶的是，这幅在南京制作的地图尽管如此受人欢迎，却没有任何一件留存到今日。"在这句话后面，卜正民补充了一个注文，曾有学者研究"冯应京曾在他 1602 年出版的一本书中，收录了一幅球形世界地图，而该地图是一张 1600 年版的利玛窦地图。当然，冯应京是从利玛窦给他看过的一幅地图上复制了这幅图像，但没有任何令人信服的理由能让我接受，这幅地图就是 1600 年版本的利玛窦地图，毕竟利玛窦不太可能在 1600 年的版本中，放弃他曾经在 1584 年和 1602 年版地图中所使用的伪圆柱投影法"[③]。

这里有必要说明，卜正民所说的利玛窦 1584 年地图，指的是利玛窦在肇庆绘制的第一幅地图。但卜正民不知道的是，汤开建等人早在 2015 年就已经指出，这幅地图中文名称是《大瀛全图》。[④] 卜正民所说的利玛窦 1600 年版地图，其实是指吴中明 1598 年在南京刊印的《山海舆地全图》。卜正民提到的利玛窦 1602 年地图，指的是《坤舆万国全图》。卜正民所说的冯应京"1602 年出版的一本书"，就是指冯应京的《月令广义》。在美国哈佛燕京图书馆的网站上，可以清楚地看到，收录在《月令广义》中的地图标题为《山海舆地全图》（图 1）。

卜正民否定《月令广义》中的《山海舆地全图》是利玛窦的作品，主要理由是在利玛窦"1584 年和 1602 年版地图"上有伪圆柱投影法，而《山海舆地全图》上则没有。其实，这个理由是难以成立的，因为"1584 年和 1602 年地图"都是单幅大型挂图，大者甚至达到高 1.79 米，宽 4.14 米。[⑤] 这么大的篇幅，当然有足够的空间来容纳经纬度。而《月令广义》只是一本高 27 厘米、横 17 厘米的书籍，作为此书插图的《山海舆地全图》，在空间上根本无法与单幅大型挂图相比。对西方地图投影方法一无所知的冯应京，自然难以把经纬度画在这本书中的插图上。更加重要的是，吴中明在这幅地图的序文中明确写道："利山人自欧罗巴入中国，著《山海舆地全图》，缙绅多传之。"而《月令广义》在收录这幅《山海舆地全图》的同时，也收录了吴中明序文中"利山人自欧罗巴入中国，著《山海舆地全图》"的文字。[⑥] 因此，《月令广义》收录的《山海舆地全图》，无疑就是吴中明 1598 年在南京刊刻的《山海舆地全图》，卜正民的怀疑难以成立。不过，正如卜正民所猜测的，这幅地图的

---

① 黄时鉴、龚缨晏：《利玛窦世界地图研究》，第 21—22 页。

② 汤开建、周孝雷：《明代利玛窦世界地图传播史四题》。

③ 卜正民：《全图：中国与欧洲之间的地图学互动》，第 159、164、178 页。

④ 汤开建、周孝雷：《明代利玛窦世界地图传播史四题》。

⑤ 黄时鉴、龚缨晏：《利玛窦世界地图研究》，第 137 页。

⑥ 汤开建：《利玛窦明清中文文献资料汇释》，第 100—101 页。

标题里果然"有'全图'两字"。但另一方面，这个标题又否定了卜正民前面提到的"在 1600 年以前，这个术语从未出现在任何地图的标题中"的说法。

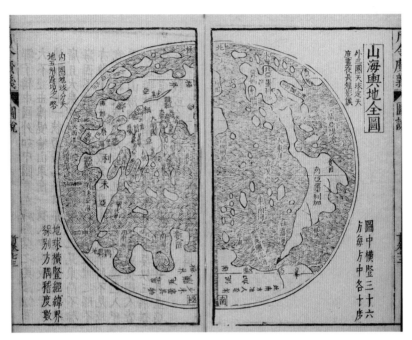

图 1 《月令广义·山海舆地全图》

三、明代地图学史上的南京与北京

由于对利玛窦绘制世界地图的过程缺乏足够认识，卜正民夸大了南京在中国地图史上的地位。他写道，由于"南京聚集了许多富（此处可能脱漏"于"字——引者）影响力的知识分子"，所以利玛窦的世界地图才能在南京大获成功，"中国的地图学便跟着发生了变化；倘若利玛窦的地图是在南京以外的地方被制作、观看和复制，这些变化可能就不会发生了"①。这个结论，显然并不符合实际。这不仅是因为北京聚集了更多的富于"影响力"的知识分子，而且，利玛窦在北京还绘制过更多的世界地图。

利玛窦于明万历三十年（1602 年）绘制出《坤舆万国全图》后，于当年秋天在北京由杭州人李之藻刊刻出版。这幅地图大受欢迎，甚至出现了私刻版。后来李之藻奉命前往福建主持乡试时②，将《坤舆万国全图》的版片也带到老家杭州。生活在北京的阮泰元说，当时北京的知识分子因为无法继续得到《坤舆万国全图》印本而"誓惜弗宁"③。于是，在北京的李应试请求利玛窦绘制一幅新的世界地图，以满足人们的迫切需求。在此背景下，利玛窦绘制出了《两仪玄览图》，并于明万历三十一年（1603 年）秋刊刻出版。此地图目前有两幅存世，一幅保存在辽宁省博物馆，另一幅保存在韩国崇实大学基督教博物馆。④此外，利玛窦还于明万历三十五年（1607 年）在北京为张京元绘制过东西

---

① 卜正民：《全图：中国与欧洲之间的地图学互动》，第 162—163 页。

② 徐光台：《西学对科举的冲激与回响——以李之藻主持福建乡试为例》，《历史研究》2012 年第 6 期。

③ 曹婉如等：《中国古代地图集（明代）》，第 110 页。

④ 杨雨蕾：《韩国所见〈两仪玄览图〉》，《文献》2002 年第 4 期。

两半球地图。①这些事实表明，卜正民的上述结论是难以成立的。就利玛窦对中国地图史的影响而言，北京显然比南京更加重要。

梁辀的《乾坤图》无疑受到了利玛窦世界地图的影响。在卜正民看来，这幅地图在南京问世，表明"当时中国已出现新的地图类型，而且，这种类型已经受欢迎到有商人要去进行剽窃了"②。为了说明《乾坤图》的影响及南京在明末地图史上的重要性，卜正民还列举了明崇祯十六年（1643 年）南京出版的两幅地图。一幅收藏在加拿大英属哥伦比亚大学图书馆，题为《九州分野舆图古今人物事迹》（以下简称《九州图》），作者署名"季名台"。另一幅是美国哈佛燕京图书馆收藏的《皇明分野舆图古今人物事迹》（以下简称《皇明图》），作者署名"季明台"。卜正民认为，这两幅地图的作者名字被写成不易分辨的"季名台"或"季明台"，其实是出版商为了掩盖抄袭剽窃的一种伎俩。卜正民这个观点很有见地。但他认为《九州图》和《皇明图》实际上都"抄袭"了梁辀的地图，这就缺乏依据了。因为这两幅图无论是地图的基本布局，还是地图上的地名及其他注记，都看不到利玛窦地图的丝毫影子。

卜正民认为，《皇明图》"品质较好"，《九州图》"其实是一份盗版"，"季明台（或无论是谁）调整了梁辀（或无论是谁）抄袭来的地图，然后季明台的地图又被其他人用季名台这个名字进行了盗版"，而所有这一切正是"南京世界地图市场活跃程度的一种有力见证"③。不过，卜正民可能没有仔细考察过《皇明图》及《九州图》。因为这两幅地图上大量注记证明《九州图》不可能是从《皇明图》抄袭而来的。例如，《九州图》上的"内附夷人"，"其地乃汉赤眉遗种"，"海内"，"又名西域"，"赵使李牧破匈奴"等，在《皇明图》被错误地写成"内府夷人"，"其地乃汉前眉遗种"，"海山"，"之名西域"，"赵使本破牧匈奴"。从这些例子来看，应当是《皇明图》抄袭了《九州图》。当然，《九州图》也是从其他地图抄袭来的，而且在抄袭的过程中也出现了许多低级错误（这些错误又出现在《皇明图》上）。例如这两幅地图上"無人卫满"，"世推用漠"，"至宋徽家时"，"天萬国"，"其书休有"，"臺死宫室"，"零竹洋"等令人费解难懂的注文，其实是误抄了"燕人卫满"，"世雄朔漠"，"至宋徽宗时"，"天方国"，"其书体有"，"臺苑宫室"，"零汀洋"之类的文字。

被卜正民称为"全图"的那些中国古地图，其主要特征是地图上出现了关于历史人物及遗址古迹的大量注文。中国学者已经注意到了这类地图，并且进行了一些讨论。李孝聪将这类地图称为"读史地图"④，石冰洁称其为"人物（迹）路程图"⑤，成一农则将其命名为"'古今形胜之图'系列地图"⑥。在这类地图中，现存最早的实物是16世纪中期甘宫绘制的《古今形胜之图》。明万历二年（1574年），中国商人将此图作为商品运到西班牙人统治下的菲律宾马尼拉。西班牙殖民者获得此图后，又

① 汤开建、周孝雷：《明代利玛窦世界地图传播史四题》。
② 卜正民：《全图：中国与欧洲之间的地图学互动》，第 168 页。
③ 卜正民：《全图：中国与欧洲之间的地图学互动》，第 171 页。
④ 李孝聪：《记 16—18 世纪中西方舆图传递之二三事》，复旦大学历史地理研究中心编：《跨越时空的文化：16—19 世纪中西文化的相遇与调适》，东方出版中心，2010 年，第 466—481 页。
⑤ 石冰洁：《从现存宋至清"总图"图看古人"由虚到实"的疆域地理认知》，《历史地理》第 33 辑，第 363—377 页。
⑥ 成一农：《中国古代舆地图研究》，中国社会科学出版社，2020 年，第 586 页。

将其呈送给远在欧洲的西班牙国王菲利普二世。这幅地图现藏西班牙塞维利亚市的印地亚斯总档案馆（Archivo General de Indias）。台湾的李毓中、大陆的金国平，以及欧洲一些学者对此进行了非常深入的研究。[①] 实际上，卜正民所说"全图"就是指古代中国的单幅世界地图，其源头至少可以上溯到汉晋时代。[②]

中国古代地图是中国传统文化的结晶，并且对周边的日本、朝鲜等国产生了重要影响，在世界地图史上也有重要的地位。中国古代地图还形象地反映了中国传统文化的特征。卜正民以清初曹君义在南京刊印的《天下九边分野人迹路程全图》为出发点，来探讨全球化初期中国及欧洲的地图制作者们是如何"尝试将他们接收到的新奇资讯运用在自己制作的地图上，籍以呈现这个世界"[③]。他提出的许多观点，无疑有助于推动中国地图学史研究的进一步深化。不过，由于他的这本书中有许多史实上的缺陷，因此，这可以说是一本不全的《全图》。经过 40 多年的改革开放，中国学者有信心、有能力与各国学者一起，将全球化初期中国与欧洲在地图文化交流中的互动"全图"更加清晰地展现出来。

【作者简介】龚缨晏，男，1961 年出生，博士，宁波大学教授、浙江省文史研究馆馆员，兼任中国海外交通史研究会副会长，国际制图协会地图遗产数字化委员会委员。

---

① 这些学者的成果可见 María Antonia Glomar Albájar 等：《古今形胜之图研究》，（台湾）清华大学人文社会研究中心，2016 年。
② 龚缨晏：《中国古代单幅"天下图"演变谱系》，《中国社会科学》2023 年第 2 期。
③ 卜正民：《全图：中国与欧洲之间的地图学互动》，第 148—149 页。

新刊《江南近代城镇地图萃编》编研纵横谈 *

钟翀

摘　要：《江南近代城镇地图萃编》系近期新刊的近代城镇古旧地图集，作者以该书编著者身份，从书名解题、选图原则、编著体例与图文处理三个方面，详细介绍此地图集的编纂过程，并从区域城镇史地研究与历史地图学研究等角度，对该地图集所收之图进行初步分析与评价。

关键词：江南近代城镇地图萃编；近代城镇地图集；区域城镇历史地理；历史地图学

引言

自十五、十六世纪以来，我国江南地区绽放出了华丽的市镇文明。此类江南城镇渊源甚久，它们自先秦"吴市""山阴"等早期都市、中古以来众多"草市"、宋元"镇市""县市"延绵生长而来，至明中叶迎来蓬勃发展。明清以降，得益于丝、棉、米等产业的兴盛，依托密如蛛网的河湖水系，在江南核心区域形成了星罗棋布、有序分级的城镇体系，其规模与活跃度在全国首屈一指，不能不说是该地区的独有特色。

近代以后，直至 1949 年中华人民共和国成立，是江南城镇发生剧烈变动的一个时期。随着以上海为中心的江南经济圈迅速发育成熟，许多拥有千百年历史的江南传统城镇也被逐渐影响，城垣的拆除、城濠的填埋，使得城镇的功能与空间格局都发生了重大变化，而新式医院与学堂、汽车、铁

---
* 本文为 2019 年国家社科基金项目（项目号：19BZS152）阶段性研究成果。

道、电力及上下水管网等近代物质文明也都最先出现在这些城镇之中，促进了原先的城市形态不断迭代，城镇景观持续更新。

近年来，大规模的城市扩张已接近临界状态，历史上那些区域经济均衡、人居环境优越的江南城镇，或是那些嵌入大城市之中、独具风情的旧城地带，再度引发诸多关注。如何在留存雅致历史景观与深厚文化底蕴的前提下创造性地延续、升级、重塑这些古老城镇，成为当地普通民众和当今规划建设者所面临的重要课题。有鉴于此，作为上海书店出版社 2023 年 6 月出版的《江南近代城镇地图萃编》的编者，我们从近代地图史料的角度出发，经长期收集、查考，从散落于海内外公私藏家的千余种近代江南城镇地图之中，甄选一批测绘质量精良、兼具学术价值与文物价值的地图予以集中刊布，使之有济于此类城镇的研究与建设。

之所以选取近代江南城镇地图，是因为测绘于 19 世纪末 20 世纪初的此类地图，客观表现了近代化过程中将变未变之际、变化起步阶段、变化之中的江南城镇。从城市历史地理研究领域来说，此类地图既可展现近代化转型之前传统城镇的历史原貌，又可提供近代化剧变之中此类城镇的即时信息，对于改革开放以来乃至处于当代转捩期的江南城镇群的规划与建设、古代江南市镇原型的复原及其聚落探索等各种现实课题或纵深研究，都具有特殊的意义。

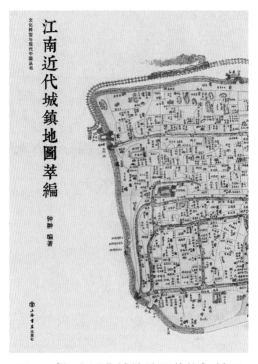

图 1 《江南近代城镇地图萃编》封面

一、书名解题

在该图集中，编者精选 63 座江南地区中心城镇的 229 种近代地图，以"江南近代城镇地图萃编"为名予以集中发表，在此有必要先将书名所涉"江南"与"城镇"这两个核心概念作一简要的限定说明。

关于此书设定的"江南"，系指近代以来苏州、松江、常州、杭州、嘉兴、湖州、宁波、绍兴及太仓州这八府一州的范围。这一区域概念比较接近"狭义的江南"或"江南核心区"的说法。概而言之，从地理环境上讲，该区域由太湖平原、宁绍平原及其背后的丘陵山地所组成，其主体部分为河湖交错、水网纵横的典型江南水乡，因此拥有较多的地理文化共性与独特的生态景观。从历史文化角度讲，该区域自距今 7000 年前即已发育形成具有鲜明地域特色的马家浜文化与河姆渡文化，前者分布于太湖流域即钱塘江北岸直达常州一带，后者以钱塘江南岸的宁绍地区为核心分布区，两者在距今 5000 年前统合发展为良渚文化。到了春秋吴越争霸时代，以今苏州、绍兴为都城的吴、越两国，"同俗并土，两邦同城，相亚门户"，显然已经完成文化上的统合；而至战国之际，则更有"居楚而楚，居越而越，居夏而夏"之说，表明该地区形成足以影响中原历史进程的一大族群。六朝以降直至近代，江南也是屡屡在南北抗衡中扮演着南方中心基地的角色。而从语言、民俗和经济的联结来看，苏松常太、杭嘉湖、宁绍构成吴方言中最为典型的吴语太湖片的分布主体。在该区域中，不仅语言互通，甚至也具有了较为一致的地方认同和归属感；在经济上，至迟到明代，环太湖五府与杭宁绍地区已形成一个有着内在经济联系和诸多共同点的经济区，不管是从人、物、财和信息的流动与通连程度，还是从中心城镇与乡村聚落的空间秩序与经济密度来看，这八府一州都可以说得上是我国经济一体化最为显著、经济发展最为均质的一个区域整体。

因此，关于本图集所涉之"城镇"，主要是指上述"江南"区域之内的地方中心城镇，具体而言，涉及近代以来上述八府一州所辖府、州、县、厅级城镇 57 座（附郭县之两县或三县同城者，按同一城镇计）。此外，该图集还附录了民国后撤并的厅级城镇 2 座（太湖、靖湖）、1949 年后新设县之县城 1 座（杨舍堡，即沙洲县城）、新迁的县城 3 座（余杭县临平镇、安吉县递铺镇、慈溪县浒山所城），合计共涉及该区域的 63 座城镇（见图 2）。

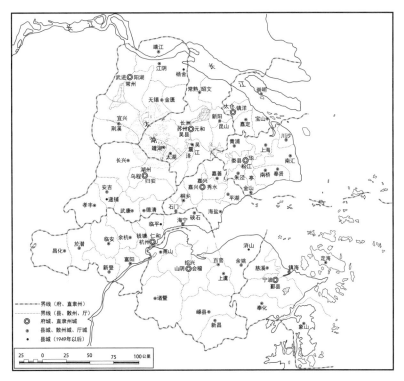

图 2 《江南近代城镇地图萃编》所涉江南城镇示意图

江南城镇众多，各级城、镇、市、墟数以千计，图集优先选取其中的"府县级城镇"，一方面当然在于此类城镇往往就是江南一府或一县之中心，其城镇规模、经济地位在该区域内首屈一指，因此其城市形态之变化、历史风貌之存续，自然最受关注和研究；另一方面，这些城镇既普遍留存着传统的方志地图，又大多在近代实施了大比例尺的地图测绘，因此，从地图资料的系统收集与深入考察角度而言，也是最具有可操作性和研究价值的。需要说明的是，为兼顾该区域府州县厅级城镇的行政系统性与相应地图资料的实际传存情况，编者在行政区划的编排上通常以晚清民国初这一时段为准，并兼顾其行政置废、变更的时长及影响和府与州（直隶州）的辖县情况，以及相关近代地图的资料精粗、有无等。例如，太仓直隶州因其下辖嘉定、宝山等县，所以该州虽在民国初废州改县，但仍视为一个府州级行政区予以编排；而清道光二十三年（1843 年）设置、1912 年废厅为县的定海直隶厅，其下并无辖县，且在历史上长期隶属宁波，因此仍将其置于宁波府之下。又如，金山的金山卫镇、上虞的百官镇等中华人民共和国成立后新设的县城，在近代并非县治驻地，但鉴于历史上曾长期（或一度）设为县城，故在图集中仍视为一旧县城予以编排；而杨舍堡城、临平镇、递铺镇、浒山所城等 1949 年后新迁建的县城，则从当今城镇建设实践的需求出发，以附图形式收录其近代地图。再如，1949 年曾短暂设县的岱山、嵊泗两县，以及始设于晚清的石浦、南田两厅，虽然也勉强符合图集收录要求，但因缺乏相应的地图资料而只能暂付阙如。

二、选图原则

关于该图集所选"近代城镇地图"，主要是指测绘或刊印于近代、能够比较详细地表现上述江南城镇的空间形态与历史景观的传统舆图或大比例尺实测地图。从创作年代角度来讲，主要收录了从清道光二十年（1840 年）鸦片战争以来直至 1949 年中华人民共和国成立之前的相关城镇地图，同时，为遴选最能展现江南近代城镇面貌的地图资料，该图集也少量收录了创作于这一时间之前且质量较高的近代城镇地图。

江南城镇的近代地图数量繁多且收藏极为分散，如何采择、荟萃精良之图并予以详明著录，是古旧地图集编纂的关键，而该图集冠以"萃编"之名，主要是基于以下两方面的收录原则与编纂考量。

一方面是从城市历史地理学、历史地图学等研究的角度，根据比例尺的大小、地物表现的详细程度、地图测绘的时间序列、建成区等城市肌理，综合分析关键地物的表现程度、地图创作主体及其测绘技术的情况、地图流传的普及性与代表性等多方面的因素，选取其中最具研究价值之图；另一方面，从古旧地图的艺术价值与文物传存的角度，搜集测绘制印俱佳之图、稀见之图。从此意义上讲，"萃编"可说是该图集编纂之"文眼"，因此有必要对编者具体的收录、整理工作稍加展开说明。

首先，从城镇史地研究的立场来看，对于同一座城镇，尽可能优选近代前、后不同阶段的新、旧两种测绘方式下所制之详细地图，这是开展近代转型期江南城镇历史形态比较研究的理想路径，因此也成为该图集选录地图的第一原则。具体而言，对于存在数种新、旧地图的城镇，尽可能地甄选能够详细、准确表现该城镇街区、路网、水系、围郭与城濠、衙署祠庙、城内坊里边界或巡警分区等要素之图，作为图集中该城镇地图的代表性主图；在此基础上，再考虑选取不同测绘年代之图，以求全面展现该城镇的历史变化及其他有价值的内容。

如以常熟县城地图为例，光绪《常昭合志稿》所收《常昭县城图》（1904 年刊，见图 3）、常熟县修志处编制的《常熟县城厢图》（1925 年制，见图 4），分别为旧、新常熟城最详细最确切之图，因此编者将它们作为本图集所展示的近代常熟城市地图的主图；在此基础上，另选清乾隆五十九年至道光二十三年（1794—1843 年）所绘《福山营汛总图》（反映近代之初常熟城及其周边地理环境）、1935

年彩印《常熟新地图》（民国时期唯一公开发行的常熟商旅地图，准确绘出了当时该城警区划分）、1940 年由侵华日军测绘的《常熟城图》（突出表现城内外建成区分布）这三种创作年代不同、且各具一定研究价值的常熟地图作为补充。这样选取的城镇地图，在创作年代上形成比较合理的时间序列，有利于全面、详细地呈现近代以来一个世纪之中常熟城市的实际形态及其历史变化，既体现了较高的测绘质量，又反映了不同视角下常熟县城的变化历程，具有较好的代表性。

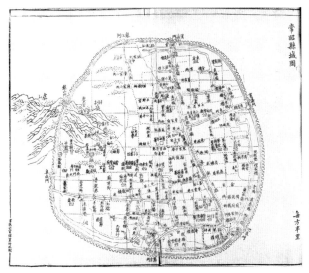 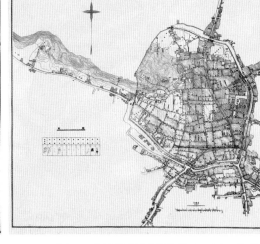

图 3 《常昭县城图》（1904 年刊）　　　图 4 《常熟县城厢图》（1925 年刊）

其次，就历史地图学研究而言，近代是我国地图编绘发生重大转变的时期，新旧地理观念的碰撞、东西方制图技术的交汇、专业制图群体与机构的诞生等多层面的地图文化变革，为诸多江南城镇的地图创作带来复杂多变的面相，无论是制图理念，还是具体的测、绘、制、印等制图技术，抑或地图的出版、发行、销售，都凸显这一时期此类地图丰富的地方色彩与突出的时代个性，因此非常值得深入研究。从这样的认知出发，该图集在地图的拣选上也充分考量了此类地图的历史地图学研究价值。概而言之，尤着力于搜集以下三类地图。

第一，近代地图的绘制与近代测绘技术的进步密切关联，江南城镇地图的测绘，也经历了从传统写景式绘图，到采用新式测量工具的计里画方测图，最终发展为平板仪与航摄实测制图这一过程。上述测绘形式在该图集所收的江南城镇地图中均有所反映，而其中一地最初采用近代测绘技术所绘之图、或大比例尺最详之图，是展现近代测绘转型期江南城镇地图史或记录江南城镇近代形态的第一手资料，因此成为编者重点搜求的对象。为此，该图集汇集了大多数江南城镇的最早的近代实测地图，同时也收录了上海、宝山、常熟、无锡、常州、镇海、定海、象山、绍兴、萧山、诸暨等多座城镇 1:5000 以上的大比例尺实测图。这些近代地图或绘制年代甚早、或测制精详，如铁道工程师汤绪在光绪二十六年（1900 年）实测的《湖州郡城坊巷全图》（见图 5），就是该城最早的近代实测地图；又如 1929 年刊发的《武进县城图》，其图例多达 24 种，不仅道路区分了大道、小道、街道 3 种，连桥梁也分木桥、石桥、小桥 3 种，该图对于常州古城的描绘可谓尽其所能地细致，因此是不可替代的珍贵史料。

第二，近代地图的一大特点是测绘主体的多样性，既有国家或地方政府组织实施的地图测绘，也有民间图书从业者、功能性专业机构甚至个人参与创作的城镇地图。这其中，同治初年由丁日昌、冯桂芬等主持测绘的《苏省舆地图说》所收之城镇图及受其影响刊刻的部分苏南城镇地图、光绪年间以《会典图》为契机测绘的若干浙江省城镇地图、晚清民国时期由军方测绘的 1:10000、1:5000、1:25000 等大比例尺江南城镇地图，分别代表了近代前、中、后三个阶段的测绘水平与城镇地图绘制标准，也是构成该图集的基础资料之一。除此之外，编者尤其留意地方书刊从业者（如平湖绮春阁书庄刊行的《平湖城市全图》）、西方传教士或外国军方谍报人员（如日本间谍美代清濯测制的《浙江省宁波府城图》）、有用图需求的近代专业机构（如宝山清丈局测绘的《城厢市街道图》、嘉兴永明电灯公司印行的《嘉兴城市全图》）、拥有一定财力的地方精英或最初习得近代测绘技术的当地人士所绘制的城镇地图（如南京陆军舆地测绘局的华棉甫等人在 1912 年实测的 1:2500《无锡实测地图》），这些地图大多测绘精良但流传极为有限，因此也是编者所致力搜求的一类地图。

图 5 《湖州郡城坊巷全图》（1900 年刊）

第三，由地图在当时再版等传播状况、现存各地的数量等情况推知，许多江南城镇在近代都曾出现一种或数种当地最流行的地图。如以杭州为例，晚清同光时期流行民间的版刻《浙江省垣坊巷全图》、民国风行一时的彩色石印《浙江省城全图》；又以苏州为例，晚清、民国时期广为传售的分别是《苏城厢图》与文怡书局出版的《苏州新地图》；又如清光绪元年（1875 年）初出版的《上海县城厢租界全图》、光绪十八年（1892 年）初出版的《绍兴府城衢路图》及其增改版等，都曾是该地地图中最流行者。此类流行地图反映了当时社会对于该城镇的普遍认知，具有很强的代表性与文化地图学意义，因此也是该图集重点收录的对象。

近代地图除了测量技术的进步之外，在绘制、刊印上也有其独特的创作环境与鲜明的时代个性。在上海、苏州等地，甚至还曾出现手绘、木刻、铜版、石印、胶印等多种制印方式并存的独特景象，而这其中尤以绘本与五彩石印地图最具时代特色，前者如清同治年间彩绘的《宁郡地舆图》，后者如光绪十四年（1888 年）的《上海县城厢租界内外全图》。它们均是同时代匠心独运的代表作。此种技艺精湛的城镇地图也成为该图集收录的又一重要目标。

最后，城镇地图虽是一类具有相当文物收藏价值、存世稀缺的专题图像史料，但在当今古旧地图的出版热潮之下，也应尽可能地避免重复收录的情况出现。因此，积极搜集稀见甚至传世之孤本、尤其重视针对此前图录书未收之图的整理，也是该图集收图的重要考量。就近代江南的城镇地图而言，方志舆图、民国绘制大比例尺城镇地形图已在学界广为流传，是相对易于入手的资料，而晚清或民国初测绘的单幅大比例尺城镇专题地图，传世稀少，往往仅有一件或数件存世，具有很高的文物价值。如该图集所收录的清宣统元年（1909 年）苏省铁路学堂测绘科所制《昆新城厢图》、光绪十四年（1888 年）富文阁彩印《上海县城厢租界内外全图》、1928 年上海市建设局测绘《川沙市区图》（图 6）、1913 年实测《武进县市区地图》、光绪二十六年（1900 年）汤绪测绘《湖州郡城坊巷全图》、1929 年萧山县土地陈报办事处测绘《萧山县城图》等，均属此类稀见之图，其中孤本或极有可能为孤本的为数不少。这类地图多数未曾披露，此次尚属首发。而据编者估算，该图集中像这种首次刊发的地图数量，占全书的八成。

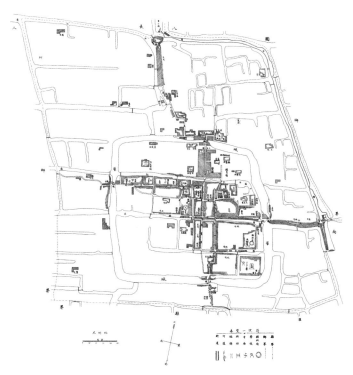

图 6 《川沙市区图》（1928 年刊，纪展鸿摹绘）

三、编著体例与图文处理

古旧地图作为一类特殊的图像史料，具有收藏机构分散、载体形态复杂、年代跨度与表现精粗差异甚大等特点，近年来各地的古旧地图研究与出版在急剧扩张，但针对这类特定图像文献的编目与整理，目前还缺乏完善、统一的编纂体例与实施细则，因此此项工作尚待深入开展。而在事实上，除了上述的优选地图之外，在一种以大比例尺城镇古旧地图的展示为主旨的图像史料书里，如何在有限的版面空间之中，针对每一种地图编制尽可能准确清晰但又简明扼要地精审著录，也是检验一本古旧地图集编纂质量的重要指标。

本图集有关地图的文字描述与介绍，也是编者近年来在城镇地图整理与编著实践上的一次新尝试。为此，编者主要依据《测绘制图资料著录规则》与地图史学界惯例，并结合近代江南城镇地图的资料特点制订了统一的编例细则，将该图集所收地图的文字著录分为"编号""图名""绘制者及收藏地""原图尺寸""原图比例""备注"这六项（图 7），各著录项的撰写原则简介如下。

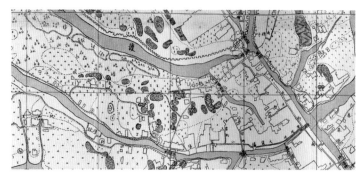

4-2.4 无锡实测地图（1912 年，局部）

绘制者及收藏地：华緟甫、邓栽臣等，1912 年 1—4 月测绘；无锡市城市建设档案馆藏

原图尺寸（全纸）：纵 124 厘米、横 106.5 厘米　　**原图比例：**1∶2500，每方半里

备注：按图上俞复所撰图识，本图由民国无锡县民政署首任民政长（即县长）俞复倡议实施，聘请南京陆军舆地测绘局华緟甫，组织八九人于 1912 年实测而成。该图为无锡最早的近代大比例尺城市实测地图，绘者使用 31 种图例，详细表现民国初年无锡城内外土地利用及各种地物。

095

图 7 《无锡实测地图》的文字著录

1. "编号"项是给每一种城市地图赋予一个特定的编号，该编号由 3 个数字加间隔符组成，即以 X—Y.Z 的形式来表示。其中，X 为晚清时期上述 9 个府、州（直隶州）级行政区的数字代号，Y 为府州属下的县、州（散州）、厅级城镇的数字代号；若某座"X—Y"城之后还有上述行政区内的附加城镇，则以"附 X—Y"来表示这些附加城镇；Z 为对应 X—Y 所示城镇的各种地图的数字顺号，该数字顺号的具体排列方式，一般根据选图的主次、成图年代的先后等因素加以顺序编排。

2. "图名"项用于著录地图的图名及其测制时间等，一般形式为"图名（绘制年代，局部）"。若所选地图为一整图之分图或一套图之分幅图，则一般径取分图或分幅图之图名，并在"备注"栏将此情况加以说明。原图不具图名者，则采用本图集编者自拟图名，并以目前学界通行的"【所拟图名】"的括注形式予以表现。

图名后括注的绘制年代，一般优先选用实际测绘的年代，如民国地形图上往往有测绘、制版、复制、印制等多个年代标注，则通常选取最能即时反映地图内容实际年代的测绘时间；方志所收之图，优先选取图上标注的或所载图志之中已有文字说明的测绘年代，若没有相应的标注或说明的，则取该种方志的刊行年代；单幅图等地图，若缺乏测绘、制作或刊行等年代标注的，则采用依据图上地物所推定的成图年代，并在"备注"栏将推定年代的考证加以具体说明。

3. "绘制者与收藏地"项的著录内容为地图测绘、编制或刊印的责任人及其收藏地。测绘者所属国籍以国家的简称加"［　］"括注，其所属时代若明确是清代，则在测绘者前加"（清）"予以括注；方志所收之图，图上未注明测绘者然志书中有载者，则尽可能根据文字所载予以考订、著录。

由于地图测绘制作工序繁多，相关的图上文字标注存在编、绘、校、刻、记、测绘、实测、查测、测图、绘制、缩绘、编纂、复制、晒蓝、摄影、航空摄影、修正、调制、制版、制印、印刷、代印、承印、出版、发行等多种不同的说明，一般均遵原图或载图文献中的原始说明径以照录。

关于"收藏地"的著录，主要说明地图的收藏者（机构或个人）或所载文献来源相关的信息。若该图在多处有藏，则仅著录本图集所收地图之收藏地，若收藏者为私藏且藏家不欲公开其信息，则不予著录。

4."原图尺寸"项的著录内容主要为地图原图的尺寸，具体形式为"原图尺寸（图廓/板框/全纸/图径）"，括注的内容为根据地图外框线即"图廓""板框""全纸""图径"量算的原图尺寸。"图廓"是指有图廓线的地图，一般以地图内图廓线的纵、横线长度来作为原图尺寸（具有多重廓线的地图，则以最内层的廓线为准加以量算）；"板框"主要用于量算传统版刻印制的地图，其纵向长度与板框高的尺寸相同，横向长度则是由板框宽的尺寸减去中缝（版心）尺寸来确定；"全纸"是指无图廓线的单幅地图，采用地图全纸的纵、横向尺寸数据；"图径"即取地图图像纵、横两个方向的径向最远点的距离，来作为地图的纵、横两个尺寸。

5."原图比例"项主要用以说明地图原图的比例尺，其基本格式一般优先采用数值比例尺。以传统计里画方法测绘的地图，若原图仅有"每方二里半""每方三十丈"等文字比例尺说明的，则径录其文字说明。若原图仅有直线缩尺等图示比例尺的，一般采用"有直线缩尺，折算约 X : XXXX"的方式著录，在说明图示比例尺的同时添加折算后的数值比例尺。若原图上有直线缩尺，但原图尺寸未详、无法换算的，则仅著录"有直线缩尺"。

6."备注"项的内容主要为介绍地图所表现城镇的历史沿革概要、地图的测绘经过、传存状况与测制技术、成图年代的简要考证、地图的表现内容与覆盖范围、比例尺及图例的具体情况以及特殊符号等情况，说明整图与分图、套图或图册与分幅图的关系等。有时也简要分析地图的底图来源与同系图的演变源流、制图者与制图团体、地图所表现的城市形态与历史景观变迁或与其相关的重大历史事件等。此外，一些对地图学史或其他学科研究具有较大意义的地图，也予以简要的评价。

古旧地图集可以说是图文处理最为复杂的一类出版项目，地图的载体形态有单幅图、单幅图之分图、系列套图之分幅图、方志等图书所收图等多种形式，加之地图来源的多样性也造成了图像质量的千差万别。该图集在原图的拍摄上得到了专业摄影师细致、专业的支持，在图文排版与图像拼接、图书设计与印制上，得到了上海书店出版社的积极协调和大量精彩创意；另外，由于私藏及使用权等问题，图集中有 3 种图不得不采用摹绘形式；还有少量图像的后期处理与相关资料整理等作业，皆有赖于编辑的认真工作方得以顺利完成。

最后需要说明的是，近代江南城镇地图的种类与数量，远不止该图集所收这些。以编者浅见，目前在少数公藏机构尚存有江南若干城镇的民国地图，另外也有不少县城以下的江南市镇的近代测绘地图留存至今，但限于地图利用与审查、该图集的体例与篇幅，它们并未被一一收录；还有个别地图因收藏方的原因也未纳入图集，这些缺憾只能寄望于后续能一一完善弥补。

【作者简介】钟翀，上海师范大学教授、古籍整理研究所所长，主要从事历史人文地理、聚落历史地理、区域历史地理与历史文化地理研究。

《成都古旧地图集》编撰及其特点

李勇先

成都作为我国历史文化名城，具有悠久的历史传承和深厚的人文底蕴。夏、商、周三代，成都为古蜀国核心之地，蚕丛、柏灌、鱼凫、杜宇、开明氏相继为王。从开明九世自广都樊乡迁至成都以来，成都就一直是蜀地政治、经济和文化中心。两千多年来，成都始终平静而祥和地屹立于"水旱从人、不知饥馑"的"天府之国"腹心，因水而兴，"既丽且崇"。这里物华天宝，人杰地灵，从汉代"列备五都"到唐代"扬一益二"，作为"万商之渊"的成都一直是巴蜀地区经济文化最繁华的城市。宋代苏轼赞誉"成都，西南大都会也"。成都三千多年城址不移，两千三百多年城名不变。从古蜀到当代，数千年来，成都经历了沧桑巨变，沉淀了厚重历史，目前正在为建设世界文化名城而努力，也正在为中华民族的伟大复兴贡献自己的智慧和力量。

为了充分反映成都在中国历史上的重要地位，尤其是成都作为"南方丝绸之路"、蜀道、茶马古道、川江航道等水陆交通枢纽，在西南地区经济开发、边疆治理、民族融合等方面所发挥的重要作用，四川大学历史地理研究所一直筹划编纂一部《成都古旧地图集》(以下简称《图集》)，旨在通过古旧地图反映成都几千年的历史变迁。经过多年坚持不懈的努力，四川大学历史地理研究所积极整合校内外历史地理研究力量，联合西南民族大学旅游与历史文化学院、四川师范大学成都历史与成都文献研究中心、四川大学国际关系学院，并与成都市规划设计研究院、成都市政府相关机构、成都市地方志编纂委员会办公室等单位研究人员通力合作，在四川大学校、院领导和成都地图出版社领导的大力支持下，共同推出这部图集，由成都地图出版社正式出版。

《图集》编纂和整理得到北京大学著名历史地理学家、古地图研究专家李孝聪教授，中国科学院大学地图史研究专家汪前进教授以及中国国家图书馆舆图部、北京大学、中国人民大学、首都师范大学、复旦大学、南京大学、陕西师范大学、安徽大学、上海师范大学、四川大学、西南大学、暨南大学、云南大学、四川师范大学等相关专家、学者的大力支持、帮助和指导，可以说，《图集》得以顺利编纂、整理和出版，是各位专家、学者共同努力，各参编单位和人员辛勤劳动的结果，是集体智慧的结晶。

《图集》具有以下几个方面的特点。

一是第一次对以成都城区为中心的成都地区古旧地图进行全面、系统的搜集和整理，并按照一定体例进行编纂。成都地区以目前成都市所管辖的区、市、县为准，包括近年代管的简阳市。另

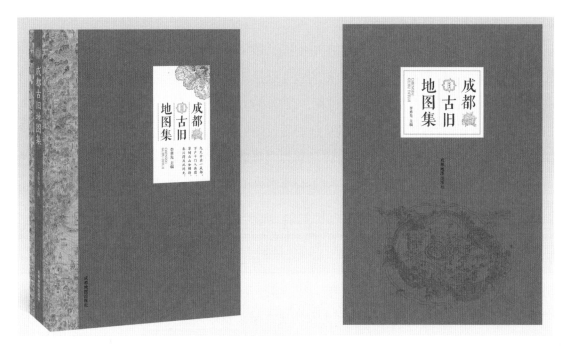

图1 《成都古旧地图集》封面书影

外，根据 1983 年行政区划调整，将历史上曾长期属于成都府的什邡县（今德阳什邡市）和广汉县（今德阳广汉市）也一并纳入图集编纂范围内，这样既关照到过去的历史联系，又反映了当下的实际情况。《图集》所收录的时间上起北宋，下至中华人民共和国成立之初，其中成都城市规划地图晚至 2011 年。

二是分类进行编纂。《图集》卷首为《成都现状地图》，包括最新《成都市地图》《成都市地形图》《成都市影像图》等，方便读者了解目前成都市及所辖区域行政区划、自然地理环境等情况，同时也便于读者与古旧地图进行对比，了解历史时期成都自然环境、行政区划变迁等情况。其后从第一卷至第七卷，分别是《世界地图视阈中的四川和成都》（毛丽娅主编）、《中国地图视阈中的成都》（牛淑贞、杨向飞主编）、《四川地图视阈中的成都》（罗凯、董嘉瑜主编）、《成都府州县地图》（覃影主编）、《成都城市地图》（王小红主编）、《成都市政区规划图》（阮晨主编）、《域外地图视阈中的成都》（霍仁龙主编），共收录各类地图三百余幅。《图集》尤其重视清末民国时期成都街道图，对其进行了全面搜集整理，其中绝大多数古旧地图都是第一次公开出版。这要衷心感谢国家图书馆舆图部、四川省图书馆、四川大学图书馆以及成都淘书斋、川源古旧书店、地图书网的大力支持。

在具体编纂过程中，图集将各卷地图根据内容再细分为若干小类，如第二卷《中国地图视阈中的成都》之下分为《自然地理图》《政区沿革图》《人口图》等类，第三卷《四川地图视阈中的成都》之下分为《自然地理图》《政区沿革图》《军事地图》《经济地图》《旅游地图》《人口地图》《教育地图》《水陆交通图》《邮政图》等类，第四卷《成都州县地图》之下分为《成都府图》《成都各州县图》《城镇街道图》《水利水道图》等，第五卷《成都城市地图》之下分为《成都市郊图》《成都倚郭县图》《成都城池街道图》《成都水利图》《成都名胜图》《成都山水图》《成都衙署图》《成都寺观祠庙图》《成都文化教育图》《成都工商业图》等，第六卷《成都市城区规划图》之下分为《民国时期成都城市规划图》《中华人民共和国成立以后成都城市规划图》，第七卷《域外地图视阈中的成都》之下分为《中国地图中的成都》《四川省图中的成都》《成都地图》等类。以上每一小类中地图基本上又按照地图编绘时间先后进行排序。

为了更好地反映成都城市空间格局的历史变迁，该《图集》在编纂体例上专门设有成都市城区规划图类，主要将民国时期和中华人民共和国成立以后不同阶段成都城市规划图加以收录，并作相应的解读，从中反映成都城市发展的历史过程，以及城市规划对成都城市空间格局变化的影响。

三是反映了学术界对成都古旧地图以及地图所反映的人文、自然地理内容的最新研究成果。图集对每幅地图都撰写了提要，对地图编绘信息及其内容进行了充分解读和揭示。提要主要包括两个方面：一是地图本身的信息，包括图名、地图编绘者、编绘时间、编绘方法、图例、比例尺以及藏图地或地图来源等；二是地图所反映的地理内容，包括自然地理、政区沿革、交通、水利、人口、经济、旅游、邮政、教育、军事、城池、街道、寺观祠庙、书院、名胜等方面，全方位、多角度揭示了各类地图所反映的有关成都历史、地理等内容。对于个别地图没有图名，我们根据地图所反映的内容加以命名。对于个别地图图名中没有"图"字，我们也直接补上，并加以说明。

《图集》中的提要在撰写过程中参考了大量历史文献以及今人相关研究论著，由于在编排上不便直接以注文的形式加以说明，我们在图集末卷之后编有参考文献目录，按照历史文献、报纸、文献整理汇编、学术著作、学术论文五个类别加以编排，让读者能更好地了解提要撰写过程中所参考的相关研究成果等情况。

为了更深入地了解和研究图集所反映的成都历史内容，我们还特别安排了《文论》一编。《文论》主要收录历年来学术界研究成都历史文化和研究成都古旧地图有代表性的论文十余篇，作为《图集》的有机组成部分，与《图集》相得益彰，充分体现了《图集》的学术性。

《图集》不仅是成都古旧地图的结集之作，而且体现出较高的文献价值和学术研究价值。我国著名历史地理学家、古地图研究专家、北京大学李孝聪教授在为《图集》撰写的序言中说："《成都古旧地图集》的面世，让世人从 300 多幅地图方寸之间，不仅认识了我国传统城市地图表现手法与实测城市地图绘制技法的异同和优劣，也目睹了成都城市建设的空间拓展，还体悟到天府文化的鼎盛场面。"当人们手捧《图集》，看到一幅幅成都城市街巷图，仿佛走入古代成都"花时游园"的热闹场景，看到石室讲堂、尊经书院学子们勤奋学习的身影，邂逅徜徉在成都街头上的历史文化名人，感受到成都喧嚣鼎沸的烟火气息。这些古旧地图连接古今，跨越千年，让读者从历史的纵深中感受到成都"锦江春色来天地，玉垒浮云变古今"的巨大变迁。

【作者简介】李勇先，历史学博士，四川大学历史地理研究所所长、教授，现任中国地理学会历史地理专业委员会委员、中国史学会历史地理研究会理事、中国测绘学会边海地图工作委员会委员、《中国历史地理论丛》《历史地理研究》学术委员会委员，主要从事历史地理、巴蜀地方史、史地文献整理与研究。